21世纪高职高专土建系列技能型规划教材

高职高专土建专业“互联网+”创新规划教材

全新修订

第2版

建筑材料与检测

主　编◎梅　杨　夏文杰　于全发

副主编◎王美芬　周向阳　申淑荣

韩　龙　王　花　王智玉

徐姗姗　闫振林

内 容 简 介

本书反映当前建筑工程中应用建筑材料的最新动态，在首版基础上，编者依据我国最新修订的建筑材料技术标准和相关规范，对全书内容进行了修订。全书修订后共分8个学习任务，主要包括：绪论、建筑材料的基本性质、胶凝材料、混凝土、建筑砂浆、墙体材料、建筑钢材、建筑功能材料等内容。

本书采用全新体例编写。除附有部分工程案例外，还增加了任务导读、知识链接、特别提示及引例等模块。此外，还附有选择题、填空题、案例题及简答题等多种题型供读者练习。通过对本书的学习，读者可以掌握建设工程中典型建筑材料的基本性能特点和应用，具备合理分析选用建筑材料的能力。

本书既可作为高职高专建筑工程类相关专业的教材，也可作为土建施工类及工程管理类各专业职业资格考试的培训教材，还可供土建类一般工程技术人员参考使用。

图书在版编目(CIP)数据

建筑材料与检测/梅杨，夏文杰，于全发主编. —2版. —北京：北京大学出版社，2015.2

（21世纪高职高专土建系列技能型规划教材）

ISBN 978-7-301-25347-2

Ⅰ.①建… Ⅱ.①梅… ②夏… ③于… Ⅲ.①建筑材料—检测—高等职业教育—教材 Ⅳ.①TU502

中国版本图书馆CIP数据核字（2015）第005470号

书　　名 建筑材料与检测（第2版）

著作责任者 梅　杨　夏文杰　于全发　主编

策划编辑 赖　青　杨星璐

责任编辑 刘晓东

标准书号 ISBN 978-7-301-25347-2

出版发行 北京大学出版社

地　　址 北京市海淀区成府路205号　100871

网　　址 http://www.pup.cn　新浪微博：@北京大学出版社

电子信箱 pup_6@163.com

电　　话 邮购部62752015　发行部62750672　编辑部62750667

印 刷 者 北京虎彩文化传播有限公司

经 销 者 新华书店

787毫米×1092毫米　16开本　15.5印张　354千字

2010年8月第1版　2015年2月第2版

2021年8月修订　2022年7月第8次印刷（总第17次印刷）

定　　价 35.00元

第 2 版前言

本书为北京大学出版社“21 世纪全国高职高专土建系列技能型规划教材”之一。为适应 21 世纪职业技术教育发展需要，培养建筑行业具备建筑材料选用与检测能力的一线专业技术应用型人才，编者结合当前建筑材料发展应用现状及前景编写了本书。本书突破了已有相关教材的知识框架，注重理论与实践相结合，采用全新体例编写，内容丰富，案例翔实，并附有多种类型的习题供读者练习。

本书首版自出版以来，受到了各建设类高职高专院校的欢迎。近年来，随着建筑行业各项规范和标准的修订，本书中部分内容亟需更新，为此，编者依据当前最新行业技术标准，结合建筑工程施工和建筑材料检测相关技术发展，对全书内容进行了修订。

本书内容可按照 52 学时安排，推荐学时分配见学习导航。教师可根据不同专业灵活安排学时，课堂重点讲解每个学习任务的主要知识模块，任务导读、知识链接、应用案例和习题等模块可安排学生课后阅读和练习。与本书配套出版的还有《建筑材料检测实训》一书，读者可参阅该书进行建筑材料质量检测能力的训练。

针对“建筑材料与检测”的课程特点，为了使学生更加直观地理解建筑材料的相关知识，也方便教师教学讲解，我们以“互联网+教材”的模式，在书中通过二维码的形式链接了拓展学习资料、相关视频和习题答案等内容，读者通过手机的“扫一扫”功能，扫描书中的二维码，即可在课堂内外进行相应知识点的拓展学习，节约了搜集、整理学习资料的时间。作者也会根据行业发展情况，及时更新二维码所链接的资源，以便书中内容与行业发展结合更为紧密。

本书由河南建筑职业技术学院梅杨、济南工程职业技术学院夏文杰、山东水利职业学院于全发担任主编，淄博职业技术学院王美芬、台州职业技术学院周向阳、日照职业技术学院申淑荣、滨州职业学院韩龙、泰州职业技术学院王花、河南建筑职业技术学院王智玉、河南建筑职业技术学院徐姗姗、河南财税高等专科学校闫振林担任副主编。本次修订的编写分工为：王美芬编写学习任务 3 第 2 节；周向阳编写学习任务 4 第 11 节和学习任务 5；申淑荣编写学习任务 7；韩龙编写学习任务 8 第 1～3 节；王花编写学习任务 3 第 1 节和学习任务 8 第 4～5 节；王智玉编写学习任务 4 第 1～10 节；徐姗姗编写学习任务 6；闫振林编写学习导航、学习任务 1 和学习任务 2，全书由梅杨负责统稿。

本书第 1 版由梅杨、夏文杰和于全发担任主编；王美芬、周向阳、申淑荣、韩龙和王花担任副主编，在此，对参与本书第 1 版编写的各位同仁表示由衷的感谢和敬意！

本书在编写过程中，参考和引用了国内外大量文献资料，在此谨向原书作者表示衷心的感谢！

由于编者水平有限，书中疏漏和不妥之处在所难免，敬请各位读者批评指正。

【资源索引】

编　者
2014 年 10 月

学 习 导 航

一、课程定位

建筑材料与检测是建筑工程技术、工程监理及工程管理类专业的必修专业基础课程。前续课程建筑力学、建筑工程制图与识图等为本课程提供了一定的专业基础知识；本课程又与后续的建筑施工、建筑构造、工程计量计价、建筑结构、建筑工程质量验收等专业核心课程紧密联系；同时，本课程中涉及的典型建筑工程材料现场抽样和质量检测方法，也为学生顶岗实习、毕业后能胜任岗位工作及技能证书考核起到良好的支撑作用。

二、课程培养目标

(1) 职业能力目标。
① 能运用现行检测标准初步分析工程材料的质量问题。
② 能合作完成常用建筑材料检验验收的试验操作。
③ 能对试验数据进行初步分析处理。
④ 能对常用建筑材料的合格性做出正确判定。
⑤ 会填写和阅读试验报告。
(2) 专业知识目标。
① 能熟练陈述常用建筑材料的分类。
② 能基本说出常用建筑材料的技术要求。
③ 了解常用建筑材料的取样要求。
④ 熟悉典型建筑材料的性能检测。
⑤ 参照规范及相关要求完成常用建筑材料试验报告的整理。
(3) 职业态度目标。
① 培养学生认真的学习态度和科学、严谨的工作态度。
② 引导学生树立诚实守信的基本原则，强调知法守法意识。
③ 引导学生建立团队协作意识。

三、课程内容与时间分配

本书课程教学内容与建议学时如下。

<table>
<tr><th rowspan="2">序号</th><th rowspan="2">学习情境(单元)</th><th colspan="2">建议学时</th><th rowspan="2" colspan="2">教学形式</th></tr>
<tr><th>理论学时</th><th>实训学时</th></tr>
<tr><td>1</td><td>绪论</td><td>1</td><td></td><td>讲授</td><td rowspan="5">讲授：建议以课堂讲授和多媒体教学结合形式开展</td></tr>
<tr><td>2</td><td>建筑材料的基本性质</td><td>5</td><td></td><td>讲授</td></tr>
<tr><td>3</td><td>气硬性胶凝材料</td><td>2</td><td></td><td>讲授</td></tr>
<tr><td>4</td><td>水泥</td><td>4</td><td>2</td><td>讲授，试验实训</td></tr>
<tr><td>5</td><td>混凝土</td><td>12</td><td>3</td><td>讲授，试验实训</td></tr>
</table>

续表

<table>
<tr><th rowspan="2">序号</th><th rowspan="2">学习情境(单元)</th><th colspan="2">建议学时</th><th rowspan="2" colspan="2">教学形式</th></tr>
<tr><th>理论学时</th><th>实训学时</th></tr>
<tr><td>6</td><td>建筑砂浆</td><td>2</td><td>2</td><td>讲授，试验实训</td><td rowspan="7">讲授：建议以课堂讲授和多媒体教学结合形式开展</td></tr>
<tr><td>7</td><td>墙体材料</td><td>3</td><td>1</td><td>讲授，试验实训</td></tr>
<tr><td>8</td><td>建筑钢材</td><td>5</td><td>2</td><td>讲授，试验实训</td></tr>
<tr><td>9</td><td>防水材料</td><td>2</td><td>1</td><td>讲授，试验实训</td></tr>
<tr><td>10</td><td>绝热材料、吸声与隔声材料</td><td>1</td><td></td><td>讲授</td></tr>
<tr><td>11</td><td>建筑塑料</td><td>1</td><td></td><td>讲授</td></tr>
<tr><td>12</td><td>装饰材料</td><td>1</td><td></td><td>讲授</td></tr>
<tr><td>13</td><td>机动</td><td>2</td><td></td><td></td><td></td></tr>
<tr><td colspan="2">合计</td><td colspan="2">52</td><td></td><td></td></tr>
</table>

四、课程学习资源

(1) 注重开发多媒体教学课件，创设生动形象的工作情景，增强学生直观感受，激发学生学习兴趣，有利于学生在课外的“自主训练”。可基于互联网平台开发网络课程，充分利用网络课程的信息资源和多媒体网页、动画和图片等直观手段，利用“在线测试”的激励功能来学习建筑材料课程，提高学习效果。

(2) 搭建校企合作平台，充分利用行业企业资源，建立校外基地，满足学生参观及工程实践活动的需要。

(3) 充分利用校内实训基地，建立建筑材料展示室、建筑材料检测实训室，组织学生训练，满足学生综合课程职业技能培养的要求。

五、课程学习方法及考核要求

本课程具有内容繁杂、涉及面广、理论知识系统性不强等特点，学生在初学时要正确理解与全面掌握这些难度较大的知识。因此，在理论学习方面，应在首先掌握材料基本性质和相关理论的基础上，再熟悉常用材料的主要性能、技术标准及应用方法。学习时要注意不能面面俱到，要抓住重点与核心内容。建筑材料的性质与应用是本课程知识目标的核心内容，试验实训环节是本课程的重点内容，学生通过完成试验实训项目，不仅可以加深理解材料的性能和掌握试验及检测方法，更能培养严谨的科学态度和团结协作的职业精神。

本课程的考核建议采用过程性评价和终结评价相结合的方式。过程评价可包括以下内容：①学习态度：主要包括出勤情况、课堂讨论情况、作业情况等；②单元测试：教师可采用单元测试题库、单项操作技能评价等形式进行单元测试。

CONTENTS

目录

学习任务1

绪　论

学习目标

了解建筑材料分类与作用，初步了解建筑材料的技术标准，熟悉典型建筑材料质量检测要求，掌握本课程的内容及任务。

学习要求

能力目标	知识要点	权重
了解建筑材料的地位和作用	建筑材料的地位和作用	20%
熟悉建筑材料的分类及技术标准	建筑材料的分类及技术标准	40%
掌握本课程的内容及任务	本课程的内容及任务	40%

知识点滴

古代建筑对建筑材料的使用

1. 万里长城

长城总长度大约有5万千米以上，所用建筑材料有：土、石、木料、砖、石灰。关外有关、城外有城，其材料运输量之浩大、工程之艰巨世所罕见。万里长城的坚韧性集中体现了古代劳动人民对建筑材料的深刻认识，万里长城为建筑史上对建筑材料使用的典范(图1.1)。

图1.1 由多种材料建造而成的万里长城

2. 河北赵州石桥

赵州石桥建于1 300多年前(桥长约51m，净跨37m)，建造该桥的石材为青白色石灰岩，比意大利人建石拱桥晚400多年，但在主拱肋与桥面间设计“敞肩拱”方面比国外早了1 200多年(图1.2)。

【参考视频】

图1.2 赵州桥局部与青白色石灰岩材料

引 例

2009年3月16日，中央美术学院学生宿舍发生火灾，大火持续1h之后才被扑灭。大火共烧毁100多间宿舍，现场过火面积近3 000m^2。一位目击者表示，大火蔓延的速度超过想象，十几分钟的时间就吞噬了整个宿舍楼(图1.3)。人们不禁质疑，究竟是什么原因导致火势蔓延如此之快！有现场消防员表示，宿舍所用板内保温材料燃烧速度快，烟雾大，加之宿舍内易燃物较多，给火灾扑救带来一定难度。美院宿舍使用了大量的彩钢板和保温材料。而彩钢板燃烧快、烟雾毒性大，保温材料也存在在燃烧过程中产生大量烟雾的特点，且不耐燃。

图 1.3 中央美院火灾现场

北京消防部门表示：彩钢板燃烧速度快，产生的烟雾毒性大，不适合作为学生宿舍的建筑材料。

北京建工集团一位建筑专家表示：北京不禁止使用彩钢板搭建宿舍，但应尽可能用于搭建临时宿舍，一般时限为 5 年，例如工地工棚。他称，这种材料不适宜建设永久性建筑，而学生宿舍属于长时间使用的建筑，用彩钢板会存在一定安全隐患。

由此可见，对建筑材料性能的了解非常重要，只有针对建筑物的功能选取合适的建筑材料才能避免出现安全隐患。熟悉建筑材料的基本知识、掌握各种新材料的特性，是进行结构设计、施工管理的基础。

1.1 建筑材料的分类和作用

1.1.1 建筑材料的定义

建筑材料涉及面广泛，在概念上又没有明确而统一的界定。广义的建筑材料除包括构成建筑工程实体的材料之外，还包括两部分：一是施工过程中所需要的辅助材料，如脚手架、组合钢模板、安全防护网等；二是建筑器材，如给排水设施、电气设施等。而通常所指的建筑材料主要是构成建筑工程实体的材料，如水泥、混凝土、钢材、装饰材料、防水材料等，即狭义的建筑材料。

1.1.2 建筑材料的分类

随着材料科学和材料工业不断地发展，各种类型的新型建筑材料不断涌现，建筑材料种类繁多，通常按材料的化学成分、使用目的及其使用功能将建筑材料进行分类。

1. 按化学成分分类

根据材料的化学成分，可分为无机材料、有机材料以及复合材料 3 大类，见表 1-1。

表 1-1　建筑材料按化学成分分类

分　类			材料举例
无机材料	金属材料	黑色金属	钢、铁及其合金、合金钢、不锈钢等
		有色金属	铜、铝及其合金等
	非金属材料	天然石材	砂、石及石材制品
		烧土制品	黏土砖、瓦、陶瓷制品等
		胶凝材料及其制品	石灰、石膏及其制品、水泥及混凝土制品、硅酸盐制品等
		玻璃	普通平板玻璃、特种玻璃等
		无机纤维材料	玻璃纤维、矿物棉等
有机材料	植物材料		木材、竹材、植物纤维及其制品等
	沥青材料		煤沥青、石油沥青及其制品等
	合成高分子材料		塑料、涂料、胶黏剂、合成橡胶等
复合材料	有机与无机非金属材料复合 金属与无机非金属材料复合 金属与有机材料复合		聚合物混凝土、玻璃纤维增强塑料等 钢筋混凝土、钢纤维混凝土等 PVC 钢板、有机涂层铝合金板等

2. 按使用目的分类

根据使用目的，可分为如下几类。

(1) 结构材料(建筑物骨架，如梁、柱、墙体等组合受力部分的材料)。如木材、石材、砖、混凝土及钢铁等。

(2) 装饰材料(如内外装饰材料、地面装饰材料)。如瓷砖、玻璃、金属饰面板、轻质板、涂料、粘铺材料、壁纸等。

(3) 隔断材料(以防水、防潮、隔声、隔热等为目的而使用的材料)。如沥青、嵌缝材料、玻璃及玻璃棉等。

(4) 防火耐火材料(以提高难燃、防烟及耐火性等方面为目的而使用的材料)。如防火预制混凝土制品、石棉水泥板、硅钙板等；此外，还有兼顾防火耐火及隔断两方面功能的装饰材料。

3. 按使用功能分类

根据建筑材料功能及特点，可分为建筑结构材料、墙体材料和建筑功能材料。

(1) 建筑结构材料主要是指构成建筑物受力构件和结构所用的材料。如梁、板、柱、基础、框架及其他受力件和结构等所用的材料。对这类材料的主要技术性能要求是强度和耐久性。目前，所用的主要结构材料有砖、石、水泥混凝土和钢材及后两者的复合物——钢筋混凝土和预应力钢筋混凝土。在相当长的时期内，钢筋混凝土和预应力钢筋混凝土仍是我国建筑工程中的主要结构材料之一。随着建筑工业的发展，钢结构所占的比例将会逐渐加大。

(2) 墙体材料主要是指建筑物内、外及分隔墙体所用的材料，有承重和非承重两类。由于墙体在建筑物中占有很大比例，故认真选用墙体材料，对降低建筑物的成本、节能和使用的安全耐久等都是很重要的。目前，我国大量采用的墙体材料为砌墙砖、混凝土及加气混凝土砌块等。此外，还有混凝土墙板、石膏板、金属板材和复合墙体等，特别是轻质多功能的复合墙板发展较快。

(3) 建筑功能材料主要是指担负某些特定功能的非承重用材料。如防水材料、绝热材料、吸声和隔声材料、采光材料、装饰材料等。这类材料的品种、形式繁多，功能各异，随着国民经济的发展以及人民生活水平的提高，这类材料将会越来越多地应用于建筑物上。

一般来说，建筑物的可靠度与安全度，主要决定于由建筑结构材料组成的构件和结构体系，而建筑物的使用功能与建筑品质主要取决于建筑功能材料。此外，对某一种具体材料来说，可能兼有多种功能。

1.1.3 建筑材料在建筑工程中的地位和作用

建筑材料是一切建筑工程的物质基础，建筑业的发展也离不开建筑材料工业的发展。

(1) 建筑材料是建筑工程的物质基础。建筑的总造价中，建筑材料费用所占比重较大，一般超过 50%。因此，选用的建筑材料是否经济适用，对降低房屋建筑的造价起着重要的作用。正确掌握并准确熟练地应用建筑材料知识，可以通过优化选择和正确使用材料，充分利用材料的各种功能，在满足工程各项使用要求的条件下，降低材料的资源消耗或能源消耗，节约与材料有关的费用。从工程技术经济及可持续发展的角度来看，正确选择和使用材料，对于创造良好的经济效益与社会效益具有十分重要的意义。在建筑工程中恰当地选择和合理地使用建筑材料，不仅能提高建筑物质量及其寿命，而且对降低工程造价也有着重要的意义。

(2) 建筑材料的发展赋予了建筑物以鲜明的时代特征和风格。中国古代以木结构为主的建筑，当代以钢筋混凝土和钢结构为主体材料的超高层建筑，均体现了鲜明的时代感。

(3) 建筑设计理论的不断进步和施工技术的革新不但受到建筑材料发展的制约，同时也受到其发展的推动。大跨度预应力结构、薄壳结构、悬索结构、空间网架结构、节能建筑、绿色建筑的出现，无疑都是与新材料的产生密切相关的。

(4) 建筑材料的质量如何直接影响建筑物的坚固性、适用性和耐久性。建筑材料只有具有足够的强度以及与环境条件相适应的耐久性，才能使建筑物具有足够的使用寿命，并最大限度地减少维修费用。

建筑材料的发展是随着人类社会生产力的不断发展和人民生活水平的不断提高而向前发展的。现代科学技术的发展，使生产力水平不断提高，人民生活水平不断改善，这将要求建筑材料的品种和性能更加完备，不仅要求经久耐用，而且要求建筑材料具有轻质、高强、美观、保温、吸声、防水、防震、防火、节能等功能。

知识链接

近年来，我国建筑材料行业发展很快，目前主要建筑材料的产量和消耗量均已位列世界前列。2013 年我国粗钢产量达到 7.79 亿 t，几乎占据全球总产量的半壁江山；2013 年我国水泥总产量近24.1亿t，商品混凝土产量达11.7亿m^3，平板玻璃产量7.8亿重量箱，建筑涂料产量为1271.875万t，均位居世界首位。我国已成为名副其实的建筑材料生产和消费大国。

1.2 建筑材料的技术标准

1.2.1 建筑材料技术标准的概念及作用

建筑材料的技术标准是生产和使用单位检验、确证产品质量是否合格的技术文件。为了保证材料的质量、现代化生产和科学管理，必须对材料产品的技术要求制定统一的执行标准。其内容主要包括：产品规格、分类、技术要求、检验方法、验收规则、标志、运输和储存注意事项等方面。

1.2.2 技术标准的级别与种类

【参考图文】

1. 我国的技术标准

我国的技术标准划分为国家级、行业(或部)级、地方(地区)级和企业级4个级别。

1) 国家标准

国家标准由国家质量监督检验总局发布或其与相关国务院行政主管部门联合发布，标准分为强制性标准(代号GB)和推荐性标准(代号GB/T)。强制性标准是在全国范围内必须执行的技术指导文件，产品的技术指标都不得低于标准中规定的要求。推荐性标准在执行时也可采用其他相关标准的规定。工程建设国家标准(代号 GBJ)是涉及建设行业相关技术内容的国家标准。

2) 行业(或部)标准

各行业(或主管部)为了规范本行业的产品质量而制定的技术标准，也是全国性的指导文件。如建筑工程行业标准(代号JGJ)、建筑材料行业标准(代号JC)、冶金工业行业标准(代号YB)、交通行业标准(代号JT)等。

3) 地方(地区)标准

地方标准为地方(地区)主管部门发布的地方性技术指导文件(代号 DB)，适于在该地区使用。

4) 企业标准

由企业制定发布的指导本企业生产的技术文件(代号QB)，仅适用于本企业。凡没有制定国家标准、行业标准的产品，企业均应制定企业标准。企业标准所定的技术要求应不低于类似(或相关)产品的国家标准。

特别提示

在建设行业，中国工程建设标准化协会(CECS)主持制定发布的CECS系列工程技术标准是对建设行业国标和行业标准的重要补充。由于CECS标准的及时推出，许多工程建设中应用的新工艺、新方法和新材料得以进一步规范和推广。因此，有的CECS标准涉及的工艺、方法和材料会随着技术推广而被制定为行业标准甚至是国家标准。

2. 国际标准

随着我国经济和科技实力的提升，我国的各级技术标准已比较完善，并自成体系，但工程中还可能引用国外的技术标准，这些标准包括以下几条。

(1) 国际标准化组织制定发布的“ISO”系列国际化标准。

(2) 国际上有影响的团体标准和公司标准，如美国材料与试验协会的“ASTM”标准。

(3) 工业先进国家的国家标准或区域性标准，如德国工业的“DIN”标准、英国的“BS”标准、日本的“JIS”标准等。

1.2.3 技术标准的基本表示方法

我国标准的基本表示方法依次为标准名称、部门代号、编号和批准年份，如：国家标准(强制性)——《钢筋混凝土用钢 第 2 部分：热轧带肋钢筋》(GB 1499.2—2007)；国家标准(推荐性)——《低碳钢热轧圆盘条》(GB/T 701—2008)；建设行业标准——《普通混凝土配合比设计规程》(JGJ 55—2011)；上海市工程建设地方标准——《预拌砂浆应用技术规程》(DG/TJ 08—502—2012)。

目前，建筑材料标准主要内容大致包括材料质量要求和检验两大方面。有的两者合在一起，有的则分开订立标准。在现场配制的一些材料(如钢筋混凝土等)，其原材料(如钢筋、水泥、石子、砂等)应符合相应的材料标准要求，而其制成品(如钢筋混凝土构件等)的检验及使用方法常包含于施工验收规范及有关的规程中。由于有些标准的分工细且相互渗透、关联，有时一种材料的检验要涉及多个标准、规范等。

1.3 建筑材料质量检测的有关规定

1.3.1 建筑材料质量检测要求

在建筑施工过程中，影响工程质量的主要因素包括材料、机械、人、施工方法和环境条件 5 个方面。为了保证工程质量，必须对施工的各工序质量从上述 5 个方面进行事前、事中和事后的有效控制，做到科学管理。要完成这样的目标，就必须做好检测工作，其中材料性能的检测和质量控制是必不可少的重要环节。为加强对建设工程质量检测的管理，根据《中华人民共和国建筑法》《建设工程质量管理条例》，2005 年建设部发布了《建设工程质量检测管理办法》(建质［2005］141 号)。凡申请从事对涉及建筑物、构筑物结构安全的试块、试件以及有关材料检测的工程质量检测机构资质，实施对建设工程质量检测活动的监督管理，应当遵守该办法。办法全文共 36 条，是进行建筑工程材料质量检测的基本依据法规文件。

1.3.2 见证取样及送样检测制度

建设工程质量的常规检查一般都采用抽样检查。正确的抽样方法应保证抽样的代表性和随机性。如何保证抽样的代表性和随机性，有关的技术规范标准中都做出了明确的规定。样品抽取后应将样品从施工现场送至有检测资格的工程质量检测单位进行检验，从抽取样品到送至检测单位检测的过程是工程质量检测管理工作中的第一步。为强化这个过程的监督管理，杜绝因试件弄虚作假而出现试件合格而工程实体质量不合格的现象，建设部颁发的《建设工程质量检测管理办法》中也做了明确规定。在建设工程中实行见证取样和送样就是指在建设单位或工程监理单位人员的见证下，由施工单位的相关人员对工程中涉及结构安全的试块、试件和材料在施工现场取样并送至具有相应资质的检测机构进行检测。

1.3.3 建筑材料检测人员要求

(1) 检测人员必须持有相关的资格证书才能上岗。

(2) 检测人员必须严格执行有关标准、试验方法、操作规程及有关规定。

(3) 检测人员必须具有科学的态度，不得修改试验原始数据，不得假设试验数据，要对出具的检测报告的科学性和真实性负责。

特别提示

建筑材料的性质并非固定不变，它会受环境因素干扰和影响而发生相应变化，有时甚至会发生根本性的转变。因此，结合建筑材料的实际使用状态来理解其性质和特点就显得十分必要。

本任务小结

建筑材料是构成建筑物和构筑物的物质基础，在建筑工程中占有重要的地位。本任务主要介绍建筑材料的分类、作用、主要的技术标准及各种建筑材料检测的有关规定。此外本任务还对教材内容做了简要的介绍，并对建筑材料质量检测的基本要求和方法原则进行了简介。

习题

简答题

1. 指出所居住场所或教室中常用建筑材料的种类和主要作用。
2. 建筑材料按照化学成分如何进行分类？
3. 分组讨论建筑材料检测中见证取样的必要性。
4. 利用业余时间找到几种现行建筑材料的产品标准，了解建筑材料各级标准的基本内容和格式。

学习任务 2

建筑材料的基本性质

学习目标

通过了解建筑材料的基本性质，初步具备判断材料的性质和正确运用材料的能力，为后续章节的学习和正确选择、合理使用建筑材料奠定基础。

学习要求

能力目标	知识要点	权重
掌握材料的物理性质及特点	材料与质量相关的性质	20%
	材料与水相关的性质	30%
	材料的热工性质	10%
	材料的声学性质	5%
掌握材料的力学性质	材料的强度	15%
	材料的弹性与塑性	10%
	材料的脆性与韧性	5%
了解材料的耐久性	材料的耐久性	5%

任务导读

由于材料在建筑物中所处的部位不同，要求它们具有不同的功能，如梁、板、柱具有承重的功能，墙不但具有承重，还要具有保温、隔声的功能，屋面具有保温、防水的功能。为了能够正确选择、合理运用、准确分析和评价建筑材料，作为工程技术人员，必须熟悉建筑材料的性质。建筑材料的性质可归纳为如下几类：物理性质，包括基本物理性质及与各种物理过程(水、热作用等)有关性质；力学性质，材料在外力作用下的变形性质及强度；耐久性，材料抵抗外界综合因素影响的稳定性。

本章所讨论的是建筑材料的基本性质，也是一般建筑材料都具有的“共性”。学习中要掌握各项性质的含义，了解影响这些性质的因素和彼此间的关系，并联系工程实际应用去加深理解。

引例

2009年2月9日晚8时27分，在全国人民都在燃放焰火庆祝传统的元宵佳节时，央视新台址园区文化中心因为燃放焰火不当而引起一场大火。这场大火约6小时的燃烧使得这个还未来得及全面展示其风采的文化中心外立面受毁严重，给国家财产带来了重大损失，一幢如此雄伟的摩天大楼因为燃放焰火的小火星而烧毁，这给整个建筑装饰行业带来了极大的震撼(图2.1)。

图2.1　央视新台址园火灾现场

在建筑中为了表现建筑师的灵感，结构特异的高层建筑，一般是钢结构建筑或部分采用钢结构，就是大家习惯称之为的“摩天大楼”。可钢结构的致命弱点是怕火——建筑钢材是在严格的技术控制下生产的材料，具有强度大、塑性和韧性好、品质均匀、可焊可铆、制成的钢结构质量轻等优点，但就防火而言，钢材虽然属于不燃性材料，但是耐火性能却很差。

钢材不耐火的原因有如下几点。

(1) 其在高温下强度降低快。在建筑结构中广泛使用的普通低碳钢温度超过350℃时，强度开始大幅度下降，在500℃时强度约为常温时的1/2，600℃时约为常温时的1/3。冷加工钢筋和高强钢丝在火灾高温下强度下降明显大于普通低碳钢筋和低合金钢筋，因此预应力钢筋混凝土构件的耐火性能远低于非预应力钢筋混凝土构件。

(2) 钢材热传导率大，易于传递热量，使构件内部升温很快。

(3) 高温下钢材塑性增大，易于产生变形。

(4) 钢构件截面面积较小，热容量小，升温快。试验研究和大量火灾实例证明，处于火灾高温下的裸露钢结构往往在15分钟左右即丧失承载能力，发生倒塌破坏。所以，钢结构安装后会在表面喷涂一层厚厚的防火涂料，一般涂料保证的耐火时限为2～3小时，混凝土传热性没有钢材好，因此即使表面受到高温烘烤，内部的温度上升也会慢一点，受到火灾的损害比钢材要小。但如果没有产生高温或建筑材料采用了耐火不燃材料，没有热传导或热传导较小，钢结构的弱势影响也是可以减弱的。

案例小结

建筑材料的性质决定了建筑材料的使用范围，工程人员只有正确了解建筑材料的特点，才能充分发挥材料的功能，物尽其用，也只有正确地认识到建筑材料的缺点，才能采取有效的防范措施，避免事故的发生。

2.1 材料的基本物理性质

2.1.1 材料与质量有关的性能

1. 三种密度

1) 实际密度

实际密度(简称密度)是指材料在绝对密实状态下单位体积的质量，按下式计算：

$$\rho = \frac{m}{V} \tag{2-1}$$

式中 ρ——实际密度(g/cm^3)；

m——材料在干燥状态下的质量(g)；

V——材料在绝对密实状态下的体积(cm^3)。

【参考动画】

绝对密实状态下的体积是指不包括材料内部孔隙在内的固体物质的体积。测定材料密度时，可采取不同方法。对钢材、玻璃、铸铁等接近于绝对密实的材料，可用排水(液)法；而绝大多数材料内部都含有一定孔隙时测定其密度时应把材料磨成细粉(至粒径小于0.2mm)以排除其内部孔隙，然后用排水(液)法测定其实际体积，再计算其绝对密度；水泥、石膏粉等材料本身是粉末态，就可以直接采用排水(液)法测定。

对于砂、石等外形不规则，材质坚硬、致密的散粒材料，在实际中常用排水法直接求出体积V'，作为其绝对体积的近似值(因颗粒内部的封闭孔隙体积没有排除)，这时所测得的实际密度为近似密度，即视密度(ρ')。

$$\rho' = \frac{m}{V'} \tag{2-2}$$

式中 ρ'——视密度(g/cm^{3}或kg/m^3)；

m——材料在干燥状态下的质量(g或kg)；

V'——材料在自然状态下的不含开口孔隙的体积(cm^{3}或m^3)。

【参考动画】

2) 体积密度

体积密度(也称表观密度)是指材料在自然状态下单位体积的质量，按下式计算：

$$\rho_0 = \frac{m}{V_0} \tag{2-3}$$

式中 ρ_0——体积密度(g/cm³ 或 kg/m³)；

m——材料的质量(g 或 kg)；

V_0——材料在自然状态下的体积，或称表观体积(cm³ 或 m³)。

自然状态下的体积即表观体积，包含材料内部孔隙(开口孔隙和封闭空隙)在内。对外形规则的材料，其几何体积即为表观体积；对外形不规则的材料，可用排水(液)法测定，但在测定前，在待测材料表面用薄蜡层密封，以免测液进入材料内部孔隙而影响测定值。

特别提示

材料孔隙内含有水分时，其质量和体积会发生变化，相同材料在不同含水状态下其表观密度也不相同，因此，表观密度应注明材料含水状态，若无特别说明，常指气干状态(材料含水率与大气湿度相平衡，但未达到饱和状态)下的表观密度。

3) 堆积密度

堆积密度是指散粒(粉状、粒状或纤维状)材料在自然堆积状态下单位体积的质量，按下式计算：

$$\rho_0' = \frac{m}{V_0'} \tag{2-4}$$

式中 ρ_0'——堆积密度(kg/m³)；

m——材料的质量(kg)；

V_0'——材料的堆积体积(m³)。

自然堆积状态下的体积即堆积体积，包含颗粒内部的孔隙及颗粒之间的空隙，如图 2.2 所示。散粒状材料的堆积密度通常使用容积升测定。测定时，先对容积升称重，然后在容积升中装满待测材料，称重。

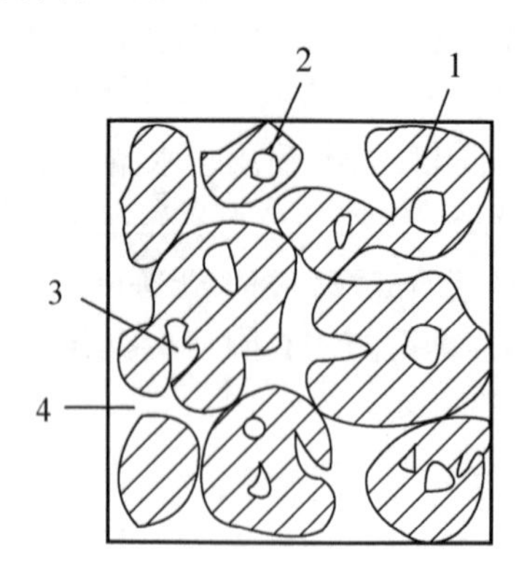

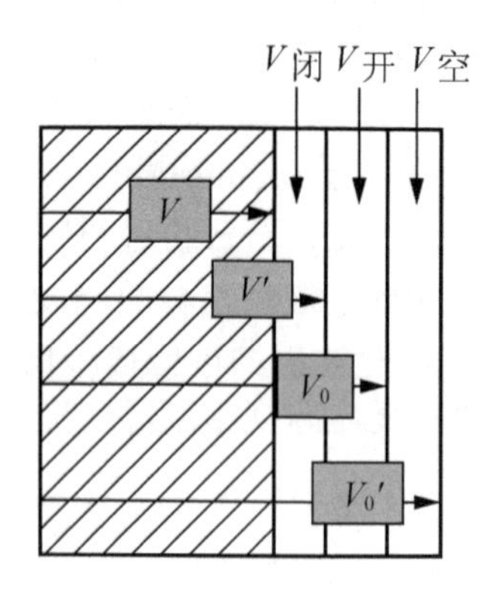

图 2.2 材料孔(空)隙及体积示意图

1—固体物质；2—闭口孔隙；3—开口孔隙；4—颗粒间隙

在建筑工程中，计算材料用量、构件自重、配料以及确定堆放空间时，经常要用到材料的密度、表观密度和堆积密度等参数。常用建筑材料的有关参数见表 2-1。

2. 材料的密实度与孔隙率

1) 密实度

密实度是指材料体积内被固体物质所充实的程度，也就是固体物质的体积占总体积的比例。密实度反映了材料的致密程度，以 D 表示：

$$D=\frac{V}{V_0}\times 100\%=\frac{\rho_0}{\rho}\times 100\% \tag{2-5}$$

表 2-1 常用建筑材料的密度、表观密度、堆积密度和孔隙率

材　料	密度 ρ /(g/cm^3)	表观密度 ρ_0 /(kg/m^3)	堆积密度 ρ_0' /(kg/m^3)	孔隙率(%)
石灰岩	2.60	1 800～2 600	—	—
花岗石	2.6～2.9	2 500～2 800	—	0.5～3.0
碎石(石灰岩)	2.60	—	1 400～1 700	—
砂	2.60	—	1 450～1 650	—
黏土	2.60	—	1 600～1 800	—
普通黏土砖	2.5～2.8	1 600～1 800	—	20～40
黏土空心砖	2.50	1 000～1 400	—	—
水泥	3.10	—	1 200～1 300	—
普通混凝土	—	2 100～2 600	—	5～20
轻骨料混凝土	—	800～1 900	—	—
木材	1.55	400～800	—	55～75
钢材	7.85	7 850	—	0
泡沫塑料	—	20～50	—	—
玻璃	2.55	—	—	—

含有孔隙的固体材料的密实度均小于 1。材料的很多性能(如强度、吸水性、耐久性、导热性等)均与其密实度有关。

2) 孔隙率

孔隙率是指在材料体积内孔隙总体积(V_P)占材料总体积(V_0)的百分率，以 P 表示。因 $V_P=V_0-V$，则 P 值可用下式计算：

$$P=\frac{V_0-V}{V_0}\times 100\%=\left(1-\frac{V}{V_0}\right)\times 100\%=\left(1-\frac{\rho_0}{\rho}\right)\times 100\% \tag{2-6}$$

孔隙率与密实度的关系为

$$P+D=1 \tag{2-7}$$

上式表明，材料的总体积是由该材料的固体物质与其所包含的孔隙所组成的。

3) 材料的孔隙

材料内部孔隙一般由自然形成或在生产、制造过程中产生，主要形成原因包括：材料内部混入水(如混凝土、砂浆、石膏制品)；自然冷却作用(如浮石、火山渣)；外加剂作用(如加气混凝土、泡沫塑料)；焙烧作用(如膨胀珍珠岩颗粒、烧结砖)等。

材料的孔隙构造特征对建筑材料的各种基本性质具有重要的影响，一般可由孔隙率、孔隙连通性和孔隙直径 3 个指标来描述。孔隙率的大小及孔隙本身的特征与材料的许多重要性质(如强度、吸水性、抗渗性、抗冻性和导热性等)都有密切关系。一般而言，孔隙率

较小且连通孔较少的材料，其吸水性较小、强度较高、抗渗性和抗冻性较好、绝热效果好。孔隙率是指孔隙在材料体积中所占的比例。孔隙按其连通性可分为连通孔、封闭孔和半连通孔(或半封闭孔)。连通孔是指孔隙之间、孔隙和外界之间都连通的孔隙(如木材、矿渣)；封闭孔是指孔隙之间、孔隙和外界之间都不连通的孔隙(如发泡聚苯乙烯、陶粒)；介于两者之间的称为半连通孔或半封闭孔。一般情况下，连通孔对材料的吸水性、吸声性影响较大，而封闭孔对材料的保温隔热性能影响较大。孔隙按其直径的大小可分为粗大孔、毛细孔、微孔。粗大孔是指直径大于毫米级的孔隙，这类孔隙对材料的密度、强度等性能影响较大，如矿渣。毛细孔是指直径在微米至毫米级的孔隙，对水具有强烈的毛细作用，主要影响材料的吸水性、抗冻性等性能，这类孔在多数材料内都存在，如混凝土、石膏等。微孔的直径在微米级以下，其直径微小，对材料的性能反而影响不大，如瓷质及炻质陶瓷。几种常用建筑材料的孔隙率见表 2-1。

3. 材料的填充率与空隙率

1) 填充率

填充率是指散粒材料在某容器的堆积体积中，被其颗粒填充的程度，以 D' 表示。可用下式计算：

$$D' = \frac{V_0}{V_0'} \times 100\% = \frac{\rho_0'}{\rho_0} \times 100\% \tag{2-8}$$

2) 空隙率

空隙率，是指散粒材料在某容器的堆积体积中，颗粒之间的空隙体积(V_a)占堆积体积的百分率，以 P' 表示。因 $V_a = V_0' - V_0$，则 P' 值可用下式计算：

$$P' = \frac{V_0' - V_0}{V_0'} \times 100\% = \left(1 - \frac{V_0}{V_0'}\right) \times 100\% = \left(1 - \frac{\rho_0'}{\rho_0}\right) \times 100\% = 1 - D' \tag{2-9}$$

即

$$D' + P' = 1 \tag{2-10}$$

空隙率反映了散粒材料颗粒之间的相互填充的致密程度，对于混凝土的粗、细骨料，空隙率越小，说明其颗粒大小搭配得越合理，用其配制的混凝土越密实，水泥也越节约。配制混凝土时，砂、石空隙率可作为控制混凝土骨料级配与计算含砂率的依据。

2.1.2 材料与水有关的性能

1. 亲水性与憎水性

材料在空气中与水接触时，根据其是否能被水润湿，可将材料分为亲水性和憎水性(或称疏水性)两大类。

材料在空气中与水接触时能被水润湿的性质称为亲水性。具有这种性质的材料称为亲水性材料，如砖、混凝土、木材等。

材料在空气中与水接触时不能被水润湿的性质称为憎水性(也称疏水性)。具有这种性质的材料称为疏水性材料，如沥青、石蜡等。

在材料、水和空气 3 者交点处，沿水的表面且限于材料和水接触面所形成的夹角 θ 称为“润湿角”。当 $\theta \leqslant 90°$ 时材料分子与水分子之间互相的吸引力大于水分子之间的内聚力，称为亲水性材料，如图 2.3(a)所示；当 $\theta > 90°$，材料分子与水分子之间互相的吸引力小于水分子之间的内聚力，称为憎水性材料，如图 2.3(b)所示。

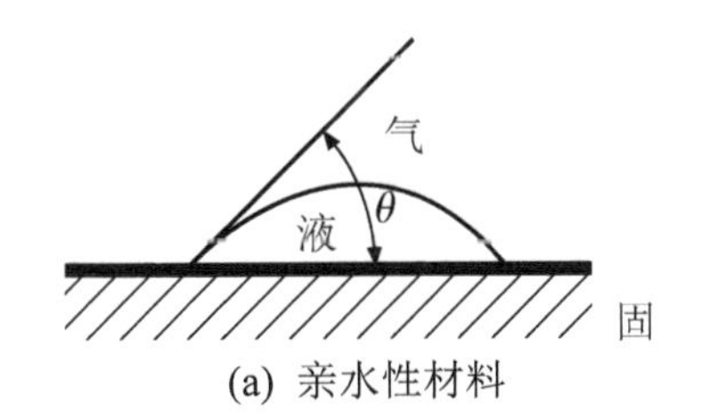

(a) 亲水性材料

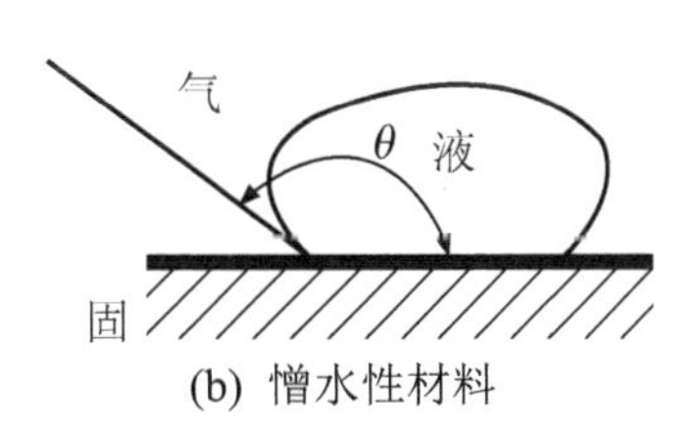

(b) 憎水性材料

图 2.3 材料的润湿示意图

大多数建筑材料(如石料、砖及砌块、混凝土、木材等)都属于亲水性材料，其表面均能被水润湿，且能通过毛细管作用将水吸入材料的毛细管内部。沥青、石蜡等属于憎水性材料，其表面不能被水润湿，该类材料一般能阻止水分渗入毛细管中，因而能降低材料的吸水性。憎水性材料不仅可用作防水材料，而且还可用于亲水性材料的表面处理以降低其吸水性。

2. 吸水性

材料在浸水状态下吸入水分的能力称为吸水性。吸水性的大小，以吸水率表示。吸水率有质量吸水率和体积吸水率之分。

质量吸水率是指材料吸水饱和时，其所吸收水分的质量占材料干燥时质量的百分率，可按下式计算：

$$W_{质}=\frac{m_{湿}-m_{干}}{m_{干}}\times 100\% \tag{2-11}$$

式中 $W_{质}$——材料的质量吸水率(%)；

$m_{湿}$——材料吸水饱和后的质量(g)；

$m_{干}$——材料烘干到恒重的质量(g)。

体积吸水率是指材料体积内被水充实的程度，即材料吸水饱和时，所吸收水分的体积占干燥材料自然体积的百分率，可按下式计算：

$$W_{体}=\frac{V_{水}}{V_0}\times 100\%=\frac{m_{湿}-m_{干}}{V_0}\cdot\frac{1}{\rho_{H_2O}} \tag{2-12}$$

式中 $W_{体}$——材料的体积吸水率(%)；

$m_{水}$——材料在吸水饱和时水的体积(cm^3)；

V_0——干燥材料在自然状态下的体积(cm^3)；

ρ_{H_2O}——水的密度(g/cm^3)，在常温下 ρ_{H_2O} =1 g/cm^3。

质量吸水率与体积吸水率存在如下关系：

$$W_{体}=W_{质}\cdot\rho_0\frac{1}{\rho_{H_2O}}=W_{质}\cdot\rho_0 \tag{2-13}$$

式中 ρ_0——材料干燥状态的表观密度(g/cm^3)。

材料吸水性不仅取决于材料本身是亲水的还是憎水的，还与其孔隙率的大小及孔隙特征有关。封闭的孔隙实际上是不吸水的，只有那些开口而尤以毛细管连通的孔才是吸水最强的。粗大开口的孔隙，水分又不易存留，难以吸足水分，故材料的体积吸水率常小于孔隙率，这类材料常用质量吸水率表示它的吸水性。而对于某些轻质材料，如加气混凝土、软木等，由于具有很多开口而微小的孔隙，所以它的质量吸水率往往超过 100%，即湿质量为干质量的几倍，在这种情况下，最好用体积吸水率表示其吸水性。

材料在吸水后，原有的许多性能会发生改变，如强度降低、表观密度加大、保湿性变差，甚至有的材料会因吸水发生化学反应而变质。因此，吸水率大对材料性能是不利的。

3. 吸湿性

材料在潮湿的空气中吸收空气中水分的性质，称为吸湿性。吸湿性的大小用含水率表示。材料所含水的质量占材料干燥质量的百分数，称为材料的含水率，可按下式计算：

$$W_{含} = \frac{m_{含} - m_{干}}{m_{干}} \times 100\% \tag{2-14}$$

式中 $W_{含}$——材料的含水率(%)；

$m_{含}$——材料含水时的质量(g)；

$m_{干}$——材料干燥至恒重时的质量(g)。

材料的含水率大小除与材料本身的特性有关外，还与周围环境的温度、湿度有关。气温越低、相对湿度越大，材料的含水率也就越大。当材料吸水达到饱和状态时的含水率即为吸水率。

材料随着空气湿度的变化，既能在空气中吸收水分，又可向外界扩散水分，最终将使材料中的水分与周围空气的湿度达到平衡，这时材料的含水率称为平衡含水率。平衡含水率并不是固定不变的，它随环境温度和湿度的变化而改变。

4. 耐水性

材料长期在饱和水作用下而不破坏，其强度也不显著降低的性质称为耐水性。材料的耐水性用软化系数表示，可按下式计算：

$$K_{软} = \frac{f_{饱}}{f_{干}} \tag{2-15}$$

式中 $K_{软}$——材料的软化系数；

$f_{饱}$——材料在水饱和状态下的抗压强度(MPa)；

$f_{干}$——材料在干燥状态下的抗压强度(MPa)。

材料的软化系数反映了材料吸水后强度降低的程度，其值在 0～1 之间。$K_{软}$越小，耐水性越差，故$K_{软}$值可作为处于严重受水侵蚀或潮湿环境下的重要结构物选择材料时的主要依据。处于水中的重要结构物，其材料的$K_{软}$值应不小于 0.85～0.90；次要的或受潮较轻的结构物，其$K_{软}$值应不小于 0.75～0.85；对于经常处于干燥环境的结构物，可不必考虑$K_{软}$。通常认为$K_{软}$大于 0.80 的材料是耐水材料。

5. 抗渗性

材料抵抗压力水渗透的性质称为抗渗性(或不透水性)，可用渗透系数 K 表示。

达西定律表明，在一定时间内，透过材料试件的水量与试件的断面积及水头差(液压)成正比，与试件的厚度成反比，即：

$$W = K\frac{h}{d}At \quad 或 \quad K = \frac{Wd}{Ath} \tag{2-16}$$

式中 K——渗透系数(cm/h)；

W——透过材料试件的水量(cm^3)；

t——透水时间(h)；

A——透水面积(cm^2)；

h——静水压力水头(cm)；

d——试件厚度(cm)。

渗透系数反映了材料抵抗压力水渗透的性质，渗透系数越大，材料的抗渗性越差。

建筑中大量使用的砂浆。混凝土等材料，其抗渗性用抗渗等级表示。抗渗等级用材料抵抗的最大水压力来表示，如P6、P8、P10、P12等，分别表示材料可抵抗0.6MPa、0.8MPa、1.0MPa、1.2MPa的水压力而不渗水。抗渗等级越大，材料的抗渗性越好。

材料抗渗性的好坏与材料的孔隙率和孔隙特征有密切关系。孔隙率很小而且是封闭孔隙的材料具有较高的抗渗性。对于地下建筑及水工构筑物，因常受到压力水的作用，故要求其材料具有一定的抗渗性；对于防水材料，则要求具有更高的抗渗性。材料抵抗其他液体渗透的性质，也属于抗渗性。

6. 抗冻性

材料在吸水饱和状态下，能经受多次冻结和融化作用(冻融循环)而不破坏，同时也不严重降低强度，质量也不显著减少的性质，称为抗冻性。一般建筑材料如混凝土抗冻性常用抗冻等级F表示。抗冻等级是以规定的试件在规定试验条件下，测得其强度降低不超过规定值，并无明显损坏和剥落时所能经受的冻融循环次数来确定的，用符号“F”加数字表示，其中数字为最大冻融循环次数。例如，抗冻等级F10表示在标准试验条件下，材料强度下降不大于25%，质量损失不大于5%，所能经受的冻融循环的次数最多为10次。

材料经多次冻融循环后，表面将出现裂纹、剥落等现象，造成质量损失、强度降低。这是由于材料内部孔隙中的水分结冰时体积增大，对孔壁产生很大压力，冰融化时压力又骤然消失所致。无论是冻结还是融化过程都会使材料冻融交界层间产生明显的压力差，并作用于孔壁使之遭损。对于冬季室外计算温度低于-10℃的地区，工程中使用的材料必须进行抗冻试验。

材料抗冻等级的选择是根据建筑物的种类、材料的使用条件和部位、当地的气候条件等因素决定的。例如烧结普通砖、陶瓷面砖、轻混凝土等墙体材料，一般要求抗冻等级材料经多次冻融交替作用后，表面将出现剥落、裂纹，产生质量损失，强度也将会降低。冰冻对材料的破坏作用，是由于材料孔隙内的水结冰时体积膨胀(约增大9%)而引起孔壁受力破裂所致。所以，材料抗冻性的高低，决定于材料的吸水饱和程度和材料对结冰时体积膨胀所产生的压力的抵抗能力。

抗冻性良好的材料，对于抵抗温度变化、干湿交替等破坏作用的性能也较强。所以，抗冻性常作为考查材料耐久性的一个指标。处于温暖地区的建筑物，虽无冰冻作用，但为抵抗大气的作用，确保建筑物的耐久性，有时对材料也提出一定的抗冻性要求。

2.1.3 材料的热工性能

在建筑中，建筑材料除了须满足必要的强度及其他性能要求外，为了节约建筑物的使用能耗以及为生产和生活创造适宜的条件，常要求材料具有一定的热性质以维持室内温度。常考虑的热性质有材料的导热性、热容量、保湿隔热性能和热变形性等。

1. 导热性

材料传导热量的能力称为导热性。材料导热能力的大小可用导热系数(λ)表示。导热系数在数值上等于厚度为1m的材料，当其相对两侧表面的温度差为1K时，经单位面积($1m^2$)单位时间(1s)所通过的热量，可用下式表示：

$$\lambda = \frac{Q\delta}{At(T_2 - T_1)} \tag{2-17}$$

式中　λ——导热系数[W/(m·K)]；

Q——传导的热量(J)；

A——热传导面积(m^2)；

δ——材料厚度(m)；

t——热传导时间(s)；

$T_2 - T_1$——材料两侧温差(K)。

材料的导热系数越小，绝热性能越好。各种建筑材料的导热系数差别很大，大致在0.035～3.5 W/(m·K)之间。典型材料导热系数见表2-2。

材料的导热系数大小与内部孔隙率、孔隙特征、温度、湿度、热流方向等因素有关。材料的导热系数与其内部孔隙率和孔隙特征构造有密切关系。由于密闭空气的导热系数很小，仅0.023W/(m·K)，所以，一般情况下孔隙率越大，密度越低，导热系数越小。当孔隙率相同时，由于孔隙中空气对流的作用，孔隙相互连通比封闭而不连通的导热系数要高；孔隙尺寸越大，导热系数越大。由于温度升高时材料固体分子热运动增强，同时材料孔隙中空气的导热和孔壁间的辐射作用也有所增强，因此，一般来说，材料的导热系数随着材料温度的升高而增大。材料受潮或受冻后，其导热系数会大大提高，这是由于水和冰的导热系数比空气的导热系数高很多，分别为0.58W/(m·K)和2.20W/(m·K)。因此，绝热材料应经常处于干燥状态，以利于发挥材料的绝热性能。对于各向异性的材料来说，不同方向的导热性能也有区别。例如木材，热流与纤维延伸方向平行时，其所受到的阻力小；而热流垂直于纤维延伸方向时，其所受到的阻力大。也就是说，顺着纤维方向的导热性比垂直纤维方向的导热性大。

2. 热容量

材料加热时吸收热量、冷却时放出热量的性质称为热容量。热容量大小用比热容(也称热容量系数，简称比热)表示。比热容表示1g材料，温度升高1K时所吸收的热量，或降低1K时放出的热量。材料吸收或放出的热量和比热可由下式计算：

$$Q = cm(T_2 - T_1) \tag{2-18}$$

$$c = \frac{Q}{m(T_2 - T_1)} \tag{2-19}$$

式中　Q——材料吸收或放出的热量(J)；

c——材料的比热[J/(g·K)]；

m——材料的质量(g)；

$T_2 - T_1$——材料受热或冷却前后的温差(K)。

比热是反映材料的吸热或放热能力大小的物理量。不同材料的比热不同，即使是同一种材料，由于所处物态不同，其比热也不同。例如，水的比热为4.186J/(g·K)，而结冰后比热则是2.093J/(g·K)。c与m的乘积，即$c \cdot m$为材料的热容量值。采用热容量大的材料，对于保持室内温度具有很大意义。如果采用热容量大的材料做维护结构材料，能在热流变动或采暖设备供热不均匀时缓和室内的温度波动，不会使人有忽冷忽热的感觉。常用建筑材料的比热见表2-2。

表 2-2 常用建筑材料及物质的热工性质

材料名称	钢　材	混凝土	松　木	烧结普通砖	花岗石	密闭空气	水
比热/[J/(g·K)]	0.48	0.84	2.72	0.88	0.92	1.00	4.18
导热系数/[W/(m·K)]	58	1.51	1.17～0.35	0.80	3.49	0.023	0.58

3. 材料的保温隔热性能

在建筑工程中常把$1/\lambda$称为材料的热阻，用R表示，单位为(m·K)/W。导热系数λ和热阻R都是评定建筑材料保温隔热性能的重要指标。人们常习惯把防止室内热量的散失称为保温，把防止外部热量的进入称为隔热，将保温隔热统称为绝热。

材料的导热系数越小，其热阻值越大，则材料的导热性能越差，其保温隔热性能越好，所以常将$\lambda \leqslant 0.175$W/(m·K)的材料称为绝热材料。

4. 热变形性

材料的热变形性是指材料在温度变化时其尺寸的变化，一般材料均具有热胀冷缩这一自然属性。材料的热变形性，常用长度方向变化的线膨胀系数表示，土木工程总体上要求材料的热变形不要太大，对于像金属、塑料等热膨胀系数大的材料，因温度和日照都易引起伸缩，成为构件产生位移的原因，在构件接合和组合时都必须予以注意。在有隔热保温要求的工程设计时，应尽量选用热容量(或比热)大、导热系数小的材料。

2.1.4 材料的声学性能

1. 材料的吸声性能

物体振动时，迫使邻近空气随着振动而形成声波，当声波接触到材料表面时，一部分被反射，一部分穿透材料，而其余部分则在材料内部的孔隙中引起空气分子与孔壁的摩擦和黏滞阻力，使相当一部分声能转化为热能而被吸收。被材料吸收的声能(包括穿透材料的声能在内)与原先传递给材料的全部声能之比，是评定材料吸声性能好坏的主要指标，称为吸声系数，用下式表示：

$$\alpha = \frac{E_0}{E} \tag{2-20}$$

式中　α——材料的吸声系数；

E——传递给材料的全部入射声能；

E_0——被材料吸收(包括透过)的声能。

假如入射声能的70%被吸收，30%被反射，则该材料的吸声系数α就等于0.7。当入射

声能100%被吸收而无反射时，吸声系数等于1。一般材料的吸声系数在0～1之间，吸声系数越大，则吸声效果越好。只有悬挂的空间吸声体，由于有效吸声面积大于计算面积，可获得吸声系数大于1的情况。

为了全面反映材料的吸声性能，规定取125Hz、250Hz、500Hz、1 000Hz、2 000Hz、4 000Hz等6个频率的吸声系数来表示材料的特定吸声频率，则这6个频率的平均吸声系数大于0.2的材料，可称为吸声材料。

吸声材料能抑制噪声和减弱声波的反射作用。为了改善声波在室内传播的质量，保持良好的音响效果和减少噪声的危害，在进行音乐厅、电影院、大会堂、播音室等内部装饰时，应使用适当的吸声材料，在噪声大的厂房内有时也采用吸声材料。一般来讲，对同一种多孔材料，表观密度增大时(即空隙率减小时)，对低频声波的吸声效果有所提高，而对高频吸声效果则有所降低。增加多孔材料的厚度，可提高对低频声波的吸声效果，而对高频声波则没有多大影响。材料内部孔隙越多、越细小，吸声效果越好。如果孔隙太大，则效果较差；如果材料总的孔隙大部分为单独的封闭气泡(如聚氯乙烯泡沫塑料)，则因声波不能进入，从吸声机理上来讲，就不属多孔性吸声材料。当多孔材料表面涂刷油漆或材料吸湿时，则因材料表面的孔隙被水分或涂料所堵塞，使其吸声效果大大降低。

2. 材料的隔声性能

材料能减弱或隔断声波传递的性能称为隔声性能。人们要隔绝的声音按其传播途径有空气声(通过空气传播的声音)和固体声(通过固体的撞击或振动传播的声音)两种，两者隔声的原理不同。

对空气声的隔绝主要是依据声学中的“质量定律”，即材料的密度越大，越不易受声波作用而产生振动，因此，其声波通过材料传递的速度迅速减弱，其隔声效果越好，所以，应选用密度大的材料(如钢筋混凝土、实心砖等)作为隔绝空气声的材料。对固体声隔绝的最有效措施是断绝其声波继续传递的途径，即在产生和传递固体声波的结构(如梁、框架与楼板、隔墙以及它们的交接处等)层中加入具有一定弹性的衬垫材料，以阻止或减弱固体声波的继续传播。

结构的隔声性能用隔声量表示，隔声量是指入射与透过材料声能相差的分贝(dB)数。隔声量越大，隔声性能越好。

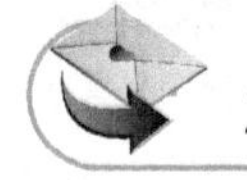
工程案例

中国国家大剧院的建筑声学创新应用

国家大剧院位于北京人民大会堂西侧，总建筑面积16万m^2。主体建筑由外部围护钢结构壳体和内部2 416座的歌剧院、2 017座的音乐厅、1 040座的戏剧院、公共大厅及配套用房组成。外部围护钢结构壳体呈半椭球形，东西长210m，南北长140m，高46m，地下部分深32.5m。椭球形屋面主要采用钛金属板饰面，中部为渐开式玻璃幕墙。椭球壳体外环绕人工湖，入口和通道设在水面下，如图2.4所示。

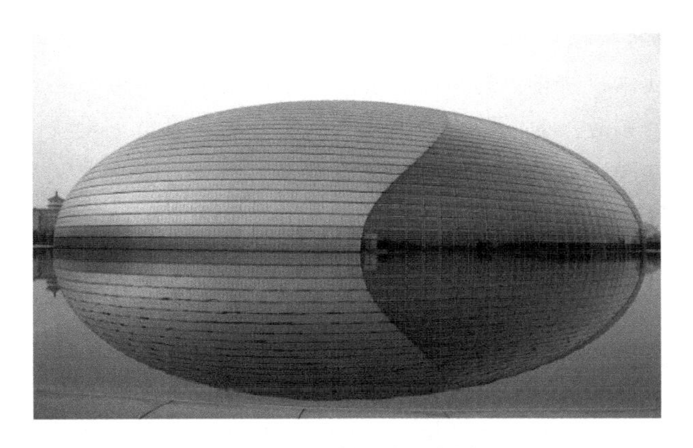

图 2.4　中国国家大剧院

中国国家大剧院造型新颖、前卫，构思独特，是目前世界上最大的穹顶。国家大剧院不但建筑形式、建筑结构、建筑设备等方面新颖独特，在建筑声学上也有很多创新应用。国家大剧院的建筑声学主设计为法国 CSTB 研究所，清华大学建筑学院作为国内声学配合单位，协助 CSTB 完成深化设计、理论计算、实验研究等工作。主要创新点体现如下。

(1) “蛋壳”底层喷涂纤维素防止雨噪声。

国家大剧院的 3.6 万 m^2 “蛋壳”屋盖非常巨大，为减轻结构荷载，采用了钛金属装饰面轻型屋盖。但是存在的一个问题是：降雨时，室内会受到雨点撞击金属屋面所产生的雨噪声干扰。在设计时，创造性地提出在屋盖底层采用纤维素喷涂防止雨噪声的方案，并最终得到了应用实施。即在屋盖板下，喷涂一层 25mm 厚的 K-13 纤维素喷涂吸声材料。

(2) 戏剧院的 MLS 声扩散墙面。

戏剧院观众厅墙面采用了 MLS 设计的声扩散墙面，看上去像凸凹起伏的、不规则排列的竖条，目的是扩散声音，可保证室内声场的均匀性，使声音更美妙动听。MLS 称为最大长度序列，是一种数论算法，其扩散声音的原理是，声波到达墙面的某个凹凸槽后，一部分入射到深槽内产生反射，另一部在槽表面产生反射，两者接触界面的时间有先后，反射声会出现相位不同，叠加在一起成为局部非定向反射，大量不规则排列的凹凸槽整体上形成了声音的扩散反射。

(3) 音乐厅 GRC 声扩散装饰板。

中国国家大剧院的音乐厅的顶棚和墙面采用了平均厚度达到 4cm 的 GRC(增强纤维水泥成型板)。顶棚上的 GRC 装饰有看似凌乱的沟槽，侧墙 GRC 为起伏的表面，目的在于扩散反射声音。平面反射的声音类似于镜子，会因局部声音强烈反射影响音质，扩散反射类似于被磨毛的乌玻璃，声音反射更加均匀、柔和。另外，厚重的 GRC 板能够有效地防止低频吸收，增强厅内的低频混响时间，使低音效果(如管风琴、大管、大提琴等)更加具有震撼力和感染力。

(4) 歌剧院金属透声装饰网。

长久以来，剧院的体型问题使设计师苦恼。长方的体型有利于反射声音，音质最好，但视觉效果太古板，而椭圆的体型会使声音聚焦，音质不好，但有曲线的优美视觉效果。中国国家大剧院的歌剧院墙面上使用了一种透声装饰网，完美地解决室内视觉效果和听觉效果之间的矛盾问题。这是一种金色网子，看上去像优美的墙，但可以透过声音。网是弧形的，声音透过去后的墙是长方形的，这样就使视觉为弧形，而听觉为长方形，一举两得。这种应用于歌剧院的网的设计在世界上是第一次。

(5) 歌剧院木装饰板顶棚的混凝土覆层。

歌剧院的顶棚是实木板拼接装饰顶棚，配合大型的椭圆形灯带，在侧墙金色网的辉映下，显得金碧辉煌，古典而别致。为了防止顶棚因木板产生的不良低频吸收，以顶棚为模板，在其上密质地浇灌了一层4cm厚度的混凝土，增加了重量，提高了低频反射效果。

(6) 舒适的观众厅声学软座椅。

中国国家大剧院的软座椅，采用了人体工程学设计，外形优美，安坐舒适。而且，软座椅还具有重要的吸声作用。观众厅内大量的观众所形成的吸声量是不容忽视的，为了控制室内吸声，座椅吸声系数必须符合设计要求，座椅的聚氨酯内填料、织物面料、软垫的面积、软垫的厚度等都经过了严格的设计，一方面达到了观众厅吸声的设计要求，另一方面坐人时和不坐人时具有相同的吸声系数，保证观众厅的室内在空场、满场、部分上座率等不同观众人数时具有基本一致的室内声学效果。

(7) Z型轻钢减振龙骨轻质隔声墙。

为了保证国家大剧院的录音室、演播室、琴房等轻质隔墙的隔声性能，采用了一种特殊结构的Z型轻钢减振龙骨，用于安装石膏板隔墙。Z型轻钢减振龙骨比常规的C型轻钢龙骨更有弹性，隔声性能更好，尤其在难于隔绝的低频部分隔声优势更大。

(以上内容参考燕翔、周庆琳发表于《建筑学报》2008年第2期的论文《国家大剧院建筑声学的创新应用》。)

2.2 材料的力学性能

材料的力学性能主要是指材料在外力(荷载)作用下，有关抵抗破坏和变形能力的性质。

2.2.1 材料的强度、强度等级和比强度

1. 强度

材料可抵抗因外力(荷载)作用而引起破坏的最大能力，即为该材料的强度。其值是以材料受力破坏时单位受力面积上所承受的力表示的，其通式可写为

$$f=P/A \tag{2-21}$$

式中 f——材料的强度(MPa)；

P——破坏荷载(N)；

A——受荷面积(mm^2)。

材料在建筑物上所受的外力主要有拉力、压力、弯曲及剪力等。材料抵抗这些外力破坏的能力，分别称为抗拉、抗压、抗弯和抗剪强度等。这些强度一般是通过静力试验来测定的，因而总称为静力强度。如图2.5所示材料基本强度的分类和测定。

材料抗拉、抗压和抗剪等强度按公式2-21计算；抗弯(折)强度的计算，按受力情况、截面形状等不同，方法各异。如当跨中受一集中荷载的矩形截面的试件，如图2.5所示，其抗弯强度按下式计算：

$$f_m=\frac{3PL}{2bh^2} \tag{2-22}$$

式中 f_m——抗弯(折)强度(MPa)；

P——受弯时破坏荷载(N)；
L——两支点间的距离(mm)；
b——材料截面宽度(mm)；
h——材料截面高度(mm)。

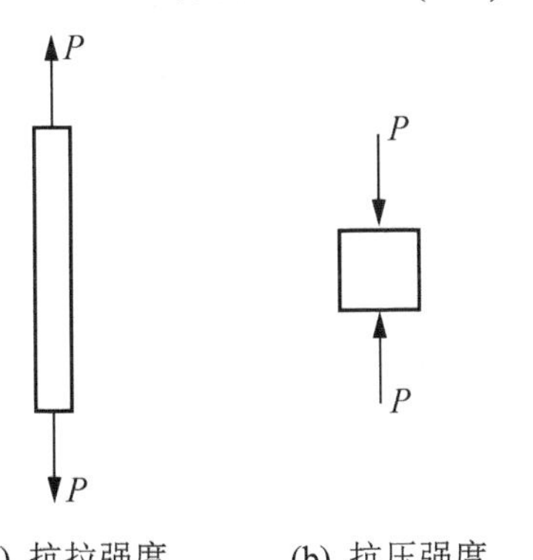

(a) 抗拉强度

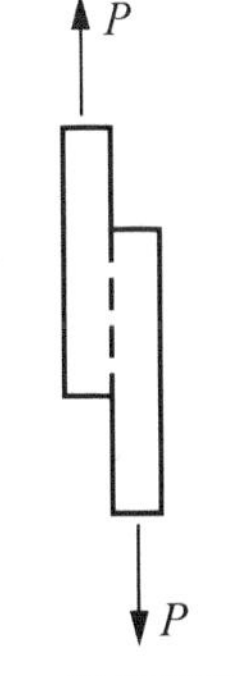

(b) 抗压强度

(c) 抗剪强度

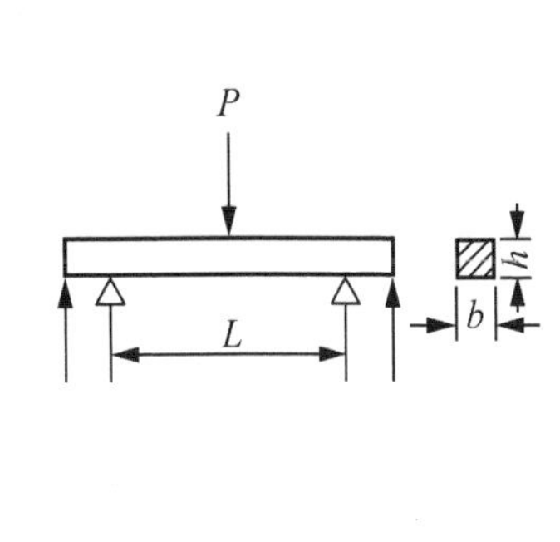

(d) 抗弯强度

图 2.5 材料静力强度分类和测定

材料的静力强度实际上只是在特定条件下测定的强度值。试验测出的强度值，除受材料的组成、结构等内在因素的影响外，还与试验条件有密切关系，如试件的形状、尺寸、表面状态、含水率、温度及试验时加荷速度等。为了使试验结果比较准确而且具有互相比较的意义，测定材料强度时必须严格按照统一的标准试验方法进行。

2. 强度等级

大部分建筑材料，根据其极限强度的大小，可划分为若干不同的强度等级。如建筑砂浆按抗压强度分为M20、M15、M10、M7.5、M5.0、M2.5这6个强度等级，普通硅酸盐水泥按抗压强度分为42.5、42.5R、52.5、52.5R等2个强度等级4个类型。将建筑材料划分为若干强度等级，对掌握材料性能。合理选用材料、正确进行设计和控制工程质量都十分重要。

3. 比强度

对不同的材料强度进行比较，可以采用比强度。比强度是按单位质量计算的材料强度，其值等于材料的强度与其表观密度之比，它是衡量材料轻质高强的一个主要指标，优质结构材料的比强度应高。几种典型材料的强度比较，见表2-3。

表 2-3 几种典型材料的强度比较

材　料	体积密度/(kg/m^3)	强度/MPa	比强度
低碳钢(抗拉)	7 850	400	0.051
普通混凝土(抗压)	1 400	40	0.017
松木(顺纹抗拉)	500	100	0.200
玻璃钢(抗压)	2 000	450	0.225
烧结普通砖(抗压)	1 700	10	0.005

由表 2-3 数据可知，玻璃钢是轻质高强的高效能材料，而普通混凝土为质量大而强度较低的材料。

2.2.2　材料的弹性和塑性

材料在外力作用下产生变形，当外力取消后，材料变形即可消失并能完全恢复原来形状的性质，称为弹性。这种当外力取消后瞬间内即可完全消失的变形，称为弹性变形。这种变形属于可逆变形，其数值的大小与外力成正比；其比例系数 E 称为弹性模量。在弹性变形范围内，弹性模量 E 为常数，其值等于应力与应变的比值，弹性模量是衡量材料抵抗变形能力的一个指标，E 越大，材料越不易变形。

在外力作用下材料产生变形，如果取消外力后，仍保持变形后的形状尺寸并且不产生裂缝的性质，称为塑性。这种不能消失的变形，称为塑性变形(或永久变形)。

许多材料受力不大时，仅产生弹性变形；受力超过一定限度后，即产生塑性变形。如建筑钢材，当外力值小于弹性极限时，仅产生弹性变形；当外力大于弹性极限后，则除了弹性变形外，还产生塑性变形。有的材料在受力时，弹性变形和塑性变形同时产生，如果取消外力，则弹性变形可以消失而其塑性变形则不能消失，称为弹塑性材料，普通混凝土硬化后可看作典型的弹塑性材料。材料的应力应变曲线如图 2.6 所示。

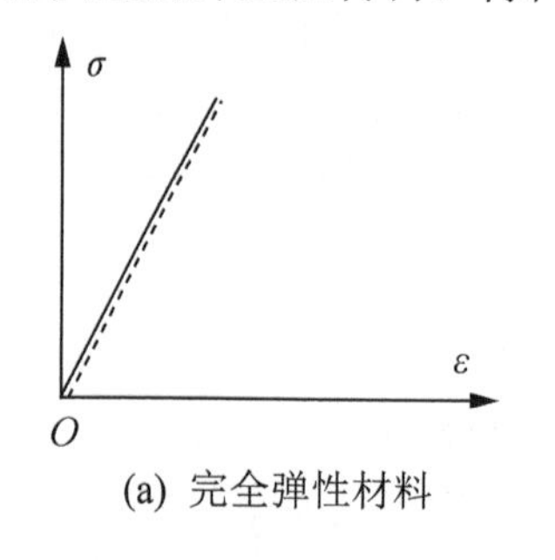

(a) 完全弹性材料

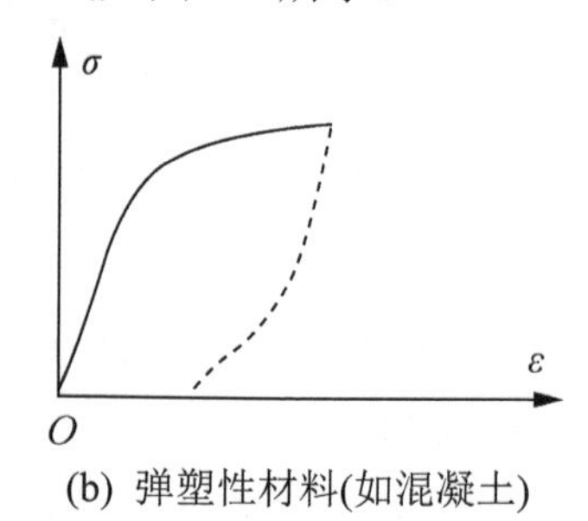

(b) 弹塑性材料(如混凝土)

图 2.6　材料的应力应变曲线

2.2.3　材料的脆性和韧性

在外力作用下，当外力达到一定限度后，材料突然破坏而又无明显的塑性变形的性质，称为脆性。脆性材料抵抗冲击荷载或震动作用的能力很差，其抗压强度比抗拉强度高得多，如混凝土、玻璃、砖、石、陶瓷等。

在冲击、振动荷载作用下，材料能吸收较大的能量，产生一定的变形而不致被破坏的性能，称为韧性。如建筑钢材、木材等属于韧性较好的材料。建筑工程中，对于要承受冲击荷载和有抗震要求的结构，其所用的材料都要考虑材料的冲击韧性。

2.2.4　材料的硬度和耐磨性

硬度是材料表面能抵抗其他较硬物体压入或刻画的能力。不同材料的硬度测定方法不同。按刻画法，矿物硬度分为 10 级(莫氏硬度)。其硬度递增的顺序依次为：滑石、石膏、方解石、萤石、磷灰石、正长石、石英、黄玉、刚玉、金刚石。木材、混凝土、钢材等的硬度常用钢球压入法测定(布氏硬度 HB)。

一般来说，硬度大的材料耐磨性较强，但不易加工。

耐磨性是材料表面抵抗磨损的能力。建筑工程中，用于道路、地面、踏步等部位的材料，均应考虑其硬度和耐磨性。一般来说，强度较高且密实的材料，其硬度较大、耐磨性较好。

2.3 材料的耐久性

建筑材料除应满足各项物理、力学的功能要求外，还必须经久耐用，反映这一要求的性质称为耐久性。耐久性是指材料在内部和外部多种因素作用下，长久地保持其使用性能的性质。

影响材料耐久性的因素是多种多样的，除材料内在原因使其组成、构造、性能发生变化以外，还要长期受到使用条件及各种自然因素的作用，这些作用可概括为以下几方面。

(1) 物理作用。包括环境温度、湿度的交替变化，即冷热、干湿、冻融等循环作用。材料在经受这些作用后，将发生膨胀、收缩或产生内应力，长期的反复作用将使材料变形、开裂甚至破坏。

(2) 化学作用。包括大气和环境水中的酸、碱、盐或其他有害物质对材料的侵蚀作用，以及日光、紫外线等对材料的作用，使材料发生腐蚀、碳化、老化等而逐渐丧失使用功能。

(3) 机械作用。包括荷载的持续作用，交变荷载对材料引起的疲劳、冲击、磨损等。

(4) 生物作用。包括菌类、昆虫等的侵害作用，导致材料发生腐朽、虫蛀等而破坏。

一般矿物质材料如石材、砖瓦、陶瓷、混凝土等，暴露在大气中时，主要受到大气的物理作用；当材料处于水位变化区或水中时，还受到环境水的化学侵蚀作用。金属材料在大气中易被锈蚀；沥青及高分子材料在阳光、空气及辐射的作用下，会逐渐老化、变质而破坏。影响材料耐久性的外部因素往往通过其内部因素而发生作用，与材料耐久性有关的内部因素主要是材料的化学组成、结构和构造的特点。当材料含有易与其他外部介质发生化学反应的成分时，就会造成因其抗渗性和耐腐蚀能力差而引起破坏。

对材料耐久性最可靠的判断，是对其在使用条件下进行长期的观察和测定，但这需要很长的时间，往往满足不了工程的需要。所以常常根据使用要求，用一些实验室可测定又能基本反映其耐久性特性的短时试验指标来表达。如：常用软化系数来反映材料的耐水性；用实验室的冻融循环(数小时一次)试验得出的抗冻等级来反映材料的抗冻性；采用较短时间的化学介质浸渍来反映实际环境中的水泥石长期腐蚀现象等。

为了提高材料的耐久性，以利于延长建筑物的使用寿命和减少维修费用，可根据使用情况和材料特点，采取相应的措施。如设法减轻大气或周围介质对材料的破坏作用(如降低湿度、排除侵蚀性物质等)，提高材料本身对外界作用的抵抗能力(如提高材料的密实度、采取防腐措施等)，也可用其他材料保护主体材料免受破坏(如覆面、抹灰、刷涂料等)。

本任务小结

本任务是学习建筑材料课程应首先具备的基础知识和理论，也是全书的重点内容之一。掌握和了解这些性质对于认识、研究和应用建筑材料具有极为重要的意义。

材料的物理性质包括材料与质量有关的性质、与水有关的性质、与热有关的性质、声学性质这4部分。与质量有关的性质：根据材料不同的状态可，分为密度、表观密度、体积密度、堆积密度，孔隙率、孔隙的构造特征和空隙率能描绘材料在不同状态下的疏密程度，它们都是影响材料工程性质的内在因素；与水有关的性质：亲水性和憎水性、吸水性与吸湿性、耐水性、抗渗性和抗冻性，这些性质都与材料的构造有着密切的联系；与热有关的性质：导热性、比热容、热容量、保温隔热性和热变形性等；材料的声学性能与其自身结构和构造特征关系密切。

材料的力学性质：主要包括材料在外力作用下产生变形和抵抗破坏的能力。材料在不同形式的外力作用下，抵抗外力的能力分别为抗拉、抗压、抗弯与抗剪强度等。不同的材料以不同的强度值划分强度等级。材料受力后的变形可分为弹性变形和塑性变形。按材料破坏前的变形情况，可将材料分为脆性材料与韧性材料，以分别适用于不同的使用条件。

材料的耐久性是一项综合指标，实际工程中多以能基本反映其耐久性特性的短时试验指标来评价。

习题

一、选择题

1．当材料的润湿角θ(　　)时，称为憎水性材料。

A．>90°　　B．≤90°　　C．=0°　　D．>135°

2．当材料的软化系数(　　)时，可以认为是耐水材料。

A．>0.85　　B．>0.8°　　C．>0.75　　D．>0.7

3．对于同一材料，各种密度参数的大小排列为(　　)。

A．密度>堆积密度>体积密度　　B．密度>体积密度>堆积密度

C．堆积密度>密度>体积密度　　D．体积密度>堆积密度>密度

4．含水率为5%的湿砂220g，其干燥后的重量是(　　)g。

A．209.35　　B．210.12　　C．209.52　　D．205.48

5．选择承受动荷载作用的结构材料时，要选择下述哪一类材料？(　　)

A．具有良好塑性的材料　　B．具有良好韧性的材料

C．具有良好弹性的材料　　D．具有良好硬度的材料

二、简答题

1．什么是材料的实际密度、体积密度和堆积密度？它们有何不同之处？

2．建筑材料的亲水性和憎水性在建筑工程中有什么实际意义？

3．什么是材料的吸水性、吸湿性、耐水性、抗渗性和抗冻性？各用什么指标表示？

4．材料的孔隙率与孔隙特征对材料的表观密度、吸水、吸湿、抗渗、抗冻、强度及保温隔热等性能有何影响？

5．弹性材料与塑性材料有何不同？材料的脆性与韧性有何不同？

6．为什么新建房屋的保暖性能较差？

三、计算题

1．某一块状材料的全干质量为115g，自然状态体积为44cm^3，绝对密实状态下的体积为37cm^3，试计算其实际密度、表观密度、密实度和孔隙率。

2．已知某种普通烧结砖的密度为2.5g/cm^3，表观密度为1 800kg/m^3，试计算该砖的孔隙率和密实度？

3．某种石子经完全干燥后，其质量为482g，将其放入盛有水的量筒中吸水饱和后，水面由原来的452cm^{3}上升至630cm^3，取出石子擦干表面水后称质量为487g。试求该石子的表观密度、体积密度及吸水率。

4．计算下列材料的强度值。

(1) 边长为10cm的混凝土正立方体试块，抗压破坏荷载为265kN。

(2) 直径为10mm的钢材拉伸试件，破坏时的拉力为25kN。

【参考答案】

学习任务3

胶凝材料

学习目标

通过本章的学习，使学生具备几种常用胶凝材料的使用与检测能力。具体内容包括：掌握胶凝材料的定义和分类；石灰、石膏及水玻璃的原料与生产；水泥熟化、凝结与硬化、技术要求、性质及应用等。

学习要求

能力目标	知识要点	权重
掌握石灰的种类、特性与应用	石灰的熟化和硬化特点、性质及应用	20%
掌握建筑石膏的种类、特性与应用	建筑石膏的硬化特点、性质及应用	10%
了解水玻璃的特性与应用	水玻璃的性质及主要应用	5%
了解通用硅酸盐水泥的生产原理及熟料矿物组成特点	水泥的生产原理、熟料矿物组成及水化特点	5%
了解水泥熟料水化机理及特点	熟料水化机理、影响因素	10%
掌握通用硅酸盐水泥的技术性质、特点及适用范围	通用硅酸盐水泥技术性质、检测要求及适用范围	40%
了解水泥石腐蚀的种类及防止措施	水泥石腐蚀的典型种类及防止措施	5%
了解典型专用及特性水泥的性能特点及应用	典型专用水泥及特性水泥的特点及应用	5%

任务导读

胶凝材料又称胶结料，是指在物理、化学作用下，能从浆体变成坚固的石状体，并能胶结其他物料，制成有一定机械强度的复合固体的物质。根据化学组成的不同，胶凝材料可分为无机与有机两大类：石灰、石膏、水泥等工地上俗称为“灰”的建筑材料属于无机胶凝材料；而沥青、天然或合成树脂等属于有机胶凝材料。无机胶凝材料按其硬化条件的不同又可分为气硬性和水硬性两类。水硬性胶凝材料和水成浆后，既能在空气中硬化又能在水中硬化，保持和继续发展其强度，这类材料通称为水泥，如硅酸盐水泥、铝酸盐水泥、硫铝酸盐水泥等。气硬性胶凝材料只能在空气中硬化，也只能在空气中保持和发展其强度，如石灰、石膏和水玻璃等，气硬性胶凝材料一般只适用于干燥环境中，而不宜用于潮湿环境中，更不可用于水中。

知识点滴 3-1

胶凝材料的发展

胶凝材料的发展有着极为悠久的历史。新石器时代，由于石器工具的进步，掘穴建室的建筑活动已经兴起。人类最早使用胶凝材料——黏土来抹砌简易的建筑物。在黏土中拌以植物纤维(稻草、壳皮)可以起到加筋增强作用，但是黏土的强度很低，遇水自行散解，不能抵抗雨水的侵蚀。随着火的发现，煅烧所得的石膏和石灰被用来调制建筑砂浆。公元初，古希腊人和古罗马人发现在石灰中掺入某些火山灰沉积物，不仅能提高强度，而且能防御水的侵蚀。到 10 世纪后半期，先后出现了用黏土质石灰石经煅烧后制成的水硬性石灰和罗马水泥，并在此基础上发展到用天然泥灰岩(黏土含量在 20%～25%的石灰石)煅烧、磨细制成的天然水泥。19 世纪初期，用人工配料，再经煅烧、磨细，以制造水硬性凝胶材料的方法，已经开始组织生产。英国阿斯普丁于 1824 年首先取得了该项产品的专利权。他将石灰石粉碎后煅烧，将所得石灰与黏土混合在类似烧石灰的窑中煅烧，将煅烧所得混合物磨成细粉，再用来制造水泥和人工石。因为这种胶凝材料结硬后的外观颜色和抗水性与当时建筑上常用的英国波特兰地区生产的石灰石相似，故称之为波特兰水泥。由于波特兰水泥含有较多的具有水化活性的碳酸钙，使其不但能在水中硬化而且能够长期抗水，强度甚高。其首批大规模使用的实例是 1825—1843 年修建的泰晤士河道工程。

大多数的早期水泥厂都设在英国的泰晤士河和半得威河附近。后来水泥生产遍及全世界，应用日益普遍。随着现代工业的发展，到 20 世纪初期，就逐渐出现了各种不同用途的硅酸盐水泥，如快硬水泥、抗硫酸盐水泥、大坝水泥以及油井水泥等，同期还发明了高铝水泥。近 30 年来，又陆续出现了硫铝酸盐水泥、氟铝酸盐水泥等品种，从而使水硬性胶凝材料，又进一步发展成更多类别。

知识点滴 3-2

中国建筑胶凝材料的发展

中国建筑胶凝材料的发展有着自己的一个很长的历史过程。

(1) 白灰面。早在公元前5000—前3000年的新石器时代的仰韶文化时期，就有人用“白灰面”涂抹山洞、地穴的地面和四壁，使其变得光滑和坚硬。“白灰面”因呈白色粉末状而得名，它由天然姜石磨细而成。姜石是一种含二氧化硅较高的石灰石块，常夹在黄土中，是黄土中的钙质结核。“白灰面”是至今被发现的中国古代最早的建筑胶凝材料。

(2) 黄泥浆。公元前16世纪的商代，地穴建筑迅速向木结构建筑发展，此时除继续用“白灰面”抹地以外，开始采用黄泥浆砌筑土坯墙。在公元前403—前221年的战国时代，出现了用草拌黄泥浆筑墙，还用它在土墙上衬砌墙面砖。在中国建筑史上，“白灰面”很早就被淘汰了，而黄泥浆和草拌黄泥浆作为胶凝材料则一直沿用到近代社会。

(3) 石灰。公元前7世纪的周朝出现了石灰，周朝的石灰是用大蛤的外壳烧制而成的。蛤壳主要成分是碳酸钙，将它煅烧到碳酸气全部逸出即成石灰。《左传》中有记载：“成公二年(公元前635年)八月宋文公卒，始厚葬用蜃灰。”蜃灰就是用蛤壳烧制而成的石灰材料，在周朝就已发现它具有良好的吸湿防潮性能和胶凝性能。在崇尚厚葬的古代，在墓葬中将蜃灰作为胶凝材料来修筑陵墓等。在明代《天工开物》一书中有“烧砺房法的图示”，这说明蜃灰的生产和使用自周朝开始到明代仍未失传，在中国历史上流传了很长的时间。到秦汉时代，除木结构建筑外，砖石结构建筑占重要地位。砖石结构需要用优良性能的胶凝材料进行砌筑，这就促使石灰制造业迅速发展，人们纷纷采用各地都能采集到的石灰石烧制石灰，石灰生产点应运而生。那时，石灰的使用方法是先将石灰与水混合制成石灰浆体，然后用浆体砌筑条石、砖墙和砖石拱券以及粉刷墙面。在汉代，石灰的应用已很普遍，采用石灰砌筑的砖石结构能建造多层楼阁。中国的万里长城修筑于公元前7世纪至公元17世纪，先后有20多个朝代主持或参与建造。秦、汉、明3个朝代修筑最长，在总长5万千米的长城中修筑了5 000多千米。在这3个朝代，石灰胶凝材料已经发展到较高水平，大量用于修建长城。所以，后人发现长城的许多地段是用石灰砌筑而成的。明代《天工开物》一书中，详细记载了石灰的生产方法，清代《营造法原》一书中，则记载了石灰烧制工艺与石灰性能之间的关系。这些记载说明我国到明、清时代已积累了较为丰富的石灰生产和使用经验。

(4) 三合土。在公元5世纪的中国南北朝时期，出现了一种名叫“三合土”的建筑材料，它由石灰、黏土和细砂组成。到明代，有了由石灰、陶粉和碎石组成的“三合土”。在清代，除石灰、黏土和细砂组成的“三合土”外，还有石灰、炉渣和沙子组成的“三合土”。清代《官式石桥做法》一书中对“三合土”的配备做了说明：“灰土即石灰与黄土之混合，或谓三合土”；“灰土按四六掺和，石灰四成，黄土六成”。以现代人眼光看，“三合土”也就是以石灰与黄土或其他火山灰质材料作为胶凝材料，以细砂、碎石和炉渣作为填料的混凝土。“三合土”与罗马的三组分砂浆，即“罗马砂浆”有许多类似之处。“三合土”自问世后，一般用作地面、屋面、房基和地面垫层。“三合土”经夯实后不仅具有较高的强度，还有较好的防水性，在清代还将它用于夯筑水坝。在欧洲大陆采用“罗马砂浆”的时候，遥远的东方古国中国，也在采用类似“罗马砂浆”的“三合土”，这是一个很有趣的历史巧合。

(5) 石灰掺有机物的胶凝材料。中国古代建筑胶凝材料发展中一个鲜明的特点是采用石灰掺有机物的胶凝材料，如“石灰—糯米”、“石灰—桐油”、“石灰—血料”、“石灰—白芨”以及“石灰—糯米—明矾”等。另外，在使用“三合土”时，掺入糯米和血料等有机物。据民间传说，秦代修筑长城中，采用糯米汁砌筑砖石。考古发现，南北朝时期的河南邓县的画像砖墙是用含有淀粉的胶凝材料衬砌的；河南登封县的少林寺，北宋宣和二年、明代弘治十二年和嘉靖四十年等不同时代的塔，在建造时都采用了掺有淀粉的石灰作胶凝材料。《宋会要》记载，公元1170年南宋乾道六年修筑和州城，“其城壁表里各用砖灰五层包砌，糯米粥调灰铺砌城面兼楼橹，委皆雄壮，经久坚固”。明代修筑的南京城是世界上最大的砖石城垣，以条石为基、上筑夯土、外砌巨砖，用石灰作胶凝材料，在重要部位则用石灰加糯米汁灌浆，城垣上部用桐油和土拌和结顶，非常坚固。采用桐油或糯米汁拌和明矾与石灰制成的胶凝材料，其黏结性非常好，常用于修补假山石，至今在古建筑修缮中仍在沿用。

用有机物拌和“三合土”作建筑物的工法，在史料中屡有所见。明代《天工开物》一书中记载：“用以襄墓及贮水池则灰一分入河沙，黄土二分，用糯米、羊桃藤汁和匀，经筑坚固，永不隳坏，名曰三合土。”在中国建筑史上看到，清康熙乾隆年间，北京卢沟桥南北岸，用糯米汁拌“三合土”建筑河堤数里，使北京南郊从此免去水患之害。在石桥建筑史中记载，用糯米和牛血拌“三合土”砌筑石桥，凝固后与花岗石一样坚固。糯米汁拌“三合土”的建筑物非常坚硬，还有韧性，用铁镐刨时会迸发出火星，有的甚至要用火药才能炸开。

中国历史悠久，在人类文明创造过程中有过辉煌成就，做出过重要贡献。英国著名科学家、史学家李约瑟在《中国科学技术史》一书中写道：“在公元3世纪到13世纪之间，中国保持着西方国家所望尘莫及的科学知识水平”；“中国的那些发明和发现远远超过同时代的欧洲，特别是在15世纪之前更是如此”。中国古代建筑胶凝材料发展的过程是从“白灰面”和黄泥浆起步，发展到石灰和“三合土”，进而发展到石灰掺有机物的胶凝材料。从这段历史进程可以得出与科学史学家李约瑟相似的结论，中国古代建筑胶凝材料有过自己辉煌的历史，在与西方古代建筑胶凝材料基本同步发展的过程中，由于广泛采用石灰与有机物相结合的胶凝材料而显得略高一筹。

然而，近几个世纪以来中国落后了，尤其是到清朝乾隆年间末期，即18世纪末期以后，科学技术与西方差距越来越大。中国古代建筑胶凝材料的发展到达石灰掺有机物的胶凝材料阶段后就停滞不前，未能在此基点上跨出一步。西方古代建筑胶凝材料则在“罗马砂浆”的基础上继续发展，朝着现代水泥的方向不断提高，最终发明了水泥。

引 例

某砌筑工程采用了石灰砂浆内墙抹面，干燥硬化后，墙面出现了部分网格状开裂及部分放射状裂纹(图3.1)，分析原因。

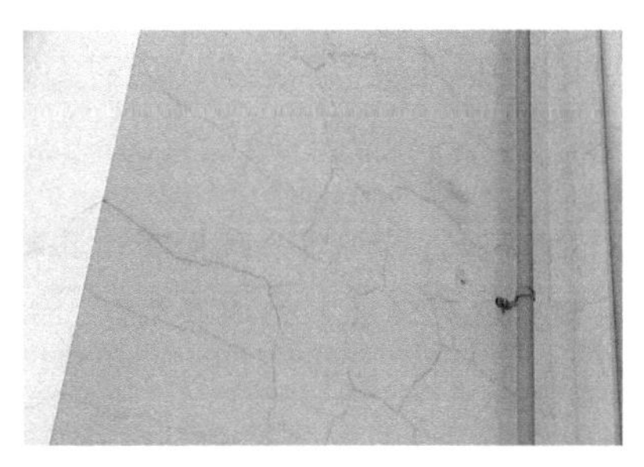

图3.1 墙面裂缝局部示意图

3.1 气硬性胶凝材料

凡在一定条件下，经过自身的一系列物理、化学作用后，能将散粒或块状材料黏结成为具有一定强度的整体的材料，统称为胶凝材料。胶凝材料可分为有机和无机两大类。有机胶凝材料主要有沥青、树脂等。无机胶凝材料按硬化时的条件不同又可分为气硬性胶凝材料和水硬性胶凝材料。气硬性胶凝材料只能在空气中凝结硬化，保持并继续发展其强度，典型材料有石灰、石膏、水玻璃等。水硬性胶凝材料既能在空气中硬化又能在水中硬化，保持并继续发展其强度，典型材料如水泥。

3.1.1 石灰

石灰是建筑上使用时间较长、应用较广泛的一种气硬性胶凝材料。由于其原料来源广、生产工艺简单、成本低等优点，被广泛地应用于建筑领域。

1. 石灰的生产和品种

1) 石灰的生产

生产石灰的原料是以碳酸钙($CaCO_3$)为主要成分的天然矿石，如石灰石、白垩、白云质石灰石等。将原料在高温下煅烧即可得到石灰(块状生石灰)，其主要成分为氧化钙。在这一反应过程中由于原料中同时含有一定量的碳酸镁，在高温下会分解为氧化镁及二氧化碳，因此生成物中也会有氧化镁存在。其反应如下：

$$CaCO_3 = CaO + CO_2\uparrow$$

$$MgCO_3 = MgO + CO_2\uparrow$$

一般来说，在正常温度和煅烧时间条件下所煅烧的石灰具有多孔、颗粒细小、体积密度小以及与水反应速度快等特点，这种石灰称为正火石灰。而实际生产过程中由于煅烧过低或温度过高会产生欠火或过火石灰。

如煅烧温度较低，不仅使煅烧的时间过长，而且石灰块的中心部位还没有完全分解，石灰中含有未分解完的碳酸钙，此时称其为欠火石灰，它会降低石灰的利用率，但欠火石灰在使用时不会带来危害。

如煅烧温度过高，使煅烧后得到的石灰结构致密、孔隙率小、体积密度大、晶粒粗大，易被玻璃物质包裹，因此它与水的化学反应速度极慢，称其为过火石灰。正火石灰已经水化，并且开始凝结硬化，而过火石灰才开始进行水化，且水化后的产物较反应前体积膨胀，导致已硬化后的结构产生裂纹或崩裂、隆起等现象，这对石灰的使用是非常不利的。

特别提示

生石灰烧制后一般是块状，表面可观察到部分疏松贯通孔隙，由于含有一定杂质，并非呈现氧化钙的纯白色，而是多呈浅白色或灰白色，称为块灰。

2) 石灰的品种

根据石灰中氧化镁含量的不同，将生石灰分为钙质生石灰(MgO≤5%)和镁质生石灰

(MgO＞5%)。将消石灰粉分为钙质消石灰粉(MgO＜4%)、镁质消石灰粉(4%≤MgO＜24%)和白云石消石灰粉(24%≤MgO＜30%)。

目前应用最广泛的是将生石灰粉碎、筛选制成灰钙粉用于泥子等材料中。此外还有主要成分为氢氧化钙的熟石灰(消石灰)和含有过量水的熟石灰(石灰膏)。

2. 石灰的熟化和硬化

1) 石灰的熟化

石灰的熟化是指生石灰(氧化钙)与水发生水化反应生成熟石灰(氢氧化钙)的过程。这一过程也叫做石灰的消解或消化。其反应方程式为：

$$CaO + H_2O = Ca(OH)_2 + 64.83kJ$$

生石灰熟化具有如下特点。

(1) 水化放热大，水化放热速度快。这主要是由生石灰的多孔结构及晶粒细小而决定的。其最初一小时放出的热量是硅酸盐水泥水化一天放出热量的9倍。

(2) 水化过程中体积膨胀。生石灰在熟化过程中其外观体积可增大1～2.5倍。煅烧良好、氧化钙含量高的生石灰，其熟化速度快、放热量大、体积膨胀也大。

生石灰的熟化主要是通过以下过程来完成的：将生石灰块置于化灰池中，加入生石灰量的3～4倍的水熟化成石灰乳，通过筛网过滤渣子后流入储灰池，经沉淀除去表层多余水分后得到的膏状物称为石灰膏，石灰膏含水约50%，体积密度为1 300～1 400kg/m^3。一般1kg生石灰可熟化成1.5～3L的石灰膏。为了消除过火石灰在使用过程中造成的危害，通常将石灰膏在储灰池中存放两周以上，使过火石灰在这段时间内充分地熟化，这一过程叫做“陈伏”。陈伏期间，石灰膏表面应敷盖一层水(也可用细砂)以隔绝空气，防止石灰浆表面碳化，此种方法称为化灰法。

消石灰粉的熟化方法是：每半米高的生石灰块淋适量的水(生石灰量的60%～80%)，直至数层，经熟化得到的粉状物称为消石灰粉，加水量以消石灰粉略湿但不成团为宜。这种方法称为淋灰法。

2) 石灰的硬化

石灰的硬化过程主要有结晶硬化和碳化硬化两个过程。

(1) 结晶硬化。这一过程也可称为干燥硬化过程，在这一过程中，石灰浆体的水分蒸发，氢氧化钙从饱和溶液中逐渐结晶出来。干燥和结晶使氢氧化钙产生一定的强度。

(2) 碳化硬化。碳化硬化过程实际上是水与空气中的二氧化碳首先生成碳酸，然后再与氢氧化钙反应生成碳酸钙，同时析出多余水分并蒸发，这一过程的反应式为：

$$Ca(OH)_2 + CO_2 + nH_2O = CaCO_3 + (n+1)H_2O$$

生成的碳酸钙晶体互相共生或与氢氧化钙颗粒共生，构成紧密交织的结晶网，从而使浆体强度提高。上述两个过程是同时进行的，在石灰浆体的内部，对强度起主导作用的是结晶硬化过程，而在浆体表面与空气接触的部分进行的是碳化硬化，由于外部碳化硬化形成的碳酸钙膜达一定厚度时，就会阻止外界的二氧化碳向内部渗透和内部水分向外蒸发，再加上空气中二氧化碳的浓度较低，所以碳化过程一般较慢。

3. 石灰的现行标准与技术要求

1) 分类与标记

根据现行行业标准《建筑生石灰》(JC/T 479—2013)，按生石灰的加工情况分为建筑生石灰和建筑生石灰粉，按生石灰的化学成分分为钙质石灰和镁质石灰两类。根据化学成分的含量每类分成各个等级，具体分类见表3-1。生石灰的识别标志由产品名称、加工情况和产品依据标准编号组成。生石灰块在代号后加Q，生石灰粉在代号后加QP。

示例：符合JC/T 479—2013的钙质生石灰粉90标记如下。

CL 90-QP　JC/T 479—2013

说明：CL——钙质石灰；

90——(CaO+MgO)百分含量；

QP——粉状；

JC/T 479—2013——产品依据标准。

表3-1　建筑生石灰的分类(JC/T 479—2013)

类　别	名　称	代　号
钙质石灰	钙质石灰90	CL90
	钙质石灰85	CL85
	钙质石灰75	CL75
镁质生石灰	镁质石灰85	ML85
	镁质石灰80	ML80

2) 技术要求

建筑生石灰的化学成分应符合表3-2要求。

表3-2　建筑生石灰的化学成分(JC/T 479—2013)

名　称	(CaO+MgO)含量	MgO	CO_2	SO_3
CL90-Q CL90-QP	≥90	≤5	≤4	≤2
CL85-Q CL85-QP	≥85	≤5	≤7	≤2
CL75-Q CL75-QP	≥75	≤5	≤12	≤2
ML85-Q ML85-QP	≥85	>5	≤7	≤2
ML80-Q ML80-QP	≥80	>5	≤7	≤2

建筑生石灰的物理性质应符合表3-3要求。

表 3-3 建筑生石灰的物理性质(JC/T 479—2013)

名　　称	产浆量/(dm^3/10kg)	细　　度	
		0.2mm 筛余量(%)	90um 筛余量(%)
CL90-Q	≥26	—	—
CL90-QP	—	≤2	≤7
CL85-Q	≥26	—	—
CL85-QP	—	≤2	≤7
CL75-Q	≥26	—	—
CL75-QP	—	≤2	≤7
ML85-Q	—	—	—
ML85-QP		≤2	≤7
ML80-Q	—	—	—
ML80-QP		≤7	≤2

注：其他物理特性，根据用户要求，可按照 JC/T 487.1 进行测试。

《建筑消石灰粉》的使用需要满足(JC/T 481—2013)行业标准的规定。

4. *石灰的性质及应用*

1) 石灰的技术性质

(1) 保水性、可塑性好。材料的保水性就是材料保持水分不泌出的能力。石灰加水后，由于氢氧化钙的颗粒细小，其表面吸附一层厚厚的水膜，降低了颗粒之间的摩擦力，具有良好的塑性，易铺摊成均匀的薄层，而这种颗粒数量多，总表面积大，所以石灰又具有很好的保水性；又由于颗粒间的水膜使得颗粒间的摩擦力较小，使得石灰浆具有良好的保水性，石灰的这种性质常用来改善水泥砂浆的和易性。

(2) 凝结硬化慢、强度低。石灰是一种气硬性胶凝材料，因此它只能在空气中硬化，而空气中 CO_2 含量低，且碳化后形成较硬的 $CaCO_3$ 薄膜阻止外界 CO_2 向内部渗透，同时又阻止了内部水分向外蒸发，结果导致 $CaCO_3$ 及 $Ca(OH)_2$ 晶体生成的量少且速度慢，使硬化体的强度较低。此外，虽然理论上生石灰消化需要约 32.13%的水，而实际上用水量却很大，多余的水分蒸发后在硬化体内留下大量孔隙，这也是硬化后石灰强度很低的一个原因。经测定石灰砂浆(1∶3)的 28d 抗压强度仅 0.2～0.5MPa。

(3) 耐水性差。由于石灰浆体硬化慢、强度低，在石灰浆体中，大部分仍是尚未碳化的 $Ca(OH)_2$，而 $Ca(OH)_2$ 易溶于水，从而使硬化体溃散，故石灰不宜用于潮湿环境中。

(4) 硬化时体积收缩大。由于石灰浆中存在大量的游离水，硬化时大量水分因蒸发失去，导致内部毛细管失水紧缩，从而引起体积收缩，所以除用石灰乳做薄层粉刷外，不宜单独使用。常在施工中掺入砂、麻刀、无机纤维等，以抵抗收缩引起的开裂。

(5) 吸湿性强。生石灰吸湿性强、保水性好，是一种传统的干燥剂。

(6) 化学稳定性差。石灰是一种碱性材料，遇酸性物质时易发生化学反应，生成新物质。石灰材料容易遭受酸性介质的腐蚀。

特别提示

【原因分析】出现引例现象的原因如下。

(1) 网状裂纹主要是由于石灰本身的干燥收缩大(砂掺量偏少)引起的。

(2) 放射状裂纹是由于存在过火石灰大颗粒而石灰又未能充分熟化而引起的。

在实际工程中，广泛采用含有石灰成分的砂浆，如石灰砂浆、水泥石灰混合砂浆、石灰麻刀(纸筋)灰浆等作为内墙或天棚的抹面材料。施工中经常会出现这样一些现象，即在抹灰面施工完或使用一个阶段后，抹灰面会出现一个个炸裂的小坑或鼓包，即爆灰。引例中第二种现象即是爆灰。

2) 石灰的应用

(1) 制作石灰乳涂料。将石灰加水调制成石灰乳，可用作内、外墙及顶棚涂料，一般多用于内墙涂料。

(2) 拌制建筑砂浆。将消石灰粉与砂子、水混合拌制石灰砂浆或消石灰粉与水泥、砂子、水混合拌制石灰水泥混合砂浆，用于抹灰或砌筑，后者在建筑工程中用量很大。

(3) 拌制三合土和灰土。将生石灰粉、黏土按一定的比例配合，并加水拌和得到的混合料叫作灰土，如工程中的三七灰土、二八灰土(分别表示熟石灰和黏土的体积比例为3∶7和2∶8)等，夯实后可以作为建筑物的基础、道路路基及垫层。将生石灰粉、黏土、砂按一定比例配合，并加水拌和得到的混合料叫作三合土，夯实后可作为路基或垫层。

(4) 生产硅酸盐制品。将石灰与硅质原料(石英砂、粉煤灰、矿渣等)混合磨细，经成形、养护等工序后可制得人造石材，由于它以水化硅酸钙为主要成分，因此又叫作硅酸盐混凝土。这种人造石材可以加工成各种砖及砌块。

(5) 地基加固。对于含水的软弱地基，可以将生石灰块灌入地基的桩孔捣实，利用石灰消化时体积膨胀所产生的巨大膨胀压力而将土壤挤密，从而使地基土获得加固效果，俗称为石灰桩。

5. 石灰的储运

石灰在储运中必须注意，生石灰要在干燥的条件下运输和储存。运输中要有防雨措施，不得与易燃易爆等危险液体物品混合存放和运输。如长时间存放生石灰，则必须密闭防水、防潮，一般存放不超过一个月，做到“随到随化”，将储存期变为熟化期。消石灰储运时应包装密封，以隔绝空气、防止碳化。

3.1.2 石膏

1. 石膏的原料及生产

1) 石膏的原料

生产石膏的原料有天然二水石膏、天然无水石膏和化工石膏等。

天然二水石膏又称软石膏或生石膏。它的主要成分为含两个结晶水的硫酸钙($CaSO_4 \cdot 2H_2O$)。二水石膏晶体无色透明，当含有少量杂质时，呈灰色、淡黄色或淡红色，其密度约为2.2～2.4g/cm^3，难溶于水，它是生产建筑石膏和高强石膏的主要原料。

2) 石膏的生产

(1) 建筑石膏。将天然石膏入窑经低温煅烧后，磨细即得建筑石膏，其反应式如下。

$$CaSO_4 \cdot 2H_2O = CaSO_4 \cdot 1/2H_2O + 1.5H_2O$$

天然二水石膏的成分为二水硫酸钙，建筑石膏的成分为半水硫酸钙，由此可见建筑石膏是天然二水石膏脱去部分结晶水得到的β型半水石膏。建筑石膏为白色粉末，松散堆积密度为800～1 000kg/m^3，密度为2 500～2 800kg/m^3。

(2) 高强石膏。将二水石膏置于蒸压锅内，经0.13MPa的水蒸气(125℃)蒸压脱水，得到晶粒比β型半水石膏粗大的产品，称为α型半水石膏，将此石膏磨细得到的白色粉末称为高强石膏。

高强石膏由于晶体颗粒较粗、表面积小，拌制相同稠度时需水量比建筑石膏少(约为建筑石膏的一半)，因此该石膏硬化后结构密实、强度高(7d可达15～40MPa)。高强石膏生产成本较高，主要用于室内高级抹灰、装饰制品和石膏板等。若掺入防水剂可制成高强度抗水石膏，在潮湿的环境中使用。

2. 石膏的凝结与硬化

建筑石膏与适量水拌和后形成浆体，然后水分逐渐蒸发，浆体失去可塑性，逐渐形成具有一定强度的固体。其反应式为：

$$CaSO_4 \cdot 0.5H_2O + 1.5H_2O \rightleftharpoons CaSO_4 \cdot 2H_2O$$

这一反应是建筑石膏生产的逆反应，其与石膏生产的主要区别在于此反应是在常温下进行的。另外，由于半水石膏的溶解度高于二水石膏，所以上述可逆反应总体表现为向右进行，即表现为沉淀反应。就其物理过程来看，随着二水石膏沉淀的不断增加也会产生结晶。随着结晶体的不断生成和长大，晶体颗粒之间便产生了摩擦力和黏结力，造成浆体开始失去可塑性，这一现象称为石膏的初凝。而后，随着晶体颗粒间摩擦力和黏结力的增加，浆体最终完全失去可塑性，这种现象称为石膏的终凝。整个过程称为石膏的凝结。石膏终凝后，其晶体颗粒仍在不断长大和连生，形成相互交错且孔隙率逐渐减小的结构，其强度也会不断增大，直至水分完全蒸发，形成硬化后的石膏结构，这一过程称为石膏的硬化。建筑石膏的水化、凝结及硬化是一个连续的、不可分割的过程，也就是说，水化是前提，凝结硬化是结果。

3. 建筑石膏的技术要求

根据《建筑石膏》(GB/T 9776—2008)规定，建筑石膏的主要技术要求为强度、细度和凝结时间，据此可分为优等品、一等品和合格品3个等级，具体指标见表3-4。

表3-4 建筑石膏等级标准(GB/T 9776—2008)

技术指标		优等品	一等品	合格品
强度/MPa	抗折强度≥	2.5	2.1	1.8
	抗压强度≥	4.9	3.9	2.9
细度	0.2mm方孔筛筛余(%)≤	5.0	10.0	15.0
凝结时间/min	初凝时间①≥	6		
	终凝时间②≤	30		

注：指标中有一项不合格者，应予以降级或报废处理。

(1)将浆体开始失去可塑性的状态称为浆体初凝，从加水至失去可塑性这段时间称为初凝时间。

(2)至浆体完全失去可塑性并开始产生强度称为浆体终凝，从加水至完全失去可塑性称为浆体的终凝时间。

4. 建筑石膏的性质

1) 凝结硬化快

建筑石膏的凝结硬化速度很快，国家标准规定初凝不小于6min，终凝不大于30min，如在自然干燥条件下，一周左右可完全硬化。由于石膏的凝结速度太快，为方便施工，常掺加适量的缓凝剂(如硼砂、骨胶等)来延缓其凝结速度。

2) 硬化时体积微膨胀

建筑石膏硬化时具有微膨胀性，其体积膨胀率约为0.05%～0.15%。石膏的这一特性使得它的制品表面光滑、棱角清晰、线脚饱满、装饰性好，常用来制作石膏制品。

3) 孔隙率大、表观密度小、强度低、保温和吸声性好

建筑石膏的水化反应理论上需水量仅为18.6%，但在搅拌时为了使石膏充分溶解、水化并使得石膏浆体具有施工要求的流动度，实际加水量达50%～70%，而多余的水分蒸发后在石膏硬化体的内部将留下大量的孔隙，其孔隙率可达50%～60%。由于这一特性使石膏制品导热系数小，仅为0.121～0.205W/(m·K)、保温隔热性能好，但其强度较低。由于硬化体的多孔结构特点，使建筑石膏具有质轻、保温隔热、吸声性强等优点。

4) 具有一定的调温、调湿作用

建筑石膏制品的热容量大、吸湿性强，因此，可对室内空气具有一定调节温度和湿度的作用。

5) 防火性好、耐火性差

建筑石膏制品的导热系数小、传热速度慢，且二水石膏受热脱水产生的水蒸气蒸发并吸收热量，能有效阻止火势的蔓延。但二水石膏脱水后，强度显著下降，故建筑石膏制品不耐火。

6) 装饰性好、可加工性好

建筑石膏制品表面平整，色彩洁白，并可以进行锯、刨、钉、雕刻等加工，具有良好的装饰性和可加工性。

7) 耐水性和抗冻性差

建筑石膏是气硬性胶凝材料，吸水性大，长期在潮湿的环境中，其晶粒间的结合力会削弱直至溶解，故石膏的耐水性差。另外，建筑石膏中的水分一旦受冻会产生破坏，即抗冻性差。

5. 建筑石膏的应用与储运

1) 室内抹灰及粉刷

建筑石膏加水、砂及缓凝剂拌和成石膏砂浆，用于室内抹灰或作为油漆打底使用，其特点是隔热保温性能好、热容量大、吸湿性强，因此可以一定限度地调节室内温度、湿度，保持室温的相对稳定，此外这种抹灰墙面还具有阻火、吸声、施工方便、凝结硬化快、黏结牢固等特点，因此可称其为室内高级粉刷及抹灰材料。石膏砂浆抹灰的墙面和顶棚可直接涂刷油漆或粘贴墙布或墙纸等。

【参考图文】

2) 建筑石膏制品

随着框架轻板结构的发展，石膏板的生产和应用也迅速发展起来。由于石膏板具有原料来源广泛、生产工艺简便、轻质、保温、隔热、吸声、不燃

及可锯可钉性等特点，因此它被广泛应用于建筑行业。常用的石膏板有纸面石膏板、纤维石膏板、装饰石膏板、空心石膏板、吸声用穿孔石膏板等。以模型石膏为主要原料，掺加少量纤维增强材料和胶料，加水搅拌成石膏浆体，将浆体注入模具中，就得到了各种建筑装饰制品，如多孔板、花纹板、浮雕板等。

石膏在运输储存的过程中应注意防水、防潮。另外长期储存会使石膏的强度下降很多(一般储存3个月后强度会下降30%左右)，因此建筑石膏不宜长期储存。一旦储存时间过长，应重新检验确定等级。

知识链接

纸面石膏板主要用于建筑隔墙(非承重墙)及室内吊顶，工程中应用非常广泛。纸面石膏板在性能上有以下特点。

(1) 具有一定的隔声性能。纸面石膏板采用单一轻质材料，而加气混凝土、膨胀珍珠岩板等构成的单层墙体，其厚度很大时才能满足隔声的要求。而用纸面石膏板、轻钢龙骨和岩棉制品制成的隔墙是利用空腔隔声的，隔声效果好。

(2) 收缩较小。纸面石膏板化学物理性能稳定，干燥吸湿过程中伸缩率较小，有效克服了目前国内其他轻质板材在使用过程中由于自身伸缩较大而引起接缝开裂的缺陷。

(3) 重量轻、强度能满足使用要求。纸面石膏板的厚度一般为9.5～12mm，每平方米自重只有6～12kg。用两张纸面石膏板中间夹轻钢龙骨就是很好的隔墙，该纸面石膏板墙体每平方米自重不超过30～45kg，仅为普通砖墙的1/5左右。用纸面石膏板作为内墙材料，其强度也能满足要求，厚度12mm的纸面石膏板纵向断裂载荷可达500N以上。

(4) 具有一定的湿度调节作用。由于纸面石膏板的孔隙率较大并且孔结构分布适当，所以具有较高的透气性能。当室内湿度较高时可吸湿，而当空气干燥时又可放出一部分水分，因而纸面石膏板对室内湿度起到一定的调节作用，国外将纸面石膏板的这种功能称为“呼吸”功能。另外纸面石膏板经防潮处理后，可用于如宾馆、饭店、住宅等居住单元的卫生间、浴室等；纸面石膏板也可用于常年保持高潮湿或有明显水蒸气的环境，如公共浴室、厨房操作间、高湿工业场所、地下室等。

(5) 具有良好的防火性能。纸面石膏板是一种耐火建筑材料，内有大约2%的游离水，纸面石膏板遇火时，这部分水首先汽化，能消耗部分热量，延缓了墙体温度的上升。另外纸面石膏板中的水化物是二水石膏，它含有相当于全部重量20%左右的结晶水。当板面温度上升到80℃以上时，纸面石膏板开始分解出结晶水，并在面向火源的表面产生一层水蒸气幕，产生良好的防火效果。纸面石膏板芯材(二水硫酸钙)脱水成为无水石膏(硫酸钙)，同时吸收了大量的热量，从而延缓了墙体温度的上升，给消防救护工作提供了宝贵的时间。

3.1.3 水玻璃

1. 水玻璃的组成

水玻璃俗称泡花碱，是由碱金属氧化物和二氧化硅按不同比例化合而成的一种可溶于水的硅酸盐。常用的水玻璃有硅酸钠($Na_2O \cdot nSiO_2$)水溶液(钠水玻璃)和硅酸钾($K_2O \cdot nSiO_2$)水溶液(钾水玻璃)。水玻璃分子式中SiO_2与Na_2O(或K_2O)的分子数比值n叫作水玻璃的模数。水玻璃的模数越大，越难溶于水，越容易分解硬化，硬化后黏结力、强度、耐热性与耐酸性越高。

液体水玻璃因所含杂质不同，呈青灰色、绿色或黄色，以无色透明的液体水玻璃为最好，建筑上常用钠水玻璃的模数 n 为 2.5～3.5，密度为 1.3～1.4g/cm^3。

2. 水玻璃的硬化

水玻璃溶液在空气中吸收 CO_2 气体，析出无定形二氧化硅凝胶(硅胶)并逐渐干燥硬化，反应式为：

$$Na_2O \cdot nSiO_2 + CO_2 + mH_2O = nSiO_2 \cdot mH_2O + Na_2CO_3$$

由于空气中 CO_2 浓度较低，为加速水玻璃的硬化，可加入氟硅酸钠(Na_2SiF_6)作为促硬剂，以加速硅胶的析出，反应式为：

$$2Na_2O \cdot nSiO_2 + Na_2SiF_6 + mH_2O = (2n+1)SiO_2 \cdot mH_2O + 6NaF$$

氟硅酸钠的适宜加入量为水玻璃质量的 12%～15%，加入氟硅酸钠后，水玻璃的初凝时间可缩短到 30～50min，终凝时间可缩短到 240～360min，7d 基本达到最高强度；如其加入量超过 15%，则凝结硬化速度很快，造成施工困难。值得注意的是，氟硅酸钠有毒，操作时应该注意安全。

3. 水玻璃的性质

1) 黏结力强、强度较高

水玻璃硬化具有良好的黏结能力和较高的强度，这主要是由于在硬化过程中析出的硅酸凝胶具有很强的黏附性，用水玻璃配制的玻璃混凝土，抗压强度可达到 15～40MPa。

2) 耐酸性好

硬化后水玻璃的主要成分是硅酸凝胶，而硅酸凝胶不与酸类物质反应，因而水玻璃具有很好的耐酸性，可抵抗除氢氟酸、过热磷酸以外的几乎所有的无机和有机酸。

3) 耐热性好

硅酸凝胶具有高温干燥增加强度的特性，因而水玻璃具有很好的耐热性。水玻璃的耐热温度可达 1 200℃。

4. 水玻璃的应用

1) 涂刷材料表面，提高材料的抗风化能力

硅酸凝胶可填充材料的孔隙使材料致密，提高了材料的密实度、强度、抗渗性、抗冻性及耐水性等，从而提高了材料的抗风化能力。但不能用以涂刷或浸渍石膏制品，因两者会发生反应，在制品孔隙中生成硫酸钠结晶，体积膨胀，将制品胀裂。

特别提示

以一定密度的水玻璃浸渍或涂刷黏土砖、水泥混凝土、石材等多孔材料，可提高材料的密实度、强度、抗渗性、抗冻性及耐水性。因为水玻璃与空气中的二氧化碳反应生成硅酸凝胶，同时水玻璃也与材料中的氢氧化钙反应生成硅酸钙凝胶，两者填充于材料的孔隙中，使材料趋于致密。

2) 耐酸性的应用

水玻璃具有较高的耐酸性，用水玻璃和耐酸粉料，粗细集料配合，可制成防腐工程的耐酸胶泥、耐酸砂浆和耐酸混凝土等。

3) 耐热性的应用

水玻璃硬化后形成 SiO_2 非晶态空间网状结构，具有良好的耐火性，因此可与耐热晶粒一起配制成耐热砂浆、耐热混凝土及耐热胶泥等。

4) 配制速凝防水剂

水玻璃加两种、三种或四种矾，即可配制成二矾、三矾、四矾速凝防水剂，从而提高砂浆的防水性。其中四矾防水剂凝结迅速，一般不超过 1min，适用于堵塞漏洞、缝隙等局部抢修工程。但由于凝结过快，不宜调配用作屋面或地面的刚性防水层的水泥防水砂浆。

5) 加固土壤

将水玻璃与氯化钙溶液分别压入土壤中，两种溶液会发生反应生成硅酸凝胶，这些凝胶体包裹土壤颗粒，填充空隙、吸水膨胀，使土壤固结，提高地基的承载力，同时使其抗渗性也得到提高。

知识链接

菱苦土又名苛性苦土、苦土粉，它的主要成分是氧化镁，是一种纯白或灰白色、细粉状的气硬性胶结材料。菱苦土用水拌和时，生成结构疏松、胶凝性较差的 $Mg(OH)_2$。为改善其性能，工程中常用 $MgCl_2$ 溶液拌和，拌后浆体硬化较快，强度较高(可达 40～60MPa)，但其吸湿性强、耐水性较差(水会溶解其中的可溶性盐类)。

菱苦土与植物纤维黏结性好，不会引起纤维的分解。因此，常与木丝、木屑等木质纤维混合应用，制成菱苦土木屑地板、木丝板及刨花板等制品，也可进一步加工成家具等制品。菱苦土板有较高的紧密度和强度，且具有隔热、吸声效果，可作内墙和天花板材料，在菱苦土中加泡沫剂，还可制成轻质多孔的绝热材料。

菱苦土耐水性较差，故其制品不宜用于长期潮湿的地方。菱苦土在使用过程中，常用 $MgCl_2$ 水溶液调制，其中氯离子对钢筋有锈蚀作用，故其制品中不宜配置钢筋。

3.2 水　泥

水泥是一种水硬性胶凝材料，呈粉末状，加水拌和成浆体后能胶结砂、石等散粒材料，能在空气和水中硬化并保持、发展其强度。水泥的种类很多，按其主要成分可分为硅酸盐类水泥、铝酸盐类水泥、硫铝酸盐类水泥和磷酸盐类水泥；按水泥的用途和性能，又可分为通用水泥(如硅酸盐水泥、矿渣硅酸盐水泥)、专用水泥(如道路水泥)及特性水泥(如快硬硅酸盐水泥、膨胀水泥)。今后水泥的发展趋势为：在水泥品种方面，将加速发展快硬、高强、低热等特种和多用途的水泥；大力发展水泥外加剂；大力发展高强度等级水泥。

【参考图文】

知识链接

现代意义上的水泥是 1824 年由英国建筑工人阿斯普丁发明的，是通过煅烧石灰石与黏土的混合料得出一种胶凝材料，它制成砖块很像由波特兰半岛采下来的波特兰石，由此将这种胶凝材料命名“波特兰水泥”。自 1824 年波特兰水泥问世以来，水泥和水泥基材料已成为当今世界最大宗的人造材料。2008 年，我国水泥总需求量达到了 13.88 亿 t，占世界水泥用量的近 1/3。

3.2.1 通用水泥

通用水泥，即通用硅酸盐水泥，是以硅酸盐熟料和适量的石膏及规定的混合材料制成的水硬胶凝材料，用于一般土木建筑工程中。通用硅酸盐水泥按混合材料的品种和掺加量分为硅酸盐水泥、普通硅酸盐水泥、矿渣硅酸盐水泥、火山灰质硅酸盐水泥、粉煤灰硅酸盐水泥和复合硅酸盐水泥。通用硅酸盐水泥品种、代号及组分，见表 3-5。

表 3-5 通用硅酸盐水泥品种、代号及组分

品　种	代号	组分(质量分数)(%)				
		熟料＋石膏	粒化高炉矿渣	火山灰质混合材料	粉煤灰	石灰石
硅酸盐水泥	P·I	100	—	—	—	—
	P·II	≥95	≤5	—	—	—
		≥95	—	—	—	≤5
普通硅酸盐水泥	P·O	≥80 且<95	>5 且≤20			—
矿渣硅酸盐水泥	P·S·A	≥50 且<80	>20 且≤50	—	—	—
	P·S·B	≥30 且<50	>50 且≤70	—	—	—
火山灰质硅酸盐水泥	P·P	≥60 且<80	—	>20 且≤40	—	—
粉煤灰硅酸盐水泥	P·F	≥60 且<80	—	—	>20 且≤40	—
复合硅酸盐水泥	P·C	≥50 且<80	>20 且≤50			

知识链接

1. 硅酸盐水泥熟料

由主要含 CaO、SiO_2、Al_2O_3、Fe_2O_3 的原料，按适当比例磨成细粉烧至部分熔融所得的以硅酸钙为主要矿物质成分的水硬性胶凝物质。其中硅酸钙矿物质含量(质量分数)不小于 66%，氧化钙和氧化硅质量比不小于 2.0。

2. 混合材料

混合材料一般为天然的矿物材料或工业废料。根据其性能可分为活性混合材料和非活性混合材料。常用的活性混合材料有：粒化高炉矿渣、火山灰质混合材料和粉煤灰等。

(1) 粒化高炉矿渣。将炼铁高炉中的熔融矿渣经水淬等方式急速冷却而形成的松软颗粒，称为粒化高炉矿渣，又称水淬高炉矿渣，其主要的化学成分是 CaO、SiO_2 和 Al_2O_3，占 90%以上。

(2) 火山灰质混合材料。凡是天然或人工的以活性 SiO 和活性 Al_2O_3 为主要成分，具有火山灰活性的矿物质材料，都称为火山灰质混合材料。

(3) 粉煤灰。

粉煤灰是发电厂燃煤锅炉排出的烟道灰，其颗粒直径一般为 0.001～0.05mm，呈玻璃态实心或空心的球状颗粒，表面比较致密。粉煤灰的成分主要是活性 SiO 和活性 Al_2O_3。

活性混合材料的矿物成分主要是活性 SiO_2 和活性 Al_2O_3，它们与水泥熟料的水化产物——$Ca(OH)_2$ 发生反应，生成水化硅酸钙和水化铝酸钙，称为二次水化反应。$Ca(OH)_2$ 是易受腐蚀的成分，活性 SiO 和活性 Al_2O_3 与 $Ca(OH)_2$ 作用后，减少了水泥水化产物 $Ca(OH)_2$ 的含量，相应提高了水泥石的抗腐蚀性能。

非活性混合材料又称填充材料，它与水泥矿物成分或水化产物不起化学反应。掺入水泥中主要起调节水泥强度等级、增加水泥产量、降低水化热等作用。常用的有磨细石英砂、石灰石粉、黏土及磨细的块状高炉矿渣与炉灰等。

3.2.2 硅酸盐水泥的生产及矿物组成

以下以硅酸盐水泥为例说明水泥的生产及矿物组成。

以石灰质原料(如石灰石等)与黏土质原料(如黏土、页岩等)为主，有时加入少量铁矿粉等，按一定比例配合，磨细成生料粉(干法生产)或生料浆(湿法生产)，经均化后送入回转窑或立窑中煅烧至部分熔融，得到以硅酸钙为主要成分的水泥熟料，再与适量石膏共同磨细，即可得到硅酸盐水泥。其生产工艺流程(简称为“两磨一烧”)如图 3.2 所示。

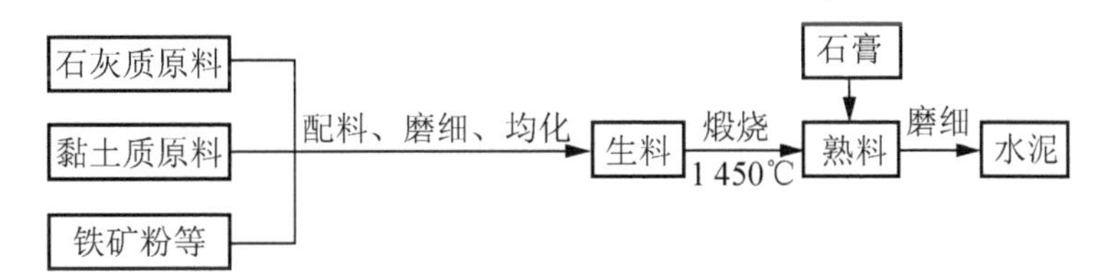

图 3.2 硅酸盐水泥生产工艺流程示意图

矿物组成主要有以下几种。

(1) 硅酸三钙($3CaO\cdot SiO_2$，简写为 C_3S，占 37%～60%)。

(2) 硅酸二钙($2CaO\cdot SiO_2$，简写为 C_2S，占 15%～37%)。

(3) 铝酸三钙($3CaO\cdot Al_2O_3$，简写为 C_3A，占 7%～15%)。

(4) 铁铝酸四钙($4CaO\cdot Al_2O_3\cdot Fe_2O_3$，简写为 C_4AF，占 10%～18%)。

(5) 其他矿物组成——硅酸盐水泥熟料中还含有少量的游离氧化钙和游离氧化镁及少量的碱(氧化钠和氧化钾)。它们可能对水泥的质量及应用带来不利影响。

各种矿物单独与水作用时表现出不同的性能，见表 3-6。

表 3-6 硅酸盐水泥熟料矿物特性

矿物名称	密度/(g/cm^3)	水化反应速率	水化放热量	强 度	耐腐蚀性
$3CaO\cdot SiO_2$	3.25	快	大	高	差
$2CaO\cdot SiO_2$	3.28	慢	小	早期低后期高	好
$3CaO\cdot Al_2O_3$	3.04	最快	最大	低	最差
$4CaO\cdot Al_2O_3\cdot Fe_2O_3$	3.77	快	中	低	中

由表3-6可知不同熟料矿物单独与水作用的特性是不同的：硅酸三钙的水化速度较快、水化热较大，且主要是早期放出，其强度最高，是决定水泥强度的主要矿物，一般来讲，硅酸三钙含量高说明熟料的质量好；硅酸二钙的水化速度最慢、水化热最小，且主要是后期放出，是保证水泥后期强度的主要矿物；铝酸三钙是水化速度最快、水化热最大的矿物，且水化时体积收缩最大；铁铝酸四钙的水化速度也较快，仅次于铝酸三钙，其水化热中等，有利于提高水泥抗拉强度。水泥是几种熟料矿物的混合物，改变矿物成分间比例时，水泥性质即发生相应的变化，由此可制成不同特性的水泥。

3.2.3　硅酸盐水泥的水化、凝结及硬化

1. 相关概念

1) 水化

物质由无水状态变为有水状态，由低含水变为高含水，统称为水化。

2) 凝结

水泥加水拌和初期形成具有可塑性的浆体，然后逐渐变稠并失去可塑性的过程称为凝结。

3) 硬化

浆体的强度逐渐提高并变成坚硬的石状固体(水泥石)，这一过程称为硬化。

2. 水泥的凝结硬化过程

水泥加水拌和后，未水化的水泥颗粒分散在水中成为水泥浆体。水泥的水化反应首先在水泥颗粒表面剧烈地进行，生成的水化物溶于水中。此种作用继续作用下去，使水泥颗粒周围的溶液很快地成为水化产物的饱和溶液。此后，水泥继续水化，在饱和溶液中生成的水化产物便从溶液中析出，包在水泥颗粒表面。水化产物中的氢氧化钙、水化铝酸钙和水化硫铝酸钙是结晶程度较高的物质，而数量多的水化硅酸钙则是大小为10^{-7}～10^{-5}m的粒子(或微晶)，比表面积大，相当于胶体物质，胶体凝聚便形成凝胶。由此可见，水泥水化物中有凝胶体和晶体。以水化硅酸钙凝胶为主体，其中分布着氢氧化钙晶体的结构，通常称之为凝胶体。

水化开始时，由于水化物尚不多，包有凝胶体膜层的水泥颗粒之间还是分离的，相互之间引力较小，此时水泥浆具有良好的塑性。随着水泥颗粒不断水化，凝胶体膜层不断增厚而破裂，并继续扩展，在水泥颗粒之间形成了网状结构，水泥浆体逐渐变稠，黏度不断增大，失去塑性，这就是水泥的凝结过程。以上过程继续进行，水化产物不断生成，并填充颗粒之间空隙，毛细孔越来越少，使结构更加紧密，水泥浆体逐渐产生强度而进入硬化阶段。

由上述可见，水泥的水化反应是由颗粒表面逐渐深入到内层的。当水化物增多时，堆积在水泥颗粒周围的水化物不断增加以至阻碍水分继续进入，使水泥颗粒内部的水化越来越困难，经过长时间(几个月甚至几年)的水化以后，多数颗粒仍剩余尚未水化的内核。因此，硬化后的水泥石是由凝胶体(凝胶和晶体)、未水化的水泥颗粒和毛细孔组成的不匀质结构体。

3. 影响硅酸盐水泥凝结硬化因素

1) 水泥的熟料矿物组成及细度

水泥熟料中各种矿物的凝结硬化特点不同，当水泥中各矿物的相对含量不同时，水泥的凝结硬化特点就不同。水泥磨得越细，水泥颗粒的平均粒径越小，比表面积越大，水化时与水的接触面越大，因而水化速度快，凝结硬化快，早期强度就高。

2) 水泥浆的水灰比

水泥浆的水灰比是指水泥浆中水与水泥的质量之比。当水泥浆中加水较多时水灰比较大，此时水泥的初期水化反应得以充分进行；但是水泥颗粒间原来被水隔开的距离较远，颗粒间相互连接形成骨架结构所需的凝结时间长，所以水泥浆凝结较慢且空隙多，降低了水泥石的强度。

3) 石膏的掺量

硅酸盐水泥中加入适量的石膏会起到良好的缓凝效果，且由于钙矾石的生成，还能提高水泥石的强度。但是石膏掺量过多时，可能危害水泥石的安定性。

4) 环境温度和湿度

水泥水化反应的速度与环境的温度有关，只有处于适当温度下，水泥的水化、凝结和硬化才能进行。通常，温度较高时，水泥的水化、凝结和硬化速度就较快。当环境温度低于0℃时，水泥水化趋于停止，就难以凝结硬化。

水泥水化是水泥与水之间的反应，必须在水泥颗粒表面保持有足够的水分，水泥的水化、凝结硬化才能充分进行。保持水泥浆温度和湿度的措施称为水泥的养护。

5) 龄期

水泥浆随着时间的延长水化物增多，内部结构就逐渐致密，一般来说，强度不断增长。

4. 水泥石的结构

硬化后的水泥石是由未水化的水泥颗粒、水化产物(主要包括水化硅酸钙凝胶体和结晶体)、凝胶体中的孔隙以及毛细孔(含有部分水分)所组成的多孔体系。

3.2.4 通用硅酸盐水泥的技术要求

1. 化学指标

通用水泥化学指标见表3-7。

表3-7 通用水泥化学指标

品种	代号	不溶物(质量分数)(%)	烧失量(质量分数)(%)	三氧化硫(质量分数)(%)	氧化镁(质量分数)(%)	氯离子(质量分数)(%)
硅酸盐水泥	P·I	≤0.75	≤3.0	≤3.5	≤5.0	≤0.06
	P·II	≤1.50	≤3.5			
普通硅酸盐水泥	P·O	—	≤5.0			

续表

<table>
<tr><th>品　种</th><th>代号</th><th>不溶物
(质量分数)(%)</th><th>烧失量
(质量分数)(%)</th><th>三氧化硫
(质量分数)(%)</th><th>氧化镁
(质量分数)(%)</th><th>氯离子
(质量分数)(%)</th></tr>
<tr><td rowspan="2">矿渣硅酸盐水泥</td><td>P·S·A</td><td>—</td><td>—</td><td rowspan="2">≤4.0</td><td>≤6.0</td><td rowspan="6"></td></tr>
<tr><td>P·S·B</td><td>—</td><td>—</td><td>—</td></tr>
<tr><td>火山灰硅酸盐水泥</td><td>P·P</td><td>—</td><td>—</td><td rowspan="3">≤3.5</td><td rowspan="3">≤6.0</td></tr>
<tr><td>粉煤灰硅酸盐水泥</td><td>P·F</td><td>—</td><td>—</td></tr>
<tr><td>复合硅酸盐水泥</td><td>P·C</td><td>—</td><td>—</td></tr>
</table>

注：(1)如果水泥蒸压试验合格，则水泥中氧化镁的含量(质量分数)允许放宽至 6.0%。
(2)如果水泥中氧化镁的含量(质量分数)大于 6.0%时，需进行水泥蒸压安定性试验并合格。
(3)当有更低要求时，该指标由买卖双方确定。

2. 碱含量(选择性指标)

水泥中碱含量按 Na_2O+0.685K_2O 计算值表示。若使用活性骨料，用户要求提供低碱水泥时，水泥中的碱含量应不大于 0.60%或由买卖双方协商确定。

3. 物理指标

【参考图文】

1) 凝结时间

凝结时间分初凝和终凝时间。初凝时间是指从水泥全部加入水中，到水泥开始失去可塑性所需的时间；终凝时间是指从水泥全部加入水中，到水泥完全失去可塑性开始产生强度所需的时间，如图 3.3 所示。为使水泥混凝土和砂浆有充分的时间进行搅拌、运输、浇捣和砌筑，水泥初凝时间不能过短。当施工完成，则要求尽快硬化，具有强度，故终凝时间不能太长。《通用硅酸盐水泥》(GB 175—2007/XG1—2009)中规定，硅酸盐水泥初凝时间不小于 45min，终凝时间不大于 390min。普通硅酸盐水泥、矿渣硅酸盐水泥、火山灰质硅酸盐水泥、粉煤灰硅酸盐水泥和复合硅酸盐水泥初凝时间不小于 45min，终凝时间不大于 600min。

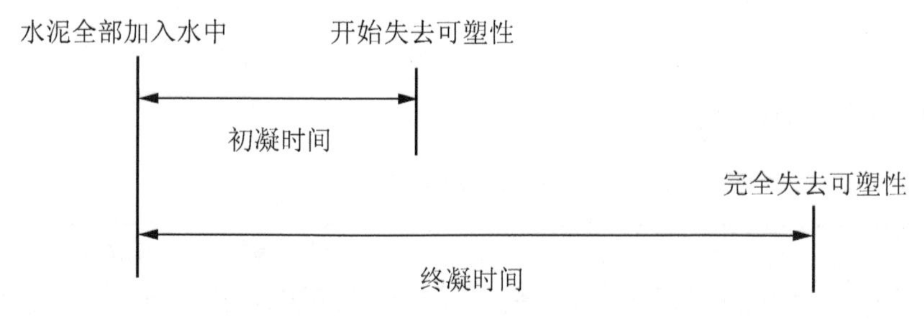

图 3.3　水泥凝结时间示意图

2) 安定性

水泥体积安定性简称水泥安定性，是指水泥浆体硬化后体积变化是否均匀的性质。当水泥浆体在硬化过程中或硬化后发生不均匀的体积膨胀，会产生水泥石开裂、翘曲等现象，称为体积安定性不良。体积安定性不良会造成水泥混凝土构件产生膨胀型裂缝，降低建筑物质量，甚至引起严重事故。

体积安定性不良的原因一般是由于熟料中所含的游离氧化钙过多，也可能是由于熟料中所含的游离氧化镁过多或粉磨熟料时掺入的石膏过量。熟料中所含游离氧化钙或氧化镁都是过烧，熟化很慢，在水泥已经硬化后才进行熟化，产生体积膨胀，引起不均匀的体积变化，使水泥石体积开裂。当石膏掺量过多时，在水泥硬化后，它还会继续与固态的水化铝酸钙反应生成水化硫铝酸钙，体积增大约 1.5 倍，也会引起水泥石开裂。

《通用硅酸盐水泥》中规定用沸煮法检验水泥的体积安定性。水泥净浆试饼沸煮，超过 3h 后，经肉眼观察未发现裂纹，用直尺检查没有弯曲，则称为体积安定性合格，反之为不合格。沸煮法起加速氧化钙熟化的作用，所以只能检验游离氧化钙所引起的体积安定性不良。游离氧化镁在蒸压下才加速熟化，石膏的危害则需长期在常温下才能发现，二者均不便于快速检验。

《通用硅酸盐水泥》中规定水泥中氧化镁含量不得超过 5.0%，如经蒸压安定性试验合格，则水泥中氧化镁的含量允许放宽到 6.0%。水泥中三氧化硫的含量不得超过 3.5%。体积安定性不良的水泥应作废品处理，不能用于工程中。

特别提示

工程中可采用以下几种简易方法对水泥安定性是否合格进行初步判定。

(1) 合格水泥浇筑的混凝土外表坚硬刺手，而安定性不合格水泥浇筑的混凝土给人以松软、冻后融化的感觉。

(2) 合格水泥浇筑的混凝土多数呈青灰色且有光亮，而安定性不合格水泥浇筑的混凝土多呈白色且黯淡无光。

(3) 合格水泥拌制的混凝土与骨料的握裹力强、黏结牢，石子很难从构件表面剥离下来，而安定性不合格的水泥拌制的混凝土与骨料的握裹力差、黏结力小，石子容易从混凝土的表面剥离下来。

应用案例 3-1

某县一机关修建职工住宅楼，共 6 栋，设计均为 7 层砖混结构，建筑面积 1 000m^2，主体完工后进行墙面抹灰，采用某水泥厂生产的 32.5 级水泥。抹灰后在两个月内相继发现该工程墙面抹灰出现开裂并迅速发展。开始由墙面一点产生膨胀变形形成不规则的放射状裂缝，多点裂缝相继贯通，成为典型的龟状裂缝，并且空鼓，实际上此时抹灰与墙体已产生剥离。后经查证，该工程所用水泥中氧化镁含量严重超标，致使水泥安定性不合格，施工单位未对水泥进行进场检验就直接使用，因此产生大面积的空鼓开裂。最后该工程墙面抹灰全面返工，造成严重的经济损失。

应用案例 3-2

某高层大厦由金海房地产发展有限公司开发，由市第一建筑安装工程总公司承包施工，市建筑设计院设计。整座大楼为现浇钢筋混凝土剪力墙体系，结构层数地下 1 层、地面以上 20 层，总建筑面积 21 280m^2，混凝土设计强度等级为 C30，工程于 1995 年 2 月日开工。1995 年 10 月 28 日～11 月 8 日，在施工第 11～14 层主体结构中，使用了安定性不合格的水泥，造成了重大质量事故。

1995年9月8日在建设单位召开的协调会上，施工单位提出，因气温下降，为确保工程年底结构封顶，加快施工进度，将原先使用的矿渣水泥改为普通水泥。经协商同意将矿渣水泥改为普通硅酸盐水泥，水泥由建设单位提供。建设单位确定供应商为该市商务实业公司庄木建材公司，供应商确定采用附近某县供电局水泥厂生产的电力牌42.5级普通硅酸盐水泥。

1995年10月15日，供应商在还未与厂方签订购销合同情况下，就进场第一批无质保书电力牌水泥20t，经锦湖区检测中心检测，于1995年10月25日确认安定性合格，1995年10月18日在第一批进场水泥检测报告还未出来时，供应商已与厂方签订了购销合同，购电力牌42.5级普通硅酸盐水泥2 000t。

从1995年10月25日起，供应商开始陆续大批量供应水泥，至11月25日，先后供应水泥658.25t，在此期间，施工单位在10月28日和11月6日先后两次收到供应商提供的编号为F98的质保书。从开始使用第一批20t水泥至11月8日止，用于该工程第11～14层电力牌42.5级普通硅酸盐水泥共540.68t。在此期间，供应商和建设单位均称进场的水泥为同批水泥，未进行复试而大量使用。11月10日当水泥供应到454.75t，主体结构已施工到第13层时，施工单位才从现场取样送区检测中心复试，11月14日区检测中心检测发现送检的水泥安定性不合格，即通知施工单位禁止使用。建设单位、施工单位得知后，17日、19日先后两次将水泥送区检测中心再次复试仍判为安定性不合格，甲、乙方先后又将水泥取样送外市建筑科学研究院，某大学进行复验，结论均为不合格，外市技术监督局于1995年12月4日出具仲裁结论，该水泥为不合格水泥，禁止使用。但工程施工到第14层墙体才停止施工。

3) 强度

水泥强度是表示水泥力学性能的一项重要指标，是评定水泥强度等级的依据。根据《通用硅酸盐水泥》规定，通用硅酸盐水泥的各等级、各龄期强度见表3-8。通用硅酸盐水泥依据其3d的不同强度分为普通型和早强型两种类型，其中有代号为R者为早强型水泥。各龄期强度指标全部满足规定值者为合格，否则为不合格。

【参考图文】

根据《水泥胶砂强度检验方法(ISO 法)》(GB/T 17671—1999)规定，检测水泥强度时应将水泥、标准砂和水按质量计以1∶3∶0.5混合，按规定的方法制成40mm×40mm×160mm的标准试件，在标准温度(20±10)℃的水中养护，分别测定其3d和28d的抗折强度和抗压强度，再对照国标相应规定判定其强度等级。

表3-8 通用硅酸盐水泥强度等级要求

品　种	强度等级	抗压强度/MPa		抗折强度/MPa	
		3d	28d	3d	28d
硅酸盐水泥	42.5	≥17.0	≥42.5	≥3.5	≥6.5
	42.5R	≥22.0		≥4.0	
	52.5	≥23.0	≥52.5	≥4.0	≥7.0
	52.5R	≥27.0		≥5.0	
	62.5	≥28.0	≥62.5	≥5.0	≥8.0
	62.5R	≥32.0		≥5.5	

续表

品　种	强度等级	抗压强度/MPa		抗折强度/MPa	
		3d	28d	3d	28d
普通硅酸盐水泥	42.5	≥17.0	≥42.5	≥3.5	≥6.5
	42.5R	≥22.0		≥4.0	
	52.5	≥23.0	≥52.5	≥4.0	≥7.0
	52.5R	≥27.0		≥5.0	
矿渣硅酸盐水泥、火山灰质硅酸盐水泥、粉煤灰硅酸盐水泥、复合硅酸盐水泥	32.5	≥10.0	≥32.5	≥2.5	≥5.5
	32.5R	≥15.0		≥3.5	
	42.5	≥15.0	≥42.5	≥3.5	≥6.5
	42.5R	≥19.0		≥4.0	
	52.5	≥21.0	≥52.5	≥4.0	≥7.0
	52.5R	≥23.0		≥4.5	

4) 细度(选择性指标)

细度是指水泥颗粒的粗细程度，是检定水泥品质的主要指标之一。

水泥细度可用筛析法和比表面积法来检测。筛析法以 80 μm 或 45 μm 方孔筛的筛余量表示水泥细度；比表面积法用 1kg 水泥所具有的总表面积(m^2)来表示水泥细度(m^2/kg)。为满足工程对水泥性能的要求，《通用硅酸盐水泥》中规定，硅酸盐水泥和普通硅酸盐水泥的细度以比表面积表示，其值应不小于 300m^2/kg；矿渣硅酸盐水泥、火山灰质硅酸盐水泥、粉煤灰硅酸盐水泥和复合硅酸盐水泥的细度以筛余表示，其 80 μm 方孔筛筛余应不大于10%或 45 μm 方孔筛筛余应不大于 30%。

4. 其他指标

1) 标准稠度用水量

由于加水量的多少对水泥的一些技术性质(如凝结时间等)的测定值影响很大，故测定这些性质时，必须在一个规定的稠度下进行。这个规定的稠度称为标准稠度。水泥净浆达到标准稠度时所需的拌和水量称为标准稠度用水量(也称需水量)，以水占水泥质量的百分比表示。硅酸盐水泥的标准稠度用水量一般为 25%～30%。水泥熟料矿物成分不同时，其标准稠度用水量亦有差别。水泥磨得越细，标准稠度用水量越大。水泥标准稠度用水量的测定按照《水泥标准稠度用水量、凝结时间、连安定性检验方法》(GB/T B46—2011)相应规定执行。

2) 密度与堆积密度

在进行混凝土配合比计算和储运水泥时，需要知道水泥的密度和堆积密度。硅酸盐水泥的密度为 3.0～3.2g/cm^3，通常采用 3.1g/cm^3，堆积密度一般取 1 000～1 600kg/m^3。

3) 水化热

水泥在水化过程中所放出的热量称为水泥的水化热(kJ/kg)。水泥水化热的大部分是在水化初期(7d 内)放出的，后期放热逐渐减少。

【参考图文】

水泥水化热的大小及放热速率，主要决定于水泥熟料的矿物组成及细度等。通常强度等级高的水泥，水化热较大。凡起促凝作用的物质(如 $FeCl_3$)均可提高早期水化热；反之，凡能减慢水化反应的物质(如缓凝剂)，则能降低早期水化热。水泥的这种放热特性，对大体积混凝土建筑物是不利的。由于水化热积聚在混凝土内部不易散发，内部温度常上升到50℃甚至更高，内外温差所引起的应力使混凝土结构开裂。因此，大体积混凝土工程应采用水化热较低的水泥。

特别提示

《通用硅酸盐水泥》中规定，水泥出厂检验的指标包括化学指标和物理指标(即凝结时间、安定性和强度)。水泥的检验结果中上述任一项指标不符合相应标准规定技术要求，该水泥即判定为不合格水泥。水泥的碱含量和细度两项技术指标属于选择性指标，并非必检项目。而水泥的标准稠度用水量和水化热等技术指标反映水泥技术特性，国标中并不对其作具体规定。

3.2.5 通用硅酸盐水泥的腐蚀

水泥硬化后，在通常使用条件下耐久性较好。但是，在某些介质中，水泥石中的各种水化产物会与介质发生各种物理化学作用，导致混凝土强度降低，甚至遭到破坏，这种现象称为水泥的腐蚀。

1. 常见腐蚀现象

1) 软水侵蚀(溶出性侵蚀)

水泥是水硬性胶凝材料，有足够的抗水能力。但当水泥石长期与软水相接触时，其中一些水化物将按照溶解度的大小，依次逐渐被水溶解。在各种水化物中，氢氧化钙的溶解度最大，所以首先被溶解。如在静水及无水压的情况下，由于周围的水迅速被溶出的氢氧化钙饱和，溶出作用很快终止，所以溶出仅限于表面，影响不大。但在流动水中，特别是在有水压作用而且水泥石的渗透性又较大的情况下，水流不断将氢氧化钙溶出并带走，降低了周围氢氧化钙的浓度。随着氢氧化钙浓度的降低，其他水化产物如水化硅酸钙、水化铝酸钙等，亦将发生分解使水泥石结构遭到破坏，强度不断降低，最后引起整个建筑物的破坏。当环境水的水质较硬，即水中重碳酸盐含量较高时，可与水泥石中的氢氧化钙起作用，生成几乎不溶于水的碳酸钙，反应如下。

$$Ca(OH)_2+\underset{\text{重碳酸钙}}{Ca(HCO_3)_2}=2CaCO_3+2H_2O$$

生成的碳酸钙积聚在水泥石的孔隙内，形成密实的保护层，阻止介质水的渗入，所以，水的硬度越高，对水泥腐蚀越小。

2) 硫酸盐腐蚀

在一般的河水和湖水中，硫酸盐含量不多。但在海水、盐沼水、地下水及某些工业污水中常含有钠、钾、铵等硫酸盐，它们与水泥石中的水化产物发生持续反应，生成水化硫铝酸钙。而水化硫铝酸钙含有大量结晶水，其体积比原有体积增加 1.5 倍，由于是在已经固化的水泥石中发生的，因此，对水泥石产生巨大的破坏作用。水化硫铝酸钙呈针状结晶，故常称为“水泥杆菌”。

3) 镁盐腐蚀

在海水及地下水中常含有大量镁盐，主要是硫酸镁及氯化镁。它们与水泥石中的氢氧化钙作用产生的氢氧化镁松软而无胶结能力，氯化钙易溶于水，生成的二水石膏则引起硫酸盐的连锁破坏作用。

4) 酸的腐蚀

(1) 碳酸腐蚀：在工业污水和地下水中，常溶有较多的CO_2，CO_2与水泥石中的$Ca(OH)_2$反应生成$CaCO_3$，$CaCO_3$继续与CO_2反应，生成易溶于水中的重碳酸钙。

随着$Ca(OH)_2$浓度的降低，还会导致水泥中其他水化物的分解，使腐蚀进一步加剧。

(2) 一般酸的腐蚀：在工业废水、地下水、沼泽水中常含有无机酸和有机酸。它们与水泥石中的氢氧化钙作用后生成的化合物，或溶于水，或体积膨胀，而导致破坏。

此外，强碱(如氢氧化钠)也可导致水泥石的膨胀破坏。

2. 水泥石腐蚀的防止

水泥石的腐蚀过程是一个复杂的物理化学过程，它在遭受腐蚀作用时往往是几种腐蚀同时存在，互相影响。发生水泥石腐蚀的基本原因：一是水泥石中存在引起腐蚀的成分$Ca(OH)_2$和水化铝酸钙；二是水泥石本身不密实，有很多毛细孔通道，侵蚀性介质容易进入其内部；三是周围环境存在腐蚀介质的影响。

根据对以上腐蚀原因的分析，可采取下列防止措施。

(1) 根据侵蚀环境的特点，合理选用水泥品种。

(2) 提高水泥石的密实度，减少侵蚀介质渗透作用。

(3) 在水泥石(混凝土)表面加做保护层，如沥青防水层、水玻璃涂层、耐酸石料(陶瓷)等。

3.2.6 六大通用水泥的性能特点及应用

不同类别的通用水泥特性及应用范围各不相同，在选用时应特别注意，六大通用水泥的特性及应用范围见表3-9。

表3-9 六大通用水泥的特性及应用范围

名　称	特　性	适用范围	不适用范围
硅酸盐水泥	早期强度高；水化热较高；抗冻性较好；耐蚀性差；干缩较小	一般土建工程中钢筋混凝土及预应力钢筋混凝土结构；受反复冰冻作用的结构；配制高强混凝土	大体积混凝土结构；受化学及海水侵蚀的工程
普通硅酸盐水泥	与硅酸盐水泥基本相同	与硅酸盐水泥基本相同	与硅酸盐水泥基本相同
矿渣硅酸盐水泥	早期强度较低，后期强度增长较快；水化热较低；耐热性好；耐蚀性较强；抗冻性差；干缩性较大；泌水较多	高温车间和有耐热耐火要求的混凝土结构；大体积混凝土结构；蒸汽养护的构件；有抗硫酸盐侵蚀要求的工程	早期强度要求高的工程；有抗冻要求的混凝土工程
火山灰质硅酸盐水泥	早期强度较低，后期强度增长较快；水化热较低；耐蚀性较强；抗渗性好；抗冻性差；干缩性大	地下、水中大体积混凝土结构和有抗渗要求混凝土结构；蒸汽养护的构件；有抗硫酸盐侵蚀要求的工程	处在干燥环境中的混凝土工程；其他同矿渣水泥

续表

名　　称	特　　性	适用范围	不适用范围
粉煤灰硅酸盐水泥	早期强度较低，后期强度才长较快；水化热较低；耐蚀性较强；干缩性较小；抗裂性较高；抗冻性差	地上、地下及水中大体积混凝土结构；蒸汽养护构件；抗裂性要求较高的构件；有抗硫酸盐侵蚀要求的工程	有抗碳化要求的工程；其他同矿渣水泥
复合硅酸盐水泥	与所掺混合材料的种类、掺量有关，其特性基本与矿渣水泥、火山灰水泥、粉煤灰水泥特性相似	厚大体积的混凝土；普通气候环境中的混凝土；在高湿度环境中或永远处于水下的混凝土	要求快硬的混凝土；严寒地区处于水位升降范围内的混凝土

3.2.7　水泥的包装、标志、运输与储存

1. 包装

水泥可以散装或袋装，袋装水泥每袋净含量为50kg，且应不少于标志质量的99%；随机抽取20袋总重量(含包装袋)应不少于1 000kg。其他包装形式由供需双方协商确定，但有关袋装质量要求应符合上述规定。水泥包装袋应符合《水泥包装袋》(GB 9774—2010)的规定。

2. 标志

水泥包装袋上应清楚标明：执行标准、水泥品种、代号、强度等级、生产者名称、生产许可证标志(QS)及编号、出厂编号、包装日期、净含量。包装袋两侧应根据水泥的品种采用不同颜色印刷水泥名称和强度等级；硅酸盐水泥和普通硅酸盐水泥采用红色；矿渣硅酸盐水泥采用绿色；火山灰质硅酸盐水泥、粉煤灰硅酸盐水泥和复合硅酸盐水泥采用黑色或蓝色。散装发运时应提交与袋装标志相同内容的卡片。

3. 运输与储存

水泥在运输与储存时不得受潮和混入杂物，不同品种和强度等级的水泥在储运中避免混杂。储存期过长，会由于空气中的水汽、二氧化碳作用而降低水泥强度。一般来说，储存3个月后的强度降低10%～20%，所以，水泥存放期一般不超过3个月，应做到先到的水泥先用。快硬水泥、铝酸盐水泥的规定储存期限更短(1～2个月)。过期水泥使用时必须经过试验，并按试验重新确定的强度等级使用。水泥运输和储存时应保持干燥。对袋装水泥，地面垫板要高出地面30cm，四周离墙30cm，堆放高度一般不超过10袋；存放散装水泥时，应将水泥储存于专用的水泥罐(筒仓)中。

【参考图文】

散装水泥简介

1. 概念

散装水泥是相对于袋装水泥而言的。它是指水泥从工厂生产出来之后，不用任何小包装，直接通过专用设备或容器，从工厂运输到中转站或用户手中。

2. 散装水泥基本特征

(1) 水泥从生产厂直接运输到用户手中，或者经过中转站再运到用户手中，都不使用纸袋或其他任何材料的小包装，只能使用专用运输工具，如专用车、船或集装箱、集装袋，并且以水泥的自然状态进行储存。

(2) 散装水泥从工厂库内出料、计量、装车、卸车等全过程都可以实现机械化或自动化操作，不需要大量的人工劳动。

(3) 散装水泥从出厂到使用，在流通环节中无论经过多少次倒运，水泥始终都在密闭的容器中，不易受到大气环境(如刮风下雨)的影响，因而水泥的质量有保证。与同期生产出来的袋装水泥相比，其储存时间长，有利于水泥厂进行均衡销售。

(4) 散装水泥的生产成本比袋装水泥低，同等级的水泥，散装比袋装可降低成本20%左右。

3. 散装水泥主要优点

(1) 发展散装水泥有利于节约资源，提高经济效益。根据国家有关部门统计：每推广使用一万吨散装水泥，社会综合经济效益为64.45万元。其中可节约：优质木材330m^3，以800元/m^3，可节约26.4万元；煤炭78吨，以250元/吨计，可节约1.95万元；电力7.2万kW·h，以0.5元/(kW·h)计，可节约3.6万元；烧碱22吨，以1 600元/吨计，可节约3.5万元；袋装烂包损失500吨，以500元/吨计，可节约25万元；节约人力拆包费、装卸费4万元。

(2) 发展散装水泥有利于促进和提高工程质量。散装水泥在生产过程中对安定性控制非常严格；在运输过程中采用专用运输工具从生产厂(或中转站)直接送用户，渠道正规明确，杜绝了流通环节掺假或以次充好现象；在储存过程中，散装水泥在储存罐达13个月基本不变质，而袋装水泥存放12个月后，强度降低30%～50%，且易受潮、受湿，结块变质；在使用过程中，散装水泥计量准确、无损耗(而袋装水泥损耗率为5%)保证了水泥用量，进而保证了混凝土质量和工程质量。

(3) 发展散装水泥有利于降低噪声污染，改善施工环境，提高劳动效益。袋装水泥从水泥厂包装到工地拆包使用，中间环节多，占用劳动力多，劳动生产效率低下。特别是现场搅拌，噪声污染严重，影响施工周围环境。而发展散装水泥、推广预拌混凝土(商品混凝土)，能有效提高效率，减轻工作强度，大大降低噪声污染，改善施工环境和工人劳动条件，有利于健康。

(4) 发展散装水泥有利于减少粉尘，改善大气环境质量和二氧化硫的排放。目前，我国主要城市的大气污染正处于转型时期，大气污染从煤烟型转向混合型，建筑施工扬尘对大气污染的比重超过50%，其中水泥尘占很大比例。水泥尘污染大气的途径主要有两方面：一是在袋装水泥运输过程中以及装卸和储存过程中产生的破损，一般破损率在5%，仅此一项，2002年全国袋装水泥5.3亿吨，破损撒落水泥2 650万吨，而这些水泥中可能有20%以上，约550万吨最终进入大气，成为悬浮物污染环境；二是袋装水泥在拆袋搅拌时产生的粉尘，还有包装物回收时产生的粉尘，都会产生严重的污染，使水泥粉尘进入大气的数量远远大于550万吨，成为危害人们身体健康、污染生态环境的源头。如果采用散装水泥，从水泥厂内装运开始，在运输、储存、使用过程中全部在密闭状况下进行，同时配合预拌混凝土的推广，可以大量减少甚至消除水泥粉尘排放，净化空气，减轻污染。

(5) 发展散装水泥有利于维护生态平衡，具有显著生态效益。

2002年全国袋装水泥5.3亿吨，消耗包装水泥袋用纸318万吨，折合优质木材1 749万立方米，相当于全国木材总伐量的1/5，约毁掉36万公顷森林。我国许多地区发生的沙尘暴就与植被减少、水土流失、荒漠化严重有着直接的关系。

4. 我国散装水泥发展现状

经过多年的发展，我国专业化的散装水泥产、运、贮、用等环节构成的产业和技术链已初具规模，并且逐步形成了散装水泥、预拌混凝土、预拌砂浆“三位一体”的散装水泥发展格局。2008 年，全国散装水泥供应量已达到 6.36 亿吨，全国水泥平均散装率达到 45.82%，但这与平均 70%的散装化要求和发达国家 90%以上的散装化水平相比差距明显。我国 2009 年上半年散装水泥供应量为 32 546.64 万吨，据测算，与完全袋装相比相当于节约综合资源折标煤 747.79 万吨，减少粉尘排放量 327.09 万吨、二氧化碳排放量 1 944.27 万吨、二氧化硫排放量 6.36 万吨，产生直接经济效益达 146.46 亿元。

3.2.8 专用水泥

专用水泥是指专门用途的水泥，如道路硅酸盐水泥、油井水泥、白色水泥、彩色水泥。

1. 道路硅酸盐水泥

由较高铁铝酸钙含量的硅酸盐道路水泥熟料、0～10%活性混合材料和适量石膏磨细制成的水硬性胶凝材料称为道路硅酸盐水泥(简称道路水泥)。对道路水泥的性能要求是：耐磨性好、收缩小、抗冻性好、抗冲击性好，有高的抗折强度和良好的耐久性。道路水泥的上述特性主要依靠改变水泥熟料的矿物组成、粉磨细度、石膏加入量及外加剂来达到。

2. 油井水泥

油井水泥专用于油井、气井地固井工程，又称堵塞水泥。它的主要作用是将套管与周围的岩层胶结封固，封隔地层内油、气、水，防止互相窜扰，以便在井内形成一条从油层流向地面，隔绝良好的油流通道。

3. 装饰水泥

装饰水泥指白色水泥和彩色水泥。在水泥生料中加入少量金属氧化物着色剂直接烧成彩色熟料，也可制得彩色水泥。

白色硅酸盐水泥的组成、性质与硅酸盐水泥基本相同，所不同的是在配料和生产过程中严格控制着色氧化物(Fe_2O_3、MnO_2、Cr_2O_3、TiO_2 等)的含量。彩色硅酸盐水泥简称彩色水泥。它是用白水泥熟料、适量石膏和耐碱矿物颜料共同磨细而制成的。白水泥和彩色水泥广泛地应用于建筑装修中，如制作彩色水磨石、饰面砖、锦砖、玻璃马赛克，以及制作水刷石、斩假石、水泥花砖等。

3.2.9 特性水泥

特性水泥是指某种性能比较突出的水泥，如快硬硅酸盐水泥、膨胀水泥。

1. 中热水泥和低热矿渣水泥

中热硅酸盐水泥和低热矿渣硅酸盐水泥的主要特点为水化热低，适用于大坝和大体积混凝土工程。

中热硅酸盐水泥是由适当成分的硅酸盐水泥熟料加入适量石膏磨细而成的、具有中等水化热的水硬性胶凝材料，简称中热水泥。

低热矿渣硅酸盐水泥是由适当成分的硅酸盐水泥熟料加入矿渣和适量石膏磨细而成的具有低水化热的水硬性胶凝材料，简称低热矿渣水泥。其矿渣掺量为水泥质量的 20%～60%，允许用不超过混合材总量 50%的磷渣或粉煤灰代替矿渣。

2. 快硬水泥

1) 快硬硅酸盐水泥

凡以硅酸盐水泥熟料和石膏磨细制成，以 3d 抗压强度表示标号的水硬性胶凝材料，称为快硬硅酸盐水泥(简称快硬水泥)。快硬硅酸盐水泥生产方法与硅酸盐水泥基本相同，只是要求 C_3S 和 C_3A 含量高些。快硬硅酸盐水泥水化放热速率快，水化热较高，早期强度高，但干缩率较大。主要用于抢修工程、军事工程、预应力钢筋混凝土构件，适用于配制干硬混凝土，水灰比可控制在 0.40 以下。

2) 快硬硫铝酸盐水泥

凡以适当成分的生料经煅烧所得，以无水硫铝酸钙和硅酸二钙为主要矿物，加入适量石膏磨细制成的早期强度高的水硬性胶凝材料，称为快硬硫铝酸盐水泥。快硬硫铝酸盐水泥的主要矿物为无水硫铝酸钙和 β- C_2S。

快硬水泥可用来配制早强、高等级的混凝土及紧急抢修工程以及冬季施工和混凝土预制构件，但不能用于大体积混凝土工程及经常与腐蚀介质接触的混凝土工程。

3. 抗硫酸盐水泥

按抗硫酸盐侵蚀程度，分为中抗硫酸盐硅酸盐水泥和高抗硫酸盐硅酸盐水泥两类。以适当成分的硅酸盐水泥熟料，加入适量石膏磨细制成的，具有抵抗中等浓度硫酸根离子侵蚀的水硬性胶凝材料，称为中抗硫酸盐硅酸盐水泥(简称中抗硫水泥)，代号 P.MSR。以适当成分的硅酸盐水泥熟料，加入适量石膏磨细制成的、具有抵抗较高浓度硫酸根离子侵蚀的水硬性胶凝材料，称为高抗硫酸盐硅酸盐水泥(简称高抗硫水泥)，代号 P·HSR。

抗硫酸盐水泥适用于一般受硫酸盐侵蚀的海港、水利、地下、隧涵、道路和桥梁基础等工程设施。

4. 膨胀水泥

通用水泥在空气中硬化时会收缩，导致混凝土产生裂缝，使一系列性能变坏。膨胀水泥可克服通用水泥混凝土的这一缺点。膨胀水泥的种类有：硅酸盐膨胀水泥、铝酸盐膨胀水泥、硫铝酸盐膨胀水泥、铁铝酸钙膨胀水泥。

膨胀水泥的膨胀是由于水泥石中形成了钙矾石。通过调整各组分比例，即可得到不同膨胀值的膨胀水泥。膨胀水泥主要用于配制收缩补偿混凝土、构件接缝及管道接头、混凝土结构的加固和修补、防渗堵漏工程、机器底座和地脚螺栓固定。

本任务小结

本任务重点介绍了工程中常用的胶凝材料。

气硬性胶凝材料和水硬性胶凝材料是胶凝材料中的两种类型。二者硬化条件不同，适用范围不同，在使用时应注意合理选择。

生石灰熟化时要放出大量的热量，且体积膨胀，故必须充分熟化后方可使用，否则会影响施工质量。石灰浆体具有良好的可塑性和保水性，硬化慢、强度低，硬化时收缩大，所以不宜单独使用；主要用于配制砂浆、拌制灰土和三合土以及生产硅酸盐制品。石灰在储运过程中要注意防潮，且储存时间不宜过长。建筑石膏凝结硬化快，硬化体孔隙率大，属多孔结构材料。其成本低、质量轻，有良好的保温隔热、隔声吸声效果，有较好的防火性及一定范围内的温度、湿度调节能力，是一种具有节能意义和发展前途的新型轻质墙体材料和室内装饰材料。水玻璃常用于加固地基、涂刷或浸渍制品；配制耐酸、耐热砂浆或混凝土；用于堵塞漏洞、填缝和局部抢修等。

水泥是本课程的重点内容之一，它是水泥混凝土最重要的组成材料。本章主要讨论了通用硅酸盐的6种常用水泥，对特性水泥和专用水泥作了简单介绍。

通用硅酸盐水泥的矿物成分有4种，矿物组成不同，水泥性质会有很大差异。硅酸盐水泥的技术性质包括密度与堆积密度、细度、标准稠度用水量、凝结时间、体积安定性、强度、水化热、不溶物和烧失量、碱含量等。硅酸盐水泥储存应分别存放，并注意防潮，不宜久存。硅酸盐水泥如使用不当，会受到腐蚀，腐蚀种类有软水腐蚀、盐类腐蚀、酸类腐蚀和强碱腐蚀等，防止水泥石腐蚀的方法有3种：合理选用水泥品种、提高水泥石密实度、制作保护层。

与硅酸盐水泥相比，掺混合材料的通用硅酸盐水泥具有早期强度低(但后期强度增长较快)、水化热小、抗腐蚀性强、对温湿度比较敏感等特点。通用硅酸盐水泥性能特点各异，适用于不同要求的混凝土和钢筋混凝土工程。

特性水泥和专用水泥适用场合与水泥特点密切相关。

习　题

一、填空题

1. 石灰的特性有：可塑性__________、硬化速度__________、硬化时体积__________和耐水性__________等。

2. 建筑石膏具有以下特性：凝结硬化__________、孔隙率__________、强度__________、凝结硬化时体积__________、防火性能__________等。

3. 生石灰的熟化是指__________，熟化过程的特点：一是__________；二是__________。

4. 水玻璃的特性是__________、__________和__________。

二、简答题

1. 简述气硬性胶凝材料和水硬性胶凝材料的区别。

2. 为什么说建筑石膏制品是一种较好的室内装饰材料？

3. 生石灰在熟化时为什么需要陈伏两周以上？为什么在陈伏时需在熟石灰表面保留一层水？

4. 石灰的用途如何？在贮存和保管时需要注意哪些方面？

5. 水玻璃的用途有哪些？

6. 试分析硅酸盐水泥、普通水泥、矿渣水泥、火山灰水泥及粉煤灰水泥性质的异同点，并说明产生差异的原因。

7．仓库内存有3种白色胶凝材料，它们是生石灰粉、建筑石膏和水泥，有什么简便方法可以辨认？

8．下列混凝土工程中，应优先选用哪种水泥？不宜选用哪种水泥？

(1) 干燥环境的混凝土。

(2) 湿热养护的混凝土。

(3) 厚大体积的混凝土。

(4) 水下工程的混凝土。

(5) 60MPa的混凝土。

(6) 热工窑炉的混凝土。

(7) 路面工程的混凝土。

(8) 冬季施工的混凝土。

(9) 严寒地区水位升降范围内的混凝土。

(10) 水闸门等有抗渗要求的混凝土。

(11) 经常与流动淡水接触的混凝土。

(12) 经常受硫酸盐腐蚀的混凝土。

(13) 紧急抢修工程。

(14) 修补建筑物裂缝。

三、案例题

1．以下是A、B两种硅酸盐水泥熟料矿物组成百分比含量，分析A、B两种硅酸盐水泥的早期强度及水化热的差别，见表3-10。

表3-10 案例题1—矿物组成表

矿物组成	C_3S	C_2S	C_3A	C_4AF
A水泥	60%	15%	16%	9%
B水泥	47%	28%	10%	15%

2．某大体积的混凝土工程，浇注两周后拆模，发现挡墙有多道贯穿型的纵向裂缝。该工程使用某立窑水泥厂生产42.5 P·II型硅酸盐水泥，其熟料矿物组分见表3-11，分析裂缝产生的主要原因。

表3-11 案例题2—矿物组成表

矿物组成	C_3S	C_2S	C_3A	C_4AF
含量	61%	14%	14%	11%

3．某工地使用某厂生产的硅酸盐水泥，加水拌和后，水泥浆体在短时间内迅速凝结。后经剧烈搅拌，水泥浆体又恢复塑性，随后过3h才凝结。试讨论形成这种现象的原因。

【参考答案】

学习任务 4

混　凝　土

学习目标

本章是课程重点之一，主要讲述普通混凝土的组成、技术性质、配合比设计和质量控制，并简单介绍了轻骨料混凝土及其他品种的混凝土。通过学习本章，应达到以下目标。

(1) 掌握普通混凝土的组成及其原材料的质量控制。

(2) 掌握普通混凝土的主要技术性质：和易性、强度、变形和耐久性。

(3) 了解混凝土外加剂的性能特点及使用注意事项。

(4) 熟悉普通混凝土的配合比设计程序。

(5) 了解普通混凝土的质量控制。

(6) 了解其他品种混凝土的特点及应用。

学习要求

能力目标	知识要点	权重
了解普通混凝土的组成材料特点，能合理选用材料	普通混凝土的组成材料	15%
掌握普通混凝土的和易性、强度、变形、耐久性	普通混凝土的和易性	20%
	普通混凝土的强度	20%
	普通混凝土的变形性	5%
	普通混凝土的耐久性	10%
熟悉混凝土配合比设计	混凝土配合比设计程序	10%
了解混凝土的质量控制	混凝土的质量控制主要指标和程序	10%
了解高性能混凝土等其他混凝土主要特点	高性能混凝土等其他混凝土的主要特点及应用	10%

任 务 导 读

混凝土简称为“砼”，是指由胶凝材料将集料胶结成整体的工程复合材料的统称。它是由胶结材料，集料、骨料和水按一定比例配制，经搅拌振捣成型，在一定条件下养护而成的人造石材。混凝土具有原料丰富、价格低廉、生产工艺简单的特点，因而使其用量越来越大；同时混凝土还具有抗压强度高、耐久性好、强度等级范围宽的特点，使其使用范围十分广泛，不仅在各种土木工程中使用，而且在造船业、机械工业、海洋的开发、地热工程中，混凝土也是重要的材料(图 4.1)。

(a) 品种多样的混凝土

(b) 施工后养护的混凝土

(c) 混凝土搅拌运输车

(d) 混凝土设备

图 4.1 混凝土及相关机械设备

知识点滴

混凝土的发展

混凝土可以追溯到古老的年代，其所用的胶凝材料为黏土、石灰、石膏、火山灰等。从 19 世纪 20 年代出现了波特兰水泥后，由于用它配制成的混凝土具有工程所需要的强度和耐久性，而且原料易得，造价较低，特别是能耗较低，因而用途极为广泛(见无机胶凝材料)。20 世纪初期，有人发表了水胶比等学说，初步奠定了混凝土强度的理论基础。以后，相继出现了轻集料混凝土、加气混凝土及其他混凝土，各种混凝土外加剂也开始使用。60年代以来，广泛应用减水剂，并出现了高效减水剂和相应的流态混凝土；高分子材料进入混凝土材料领域，出现了聚合物混凝土；多种纤维被用于分散配筋的纤维混凝土。现代测试技术也越来越多地应用于混凝土材料科学的研究。

引 例

2010年1月12日16时53分(北京时间13日5时53分)海地发生里氏7.0级地震，首都太子港及全国大部分地区受灾情况严重，截至2010年1月26日，世界卫生组织确认，此次海地地震已造成11.3万人丧生，19.6万人受伤。此次地震中遇难者有联合国驻海地维和部队人员，其中包括8名中国维和人员。

而据法国一个建筑工程师组织表示，海地首都太子港在地震中遭遇如此大规模灾难的原因之一就是建筑质量不过关。海地地震发生之后，该建筑专家组经考察发现当地大量建筑为“豆腐渣”工程，钢筋混凝土的质量令人担忧。法国非政府组织“应急建筑工程师基金会”建筑师帕特里克·库隆贝尔和塞尔日·古诺在震后考察时也同样认为，海地不仅建筑材料质量差，盖楼时也有偷工减料之嫌。“人们为省钱，使用劣质钢筋、不足量的水泥和混凝土，这些建筑使用的螺纹钢筋强度很低甚至可以用手把它折弯，如图4.2所示。另外，它们表面过于光滑。从混凝土角度来看，水泥调配比例不当，导致混凝土质量不过关。”这些专家所说的表明了一个观点，就是此次“天灾”所造成的很大一部分损失则是由“人祸”所为，而该“人祸”的起因就是因使用不合格的混凝土所建造的房屋建筑。

图4.2 海地地震中破裂的混凝土

4.1 混凝土概述

4.1.1 混凝土的概念及特点

混凝土是指由胶凝材料、粗细骨(集)料、水(有时还加入外加剂和外掺材料)配合拌制而成的并具有一定强度的人造石材。混凝土的胶凝材料多用水泥，也可以使用其他胶结材料，如沥青、石膏、水玻璃、聚合物树脂等。自1850年出现第一批钢筋混凝土以来，混凝土已发展成为当今世界用量最大、用途最广的工程材料。随着材料技术和施工技术的不断发展，混凝土的发展前景十分广阔。

混凝土有着十分显著的优点，包括以下几方面。

(1) 良好的可浇筑性。可浇筑成各种形状和尺寸的制品及结构物。

(2) 性能的多样性。可通过改变混凝土组成成分及其数量比例，获得具有不同物理力学性能的产品。

(3) 良好的耐久性和经济性。混凝土经久耐用，原材料来源广泛，成本低廉。

(4) 水泥混凝土与钢筋可牢固黏结，制得力学、耐久性能俱佳的钢筋混凝土与预应力钢筋混凝土。

(5) 具有一定的美学特性。经过表面处理，可获得不同的质感与装饰效果。

混凝土同样也存在一些缺点，包括以下几个方面。

(1) 脆性大、延性低、易开裂、抗拉强度小，一般混凝土不单独使用，与钢筋共同工作形成钢筋混凝土。

(2) 自重大、比强度(强度与表观密度之比)低，施工时对于支撑要牢固，必要时必须经过验算。

(3) 对环境因素敏感，需较长时间保证养护条件，需要保证混凝土表面保持湿润，并且在天气寒冷时，要保证混凝土的入模温度不低于5℃。

特别提示

鉴于混凝土自重大、易开裂和抗拉强度小的特点，在针对跨度4m以上的混凝土现浇梁施工支设模板时，要求起拱范围为1/1 000～3/1 000。

4.1.2 混凝土的结构

水泥混凝土硬化后(即混凝土石)的结构如图4.3所示。其中，砂、石起骨架作用，水泥与水形成的水泥浆填充在砂石骨架空隙之中，并将砂、石包裹起来。水泥浆凝结硬化前，赋予混凝土拌和物一定的流动性，水泥浆硬化后，将砂、石胶结为一个整体。

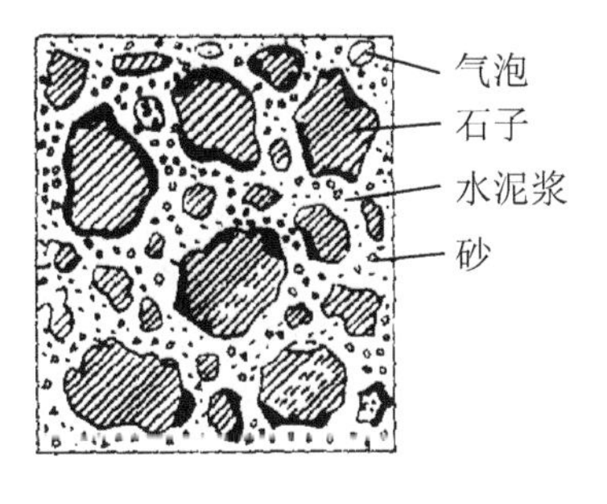

图4.3 水泥混凝土硬化后结构

4.1.3 混凝土的分类

混凝土按照表观密度分为以下几种。

1) 重混凝土

表观密度大于2 800kg/m^3，采用表观密度较大的骨料配制而得，如重晶石、铁矿石等。

此类混凝土对X射线、R射线有较高的屏蔽能力，适用于人防、军事、防辐射工程。

2) 普通混凝土

表观密度为2 000～2 800kg/m^3，采用天然砂、石作骨料配制而成，广泛用于各类土木工程，本任务主要讨论此类混凝土。

3) 轻混凝土

表观密度小于2 000kg/m^3，包括轻骨料混凝土、多孔混凝土和无砂大孔混凝土，此类混凝土多用于有保温、隔热要求的部位，强度等级高的轻骨料混凝土也可用于承重结构。

混凝土还可按照其功能及用途分类，如结构混凝土、防水混凝土、耐热混凝土、耐酸混凝土、道路混凝土、大体积混凝土、防辐射混凝土等；按照生产和施工方式分类，如泵送混凝土、预拌(商品)混凝土、喷射混凝土、真空脱水混凝土、离心混凝土、碾压混凝土、压力灌浆混凝土等。

4.2 普通混凝土用骨料

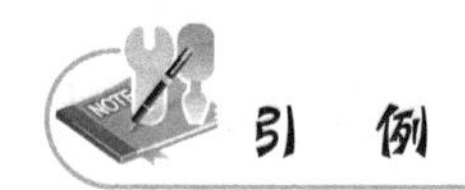

引 例

某住宅楼在建成仅3个月时出现屋面开裂，后发展至局部垮塌。经调查，事故的主要原因之一是该楼进深梁混凝土强度过低。该梁设计强度等级为C30，但施工中未按规定预留试件，事故后鉴定混凝土强度仅达到C15等级要求。在梁的断口处可以清楚看到砂石未洗净，骨料中混杂有部分黏土块、石灰颗粒和树叶等杂质；同时，该梁混凝土采用了当地生产的42.5级普通硅酸盐水泥，事故后经鉴定水泥实测强度仅达到35MPa左右。

普通混凝土所用骨料按照粒径大小分为两种：粒径大于4.75mm的称为粗骨料，即石子；粒径小于4.75mm的称为细骨料，即砂。

【参考图文】

普通混凝土用细骨料包括天然砂和机制砂。天然砂是自然生成的，经人工开采和筛分的粒径小于4.75mm的岩石颗粒，根据来源不同包括河砂、湖砂、山砂、淡化海砂，但不包括软质、风化的岩石颗粒。其中河砂颗粒表面比较圆滑、洁净，且产源广泛，在建筑工程中应用最为广泛。机制砂系指经除土处理，由机械破碎、筛分制成的粒径小于4.75mm的岩石、矿山尾矿或工业废渣颗粒，同样不包括软质、风化的颗粒。机制砂颗粒尖锐、有棱角、较洁净，但片状颗粒及细粉含量较多、成本较高。普通混凝土用粗集料有碎石和卵石两种，其中碎石应用较多。

混凝土用骨料的表观密度不小于2 500kg/m^3，松散堆积密度不小于1 350kg/m^3，空隙率不大于47%。

根据国标《建设用砂》(GB/T 14684—2011)、《建设用卵石、碎石》(GB/T 14685—2011)。的规定，砂、石按技术要求分为Ⅰ类、Ⅱ类、Ⅲ类3种类别。Ⅰ类宜用于强度等级大于C60的混凝土；Ⅱ类宜用于强度等级为C30～C60及抗冻、抗渗或其他要求的混凝土；Ⅲ类宜用于强度等级小于C30的混凝土或建筑砂浆。

混凝土中粗、细骨料的总体积一般占混凝土体积的60%～80%，骨料质量的优劣将直接影响到混凝土各项性质的好坏。下面概括性地介绍对普通混凝土用砂、石的技术质量要求。

1. 泥和泥块含量

含泥量是指骨料中粒径小于 75μm 颗粒的含量。泥块含量在细骨料中是指粒径大于 1.18mm，经水洗、手捏后变成小于 600μm 的颗粒的含量；在粗骨料中则是指粒径大于 4.75mm，经水洗、手捏后变成小于 2.36mm 的颗粒的含量。

骨料中的泥颗粒极细，会粘附在骨料表面，影响水泥石与骨料之间的胶结能力。而泥块会在混凝土中形成薄弱部分，对混凝土的质量影响更大。据此，对骨料中泥和泥块含量必须严加限制，如国标规定混凝土强度等级在 C30 或以上时，其砂、石中含泥量分别不得超过 3.0%和 1.0%。

2. 有害物质含量

混凝土用的粗、细骨料中不应混有草根、树叶、树枝、塑料、炉渣、煤块等杂物，并且骨料中硫化物、硫酸盐和有机物等的含量要符合建设用砂、石国标的相应骨料中有害物质含量限值的规定。对于砂，除了上面两项外，还有云母、轻物质(指密度小于 2 000kg/m^3 的物质)含量也须符合国标相应规定。如果是海砂，还应考虑氯盐含量。

【参考图文】

海砂危楼

2013 年 3 月 13 日，央视 315 曝光了深圳海砂危楼。深圳曝出居民楼房楼板开裂、墙体裂缝等问题，每逢雨天渗水不止。而根据深圳市政府的调查结果显示，问题的根源就是建设时使用大量海砂。海砂中超标的氯离子将严重腐蚀建筑中的钢筋，甚至倒塌。这样的“海砂危楼”在深圳并非个案，因为海砂可以节省一半的成本，所以很多无良心的开发商选择“海砂”做建筑混凝土。氯离子在混凝土里面对于钢筋的锈蚀引起的腐蚀引起结构的裂化，就像人的体内的癌细胞一样。从建筑结构上看，钢筋混凝土结构的裂化，是钢筋混凝土最主要的而且导致钢筋锈蚀比较重要的因素。不符合国家规定的含有超标氯离子的海砂，如果大量存在于建筑中，这个裂变侵蚀钢筋的过程，被专门划分为潜伏期与发展期，经历这两个阶段之后，使用海砂的建筑基本就可以称之为危楼。相比国家规定的 50 年民用建筑寿命，海砂建筑寿命短了很多。

【参考视频】

千万不要轻视这种危害，因为含有氯离子的混凝土，对钢筋起着不间断的化学作用，这种化学作用直接破坏钢筋的保护膜，从而侵蚀钢筋的内部结构，也就是大家常说的钢筋生锈，钢筋一旦持续生锈，就必然会减少原有的支撑力。另外氯离子会使混凝土膨胀，简单地说，就是混凝土会从内部开始开裂，这个过程，消费者在前期是很难察觉的，而到了最后的阶段，大家看到危险的时候，建筑物表面已经出现混凝土的松溃，而整个钢筋混凝土的墙体会直接露出一根根钢筋，混凝土也最终会一点点全面脱离钢筋。而房屋也会失去钢筋的支撑，出现垮塌。

3. 坚固性

恶劣环境条件下混凝土骨料会发生体积变化从而导致混凝土性能劣化，骨料抵抗此种影响的能力成为坚固性。骨料坚固性一般通过硫酸盐安定性方法检测，须达到国标相应规定。

4. 碱活性

骨料中若含有活性成分(如活性氧化硅)，在一定的条件下骨料会与水泥中的碱发生碱-骨料反应，产生膨胀并导致混凝土开裂。因此，当用于重要工程或对骨料有怀疑时，须按标准规定方法对骨料进行碱活性检验。

5. 颗粒级配

骨料的级配是指骨料中不同粒径颗粒的分布情况。良好的级配应当能使骨料的空隙率和总表面积均较小，从而不仅使所需水泥浆量较少，而且还可以提高混凝土的密实度、强度及其他性能。若骨料的粒径分布全在同一尺寸范围内，则会产生很大的空隙率，如图4.4(a)所示；若骨料的粒径分布在更多的尺寸范围内，则空隙率相应减小，如图4.4(b)所示；若采用较大的骨料最大粒径，也可以减小空隙率，如图4.4(c)所示。由此可见，只有适宜的骨料粒径分布，才能达到良好级配的要求。

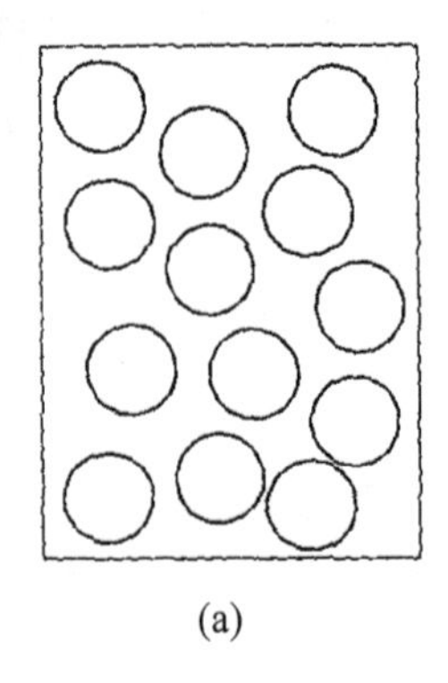
(a)

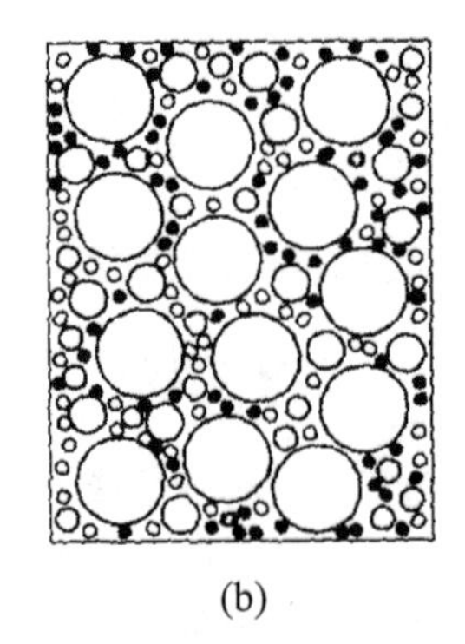
(b)

(c)

图4.4 骨料颗粒组合示意图

骨料的粗细程度是指不同粒径的颗粒混合在一起的平均粗细程度。相同质量的骨料，粒径小，总表面积大；粒径大，总表面积小。因而大粒径的骨料所需包裹其表面的水泥浆量就少，即相同的水泥浆量，包裹在大粒径骨料表面的水泥浆层就厚，便能减小骨料间的摩擦。对砂、石的级配要求如下。

1) 砂的颗粒级配和粗细程度

砂的级配和粗细程度用筛分析方法测定。砂的筛分析方法是用一套孔径分别为9.50mm、4.75mm、2.36mm、1.18mm、600μm、300μm、150μm的7个标准筛，将抽样所得500g烘干砂，由粗到细依次过筛，然后称量留在各筛上砂的质量，并计算出各筛上的分计筛余百分率 a_1，a_2，a_3，a_4，a_5，a_6(各筛上的筛余量占砂样总质量的百分率)，及累计筛余百分率 A_1，A_2，A_3，A_4，A_5，A_6(各筛与比该筛粗的所有筛之分计筛余百分率之和)。分计筛余与累计筛余的关系见表4-1。一组累计筛余(A_1～A_6)表征一种级配。

表4-1 分计筛余和累计筛余的关系

筛孔尺寸	分计筛余(%)	累计筛余(%)
4.75mm	a_1	$A_1=a_1$
2.36mm	a_2	$A_2=a_1+a_2$

续表

筛孔尺寸	分计筛余(%)	累计筛余(%)
1.18mm	a_3	$A_3=a_1+a_2+a_3$
600μm	a_4	$A_4=a_1+a_2+a_3+a_4$
300μm	a_5	$A_5=a_1+a_2+a_3+a_4+a_5$
150μm	a_6	$A_6=a_1+a_2+a_3+a_4+a_5+a_6$

标准规定，砂按600μm筛孔的累计筛余百分率计，按天然砂和机制砂分别分成3个级配区，见表4-2。砂的实际颗粒级配应符合表4-2，砂的级配类别应符合表4-3的规定。配制普通混凝土时宜优先选用II区砂(中砂)；当采用I区砂(偏粗砂)时，应提高砂率并保持足够的水泥用量，以满足混凝土的和易性；当采用III区砂(偏细砂)时，宜适当降低砂率以保证混凝土强度。

表4-2　砂的颗粒级配

砂的分类	天然砂			机制砂		
级配区	1区	2区	3区	1区	2区	3区
方筛孔	累计筛余(%)					
9.50mm	0	0	0	0	0	0
4.75mm	0～10	0～10	0～10	0～10	0～10	0～10
2.36mm	0～35	0～25	0～15	0～35	0～25	0～15
1.18mm	35～65	10～50	0～25	35～65	10～50	0～25
600μm	71～85	41～70	16～40	71～85	41～70	16～40
300μm	80～95	70～92	55～85	80～95	70～92	55～85
150μm	90～100	90～100	90～100	85～97	80～94	75～94

表4-3　砂的级配类别

类　别	I	II	III
级配区	2区	1、2、3区	

砂的粗细程度用细度模数表示，细度模数(M_x)按下式计算。

$$M_x=[(A_2+A_3+A_4+A_5+A_6)-5A_1]]/(100-A_1) \quad (4-1)$$

细度模数越大，表示砂越粗。普通混凝土用砂的细度模数范围一般为1.6～3.7，其中M_x在3.1～3.7为粗砂，M_x在2.3～3.0为中砂，M_x在1.6～2.2为细砂，配制混凝土时，宜优先选用中砂。M_x在0.7～1.5的砂为特细砂，若用于配制混凝土时，要作特殊考虑。应当注意，砂的细度模数并不能反映其级配的优劣，细度模数相同的砂，级配可以相差很大。所以，配制混凝土时必须同时考虑砂的颗粒级配和细度模数。

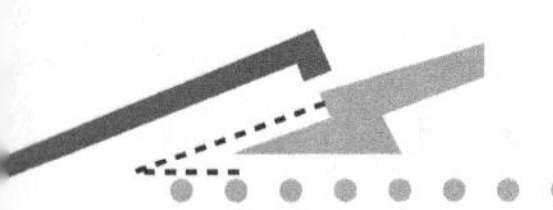

2) 石子的颗粒级配和最大粒径

粗骨料的级配有连续级配和单粒级两种。连续级配是按颗粒尺寸由小到大连续分级的，每级骨料都占有一定比例，如天然卵石。连续级配颗粒级差小，颗粒上、下限粒径之比接近，配制的混凝土拌和物和易性好，不易发生离析，目前应用较广泛。单粒级宜用于组合成具有所要求级配的连续粒级，也可与连续粒级配合使用，以改善骨料级配或配成较大粒度的连续粒级。工程中不宜采用单一的单粒级粗骨料配制混凝土。按国家标准规定，普通混凝土用碎石及卵石的颗粒级配见表 4-4。

表 4-4　普通混凝土用碎石及卵石的颗粒级配

级配情况	公称粒级/mm	累计筛余(%)											
		方筛孔径/mm											
		2.36	4.75	9.50	16.0	19.0	26.5	31.5	37.5	53.0	63.0	75.0	90
连续粒级	5～16	95～100	85～100	30～60	0～10	0	—	—	—	—	—	—	—
	5～20	95～100	90～100	40～80	—	0～10	0	—	—	—	—	—	—
	5～25	95～100	90～100	—	30～70	—	0～5	0	—	—	—	—	—
	5～31.5	95～100	95～100	70～90	—	15～45	—	0～5	0	—	—	—	—
	5～40	—	95～100	70～90	—	30～65	—	—	0～5	0	—	—	—
单粒级	5～10	95～100	80～100	0～15	0	—	—	—	—	—	—	—	—
	10～16	—	95～100	80～100	0～15	—	—	—	—	—	—	—	—
	10～20	—	95～100	85～100	—	0～15	0	—	—	—	—	—	—
	16～25	—	—	95～100	55～70	25～40	0～10	—	—	—	—	—	
	16～31.5	—	95～100	—	85～100	—	—	0～10	0	—	—	—	—
	20～40	—	—	95～100	—	85～100	—	—	0～10	0	—	—	—
	40～80	—	—	—	—	95～100	—	—	70～100	—	30～60	0～10	0

石子的级配通过筛分析试验确定，其标准筛为孔径为 2.36mm、4.75mm、9.50mm、16mm、19mm、26.5mm、31.5mm、37.5mm、53.0mm、63.0mm、75.0mm 及 90.0mm 这 12 个方孔筛，确定某种石子级配时可按需要选用不同孔径筛组合后进行筛分，然后计算得出每个筛号的分计筛余百分率和累计筛余百分率(计算方法与砂相同)。碎石和卵石的级配范围要求相同，均应符合表 4-4。

粗骨料中公称粒级的上限称为该骨料的最大粒径。当骨料粒径增大时，其总表面积减小，包裹它表面所需的水泥浆数量相应减少，可节约水泥，或可保持水泥用量不变而提高强度，所以，一般情况下应尽量选择最大粒径较大的粗骨料。但当普通混凝土(尤其是高强度混凝土)骨料的最大粒径过大(超过 40mm)时，混凝土强度的提高被粗骨料与水泥间较少的黏结面积和大粒径骨料造成的骨架不均匀性影响所抵消，反而会对混凝土性能造成负面影响。

特 别 提 示

《混凝土结构工程施工质量验收规范(2010 版)》(GB 50204—2002)规定，混凝土粗骨料的最大粒径不得超过结构截面最小尺寸的 1/4，同时不得大于钢筋间最小净距的 3/4；对于混凝土实心板，骨料的最大粒径不宜超过板厚的 1/3，且不得超过 40mm；对于泵送混凝土(泵送高度在50m以下)，骨料最大粒径与输送管内径之比宜小于或等于 1∶3，卵石宜小于或等于 1∶2.5。

6. 骨料的形状与表面特征

骨料的颗粒形状近似球状或立方体形时，表面积较小，对混凝土拌和物流动性有利。砂的颗粒较小，一般较少考虑其形貌，但石子必须考虑其针状、片状的含量。石子中的针状颗粒是指长度大于该颗粒所属粒级平均粒径(该粒级上、下限粒径的平均值)的 2.4 倍者，而片状颗粒是指其厚度小于平均粒径 0.4 倍者。针状、片状颗粒不仅受力时易折断，而且会增加骨料间的空隙，对针状、片状颗粒含量的限量要求见表 4-5。

表 4-5 卵石和碎石的针状、片状颗粒含量

项 目	指 标		
	Ⅰ类	Ⅱ类	Ⅲ类
针、片状颗粒(%)，按质量计	≤5	≤10	≤15

7. 强度

骨料的强度是指粗骨料的强度。为了保证混凝土的强度，粗骨料必须致密并具有足够的强度。碎石的强度可用抗压强度和压碎指标值表示，卵石的强度可用压碎指标值表示。

碎石的抗压强度测定：将其母岩制成边长为 50mm 的立方体(或直径与高均为 50mm 的圆柱体)试件，在水饱和状态下测定其极限抗压强度值。碎石抗压强度一般在混凝土强度等级≥C60 时才检验。通常，要求岩石抗压强度与混凝土强度等级之比不应小于 1.5；同时，火成岩(如花岗石)强度不宜低于 80MPa，变质岩(如石灰岩)强度不宜低于 60MPa，水成岩(如大理岩)强度不宜低于 45MPa。

碎石和卵石的压碎指标值测定：将一定量气干状态的粒径 10～20mm 石子装入标准筒内，按 1kN/s 速度均匀加荷至 200kN 并稳荷 5s，卸荷后称取试样质量为 G_1，再用 2.36mm 孔径的筛筛除被压碎的细粒，称出留在筛上的试样质量为 G_2，按下式计算压碎指标值：

$$Q_c = \frac{G_1 - G_2}{G_1} \times 100\% \tag{4-2}$$

压碎指标值越小，说明粗骨料抵抗受压破坏能力越强。对石子压碎指标值的规定见表 4-6。

表 4-6 卵石和碎石的压碎指标

单位：%

项 目	指 标		
	Ⅰ类	Ⅱ类	Ⅲ类
碎石压碎指标	≤10	≤20	≤30
卵石压碎指标	≤12	≤14	≤16

8. 骨料的含水状态

骨料的含水状态可分为干燥(全干)状态、气干状态、饱和面干状态和湿润状态4种，如图4.5所示。干燥状态的骨料含水率等于或接近于零；气干状态的骨料含水率与大气湿度相平衡，但未达到饱和状态；饱和面干状态的骨料，其内部孔隙含水达到饱和，而其表面干燥；湿润状态的骨料，不仅内部孔隙含水达到饱和，而且表面还附着一部分自由水。计算普通混凝土配合比时，一般以干燥状态的骨料为基准，而一些大型水利工程，常以饱和面干状态的骨料为基准。

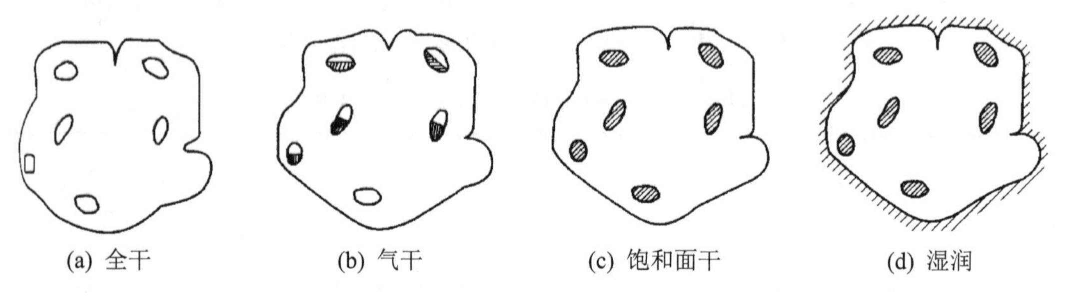

图4.5　骨料的含水状态

4.3　普通混凝土的基本材料选用

1. 水泥的选用

水泥是混凝土中重要的组分，配制混凝土时，应根据工程性质、部位、施工条件、环境状况等，按各品种水泥的特性合理选择水泥的品种。工程中典型通用水泥的选用原则，见表3-9。

水泥强度等级的选择应与混凝土的设计强度等级相适应。若用低强度等级的水泥配制高强度等级混凝土，不仅会使水泥用量过多(经济性不佳)，还会对混凝土产生不利影响(如带来过大的水化热和硬化收缩等)。反之，用高强度等级的水泥配制低强度等级混凝土，若只考虑强度要求，会使水泥用量偏少，影响耐久性能；若水泥用量兼顾了耐久性要求，又会导致混凝土超强而不经济。因此，根据经验一般以所选水泥强度等级标准值为混凝土强度等级标准值的1.2～2.0倍为宜，高强度等级混凝土一般要添加外加剂和外掺料，水泥强度等级反而不一定需要很高。

2. 骨料的选用

为保证混凝土的质量，一般选用符合如下要求的砂或碎(卵)石：各类有害杂质含量少(达到国标相应规定)；具有良好的颗粒形状、适宜的颗粒级配和细度(多选级配合格的中砂和连续级配石子)；表面粗糙，与水泥黏结牢固(多选碎石)；性能稳定，坚固耐久等。

3. 拌和用水的选用

混凝土用水的基本质量要求是：不影响混凝土的凝结和硬化；无损于混凝土强度发展及耐久性；不加快钢筋锈蚀；不引起预应力钢筋脆断；不污染混凝土表面。混凝土用水中的物质含量限值应符合国标相应规定。

凡能饮用的水和清洁的天然水(包括地表水和地下水)，都可用于混凝土拌制和养护。因海水含有大量无机盐及有机物，故不得用于拌制钢筋混凝土、预应力混凝土及有饰面要求的混凝土。某些工业废水经适当处理后允许用于拌制混凝土。

4.4 混凝土拌和物的和易性

拌制完成的混凝土在尚未凝结硬化之前，称为新拌混凝土或混凝土拌和物。混凝土拌和物必须具备良好的和易性，才能便于进行各项施工操作，以获得均匀而密实的混凝土，保证其硬化后的强度和耐久性。

4.4.1 和易性的概念

新拌混凝土的和易性也称工作性，是指混凝土拌和物易于施工操作(拌和、运输、浇筑、振捣等)并获得质量均匀、成型密实的混凝土性能。和易性是一项综合技术性质，它至少包括流动性、黏聚性和保水性三项独立的性能，又称为工作性。

流动性是指混凝土拌和物在自重或机械(振捣)力作用下能产生流动并均匀密实地填满模板的性能。黏聚性是指混凝土拌和物各组成材料之间有一定的黏聚力，不致在施工过程中产生离析(即由于自重或不适当的成型及振动导致混凝土各组分析出，形成不均一的拌和物)和分层现象(指严重的离析)。保水性是指混凝土拌和物具有一定的保水能力，不致在施工过程中出现严重的泌水现象(即在混凝土体积已经固定但尚未凝结之前，水分向上的运动和聚集现象)。

【参考视频】

混凝土拌和物的流动性、黏聚性、保水性三者之间既互相关联又互相矛盾。如黏聚性好，则保水性往往也好，但流动性可能较差；当增大流动性时，黏聚性和保水性往往变差。因此，所谓拌和物的和易性良好，就是要使这三方面的性能在某种具体工作条件下得到统一，达到均为良好的状况。

4.4.2 和易性的测定方法

新拌混凝土的流动性、黏聚性和保水性有其各自独立的内涵，目前尚没有能够全面反映混凝土拌和物和易性的测定方法。通常是测定混凝土拌和物的流动性，辅以其他方法或直接观察(结合经验)评定混凝土拌和物的黏聚性和保水性，然后综合评定混凝土拌和物的和易性。按《普通混凝土拌和物性能试验方法》的规定，主要采用坍落度法和维勃稠度法。

1. 坍落度试验

将搅拌好的混凝土拌和物按一定方法装入坍落度筒内，按规定方式插捣，待装满刮平后垂直平稳地向上提起坍落度筒。量测筒高与坍落后混凝土试体最高点之间的高度差(mm)，即为该混凝土拌和物的坍落度值，如图 4.6 所示。进行坍落度试验时，应同时根据经验考察混凝土的黏聚性及保水性。

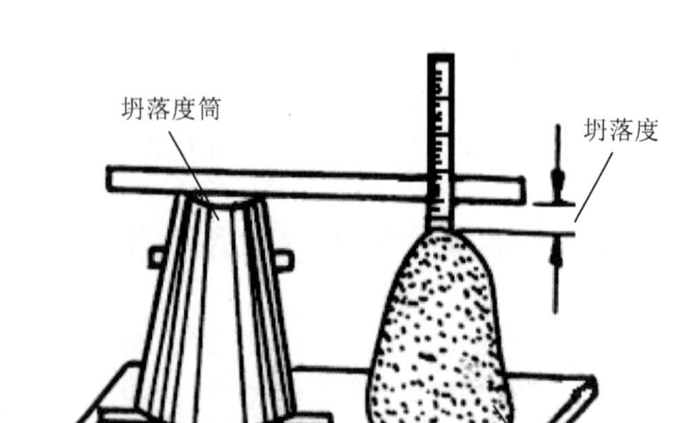

图 4.6 坍落度试验

根据坍落度的不同，可将混凝土拌和物分为：低塑性混凝土(坍落度为 10～40mm)、塑性混凝土(坍落度为 50～90mm)、流动性混凝土(坍落度为 100～150mm)、大流动性混凝土(坍落度大于 160mm)。泵送施工混凝土拌和物的坍落度一般不低于 100mm。

坍落度试验仅适用于骨料最大粒径不大于 40mm、坍落度不小于 10mm 的混凝土拌和物。实际施工时，混凝土拌和物的坍落度要根据构件截面尺寸大小、钢筋疏密、输送方式和捣实方法来确定。当构件截面尺寸较小，或钢筋较密、采用人工插捣时，坍落度选择大一些；反之，若构件截面尺寸较大，或钢筋较疏、采用机械振捣，则坍落度选择小一些。根据《混凝土结构工程施工质量验收规范(2010 版)》的规定，混凝土的浇注坍落度见表 4-7。

表 4-7 混凝土的浇筑时坍落度

项　目	结构类型	坍落度/mm
1	基础或地面的垫层、无筋的厚大结构或配筋稀疏的结构构件	10～30
2	板、梁和大型及中型截面的柱子等	30～50
3	配筋密列的结构(薄壁、筒仓、细柱等)	50～70
4	配筋特密的结构	70～90

2. 维勃稠度试验

对于干硬性混凝土拌和物(坍落度小于 10mm)，通常采用维勃稠度法评价其和易性，振实时间愈长，流动性愈差。此方法适用于骨料最大粒径不大于 40mm，维勃稠度在 5～30s 之间的混凝土拌和物的稠度测定。

知识链接

混凝土坍落度经时损失

混凝土坍落度经时损失是指新拌混凝土的坍落度随着拌和物放置时间的延长而逐渐减小。这种现象是水泥持续水化、浆体逐渐变稠凝结的结果，也是拌和物中的游离水分随着水化反应吸附于水化产物表面或者蒸发等原因而逐渐减少造成的结果，是混凝土的正常性能，但对于泵送混凝土而言，损失过大，则混凝土入泵坍落度不能满足施工要求，易造成混凝土堵塞泵管，从而影响施工正常进行。泵送混凝土经时坍落度损失值(掺粉煤灰和木钙，经时1h)一般可参考以下标准取值：大气温度在10～20℃时，损失值约5～25mm；大气温度在20～30℃时，损失值约25～35mm；大气温度在30～35℃时，损失值约35～50mm。

4.4.3 影响和易性的主要因素

1. 水泥浆的用量和水泥浆的稠度(水胶比)

混凝土拌和物的流动性主要取决于拌和物流动时内阻力的大小，而内阻力主要来源于两个方面：一是骨料间的摩擦力；二是水泥浆本身的黏稠阻力。因此，在水胶比不变的情况下，水泥浆越多，则骨料间润滑浆层越厚，拌和物的流动性越大；水胶比越大，则水泥浆越稀，水泥浆的流动阻力也越小，拌和物的流动性越大。

但水泥浆过多，不仅增加了水泥用量，还会使拌和物出现流浆现象，导致黏聚性变差，对混凝土的强度和耐久性会产生不利的影响；而水泥浆过稀，则会使拌和物黏聚性和保水性都变差，出现严重的泌水、分层或流浆现象，同时混凝土强度和耐久性也随之降低。因此，混凝土拌和物中水泥浆的用量应以满足流动性和强度的要求为宜，不宜过量；水胶比则应在满足流动性要求的前提下尽量选择较小值(这样有利于混凝土硬化后的强度和耐久性)。

根据试验结果，在使用确定骨料的前提下，如果单位体积用水量一定，单位体积水泥用量增减不超过50～100kg，混凝土拌和物的坍落度大体可保持不变，这一规律称为固定用水量定则。这一定则为混凝土的配合比设计提供了很大的方便。

2. 砂率

砂率指混凝土中砂的质量占砂石总质量的百分率。在混凝土拌和物中，水泥浆量固定时加大砂率，集料的总表面积及空隙率增大，使水泥浆显得比原来贫乏，从而减少了流动性；若减少砂率，使水泥浆显得富余起来，流动性会加大，但不能保证粗集料之间有足够的砂浆润滑层，也会降低拌和物的流动性，并严重影响其黏聚性和保水性。因此，采用合理的砂率(最佳砂率)，可以使拌和物获得较好的流动性以及良好的黏聚性与保水性，而且使水泥用量最省，如图4.7和4.8所示。

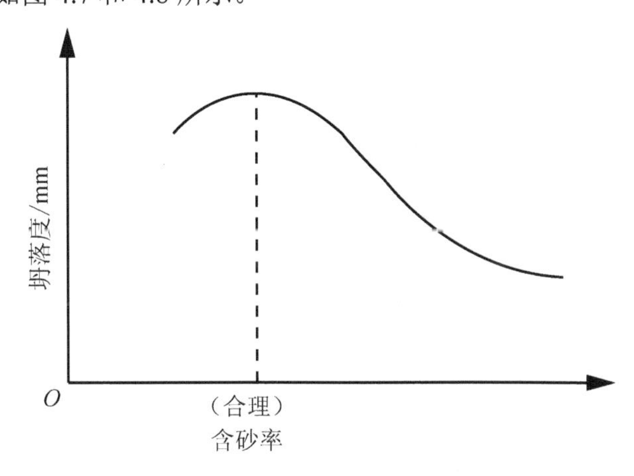

图4.7 砂率与坍落度的关系(水与水泥用量一定)

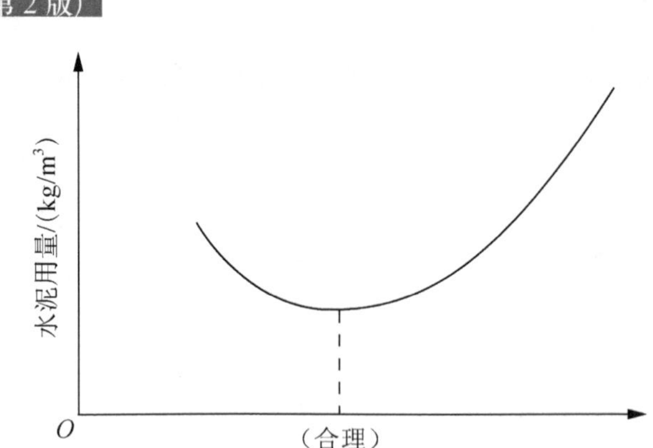

图 4.8 砂率与水泥用量的关系(达到相同的坍落度)

3. 组成材料性质的影响

水泥对和易性的影响主要表现在水泥的需水性上。需水量大的水泥品种，达到相同的坍落度需要较多的用水量。常用水泥中普通硅酸盐水泥所配制的混凝土拌和物的流动性和保水性较好。

骨料的性质对混凝土拌和物的和易性影响较大。级配良好的骨料，空隙率小，在水泥浆量相同的情况下，包裹骨料表面的水泥浆较厚，和易性好。碎石比卵石表面粗糙，相同条件下碎石所配制的混凝土拌和物流动性较卵石配制的差。细砂的比表面积大，用细砂配制的混凝土比用中、粗砂配制的混凝土拌和物流动性小。

4. 外加剂

外加剂(如减水剂、引气剂等)对拌和物的和易性有很大的影响，在拌制混凝土时，尤其是拌制泵送混凝土时，合理使用外加剂能使混凝土拌和物在不增加水泥用量的条件下获得良好的和易性，不仅流动性显著增加，而且还能有效地改善混凝土拌和物的黏聚性和保水性。

5. 时间和温度

搅拌后的混凝土拌和物随着时间的延长而逐渐变得干稠，和易性变差。其原因是：一部分水已与水泥水化，一部分水被骨料吸收，一部分水蒸发，以及混凝土凝聚结构的逐渐形成，致使混凝土拌和物的流动性变差。因此，混凝土拌和物浇注时的和易性更具实际意义，在施工中测定和易性的时间，应以搅拌完后 15min 为宜。

混凝土拌和物的和易性也受温度的影响。因为环境温度升高，水分蒸发及水化反应加快，相应使流动性降低。因此，施工中为保证一定的和易性，必须注意环境温度的变化，采取相应的措施，如夏季施工时，为了保持一定的流动性，应适当提高拌和物的用水量。

在实际施工中，可采用如下措施调整混凝土拌和物的和易性。

(1) 通过试验，采用合理砂率，并尽可能采用较低的砂率。

(2) 改善砂、石(特别是石子)的级配。

(3) 在工程条件允许的情况下，尽量采用较粗的砂、石。

(4) 当混凝土拌和物坍落度太小时，保持水胶比不变，增加适量的水泥浆；当坍落度太大时，保持砂率不变，增加适量的砂石。

(5) 有条件时应尽量掺用外加剂(如减水剂、引气剂等)。

泵送混凝土简介

【参考视频】

泵送混凝土指可用混凝土泵通过管道输送拌和物的混凝土，其拌和物的坍落度一般不低于100mm，目前在工程中已普遍应用。泵送混凝土具有集中搅拌、远距离运输、现场泵送输送等特征和施工效率高(一般混凝土泵送量可达60m^3/h)、施工占地较小等优点。对不同泵送高度，入泵时混凝土拌和物的坍落度要求可按下表确定。

泵送高度/m	30以下	30～60	60～100	100以上
坍落度/mm	100～140	140～160	160～180	180～200

泵送混凝土原材料具有以下特点。

(1) 水泥用量较多。强度等级在C20～C60范围内水泥单位用量可达350～550kg/m^3，水胶比宜为0.4～0.6。

(2) 常添加混合材料或超细掺和料。为改善混凝土性能，节约水泥和降低造价，混凝土中常掺加粉煤灰、矿渣、沸石粉等掺和料。

(3) 砂率偏高、砂用量多。为保证混凝土的流动性、黏聚性和保水性，便于运输、泵送和浇筑，泵送混凝土的砂率要比普通流动性混凝土砂率增大6%以上，约为38%～45%。

(4) 石子最大粒径要求。粗骨料宜优先选用卵石，为满足泵送和强度要求，石子最大粒径与管道直径比一般控制在1∶2.5(卵石)、1∶3(碎石)～1∶4或1∶5。

(5) 泵送剂。减水剂、塑化剂、加气剂及增稠剂等均可用作泵送剂，可避免混凝土施工中拌和料分层离析、泌水和堵塞输送管道。

混凝土泵送结束前应正确计算尚需要的混凝土数量，及时通知搅拌站；泵送过程中被废弃的和泵送终止时多余的混凝土应妥善处理；泵送完毕后应将混凝土泵和输送管清洗干净并应防止废混凝土高速飞出伤人。泵送混凝土浇筑时应由远而近进行，在同一区域浇筑混凝土时按先竖向再水平的顺序分层连续浇筑；如不允许留施工缝时在区域之间上下层之间的混凝土浇筑间歇时间不得超过其初凝时间。在泵送时应注意以下事项：①在浇筑竖向结构混凝土时布料设备出口离模板内侧面不小于50mm，不得向模板内侧面直接冲料，更不能将料直冲钢筋骨架。②浇筑水平结构时不得在同一处连续布料，应在2～3m范围内水平布料。③分层浇筑时每层厚度宜为30～50cm，振捣时捣棒插入间距宜为40cm左右，一次振捣时间一般为15～30s，并且在20～30min后进行二次复振。④水平结构的混凝土表面应适时用木抹磨平搓毛两遍以上，最后一遍宜在混凝土收水时完成，必要时可先用铁滚筒压两遍以上，防止产生收缩。

4.5 混凝土的强度

引例

某宾馆建筑为大厅部分22层，两翼18层，建筑面积1.8万m^2，主体结构中间大厅部分为框剪结构，两翼均为剪力墙结构，外墙板采用大模板住宅通用构件，内墙为C20钢筋混凝土。

工程竣工后，检测发现下列部位混凝土强度达不到要求。

(1) 7层有6条轴线的墙体混凝土试块28d强度为13.55MPa，至90d后取墙体混凝土芯一组，其抗压强度分别为11.03MPa、15.15MPa、14.62MPa。

(2) 10层有6条轴线墙柱上的混凝土试块28d强度为14.25MPa，至60d后取墙柱混凝土芯一组，其抗压强度分别为10.08MPa、13.66MPa、12.26MPa，除这条轴线上的混凝土强度不足外，该层其他构件也有类似问题。

思考如下几个问题。

(1) 造成该工程中混凝土强度不足的原因可能有哪些？

(2) 为了避免该工程中出现的混凝土强度不足，在施工过程中浇筑混凝土时应满足哪些要求？

(3) 在检查结构构件混凝土强度时，试件的取样与留置应符合哪些规定？

混凝土的强度包括抗压强度、抗拉强度、抗弯强度和抗剪强度等。其中抗压强度最大，抗拉强度最小，因此在结构工程中混凝土主要用于承受压力。混凝土强度与混凝土的其他性能关系密切。一般来说，混凝土的强度越高，其刚性、不透水性、耐久性也越好，故通常用混凝土强度来评定和控制混凝土的质量。

4.5.1 混凝土立方体抗压强度与强度等级

1. 混凝土立方体抗压强度

根据国家标准《普通混凝土力学性能试验方法标准》(GB/T 50081—2002)规定，在混凝土浇筑前用规定方法制作标准尺寸的立方体试件，在标准条件(温度20℃±2℃、相对湿度95%以上)下，或在水中养护到28d龄期，所测得的抗压强度值即为混凝土立方体抗压强度，以f_{cu}表示，工程中即通过测定混凝土立方体抗压强度来实现对混凝土强度合格性的评定。

混凝土进行现场施工时，应按照施工规范规定原则留置试件，试件为边长150mm(也可是100mm或200mm)的立方体，留置时以组为单位留置，每组3块。工程中留置的标准养护试件用于评定混凝土强度合格性，留置的同条件养护(试件放置在工程现场条件下正常养护)试件在所需龄期进行试验测得立方体试件抗压强度值，可作为现场混凝土施工控制(如拆模、预应力筋张拉、放张等)的依据。

2. 混凝土立方体强度等级

混凝土的抗压强度与其他强度有良好的相关性，这是确定混凝土强度等级的依据。根据混凝土立方体抗压强度标准值(以$f_{cu,k}$表示)，可将混凝土划分若干不同的强度等级。混凝土强度等级采用符号C与立方体抗压强度标准值(以N/mm^2即MPa计)表示，共划分成C15、C20、C25、C30、C35、C40、C45、C50、C55、C60、C65、C70、C75、C80等强度等级。例如，C30表示混凝土立方体抗压强度标准值$f_{cu,k}$不低于30MPa。

特别提示

混凝土立方体抗压强度标准值系指按标准方法制作和养护的立方体试件，在28d龄期，用标准试验方法测得的抗压强度总体分布中的一个值，强度低于该值的百分率不超过5%(即具有强度保证率为95%的立方体抗压强度)。抗压强度标准值是用数理统计的方法计算得到的达到规定保证率的某一强度数值，并非实测立方体试件的抗压强度。

4.5.2 混凝土轴心抗压强度

确定混凝土强度等级采用立方体试件，但实际工程中钢筋混凝土构件形式极少是立方体的，大部分是棱柱体形或圆柱体形。为了使测得的混凝土强度接近于混凝土构件的实际情况，在钢筋混凝土结构计算中，计算轴心受压构件(例如柱子、桁架的腹杆等)时都采用混凝土的轴心抗压强度f_{cp}作为设计依据。

根据国家标准《普通混凝土力学性能试验方法标准》(GB/T 50081—2002)，轴心抗压强度一般采用150mm×150mm×300mm的棱柱体作为标准试件。轴心抗压强度值f_{cp}比同截面的立方体抗压强度值f_{cu}小，棱柱体试件高宽比(h/a)越大，轴心抗压强度越小，但当h/a达到一定值后，强度不再降低。在立方体抗压强度f_{cu}为10～55MPa范围内时，轴心抗压强度f_{cp}=(0.70～0.80)f_{cu}。

4.5.3 混凝土抗拉强度

混凝土的抗拉强度只有自身抗压强度的1/20～1/10，且拉压比随着混凝土强度等级的提高而减小。在普通钢筋混凝土结构设计中不考虑混凝土受拉力(拉力主要由钢筋来进行承担)，但抗拉强度对混凝土的抗裂性起着重要的作用。

4.5.4 影响混凝土强度的主要因素

混凝土在凝结硬化过程中，由于水泥水化造成的化学收缩和物理收缩引起砂浆体积的变化，在粗骨料与砂浆界面存在着微裂缝。当硬化后的混凝土受力时，由于应力集中现象，这些微裂缝会逐渐扩大、延长并汇合连通起来；随后，水泥石也开始出现裂缝，最终形成贯通性裂缝，混凝土结构遭到完全破坏。所以，混凝土的强度主要取决于水泥石强度及其与骨料的黏结强度，此外，混凝土强度还受施工质量、养护条件、龄期等因素的影响。

1. 水泥强度等级与水胶比的影响

水泥强度等级和水胶比(混凝土中水的单位用量与水泥及矿物掺合料的合计单位用量的比值)是决定混凝土强度最主要的因素。在水胶比不变时，水泥强度等级越高，则硬化水泥石的强度越大，对骨料的胶结力就越强，配制成的混凝土强度也就越高。在水泥强度等级相同的条件下，混凝土的强度主要取决于水胶比。因为在拌制混凝土时，为了获得施工所要求的流动性，实际加水量一般要比水泥水化所需水量多一些，如常用的塑性混凝土，其水胶比均在0.4～0.8之间。当混凝土硬化后，多余的水分就残留在混凝土中或蒸发后形成气孔或通道，大大减小了混凝土抵抗荷载的有效断面，而且可能在孔隙周围引起应力集中。所以，在水泥强度等级相同的情况下，较小的水胶比，意味着水泥用量一定的前提下用水量较少，水泥石的强度就较高，与骨料黏结力也较大，混凝土强度较高。但是，如果水胶比过小，拌和物会过于干稠(即和易性不良)，在一定施工件下混凝土难以被振捣密实，可能出现较多的蜂窝、孔洞，反而会导致混凝土强度严重下降，如图4.9所示。

根据大量试验结果，在原材料一定的情况下，混凝土28d龄期抗压强度($f_{cu,o}$)与水胶比、水泥强度等因素之间存在以下线性经验公式。

$$f_{cu,o} = \alpha_a f_b (B/W - \alpha_b) \tag{4-3}$$

式中 $f_{cu,o}$——混凝土28d龄期的抗压强度(MPa)；

B——$1m^3$混凝土中水泥用量(kg)；

W——$1m^3$混凝土中水的用量(kg)；

W/B——混凝土水胶比；

f_b——胶凝材料(水泥与矿物掺合料按使用比例混合)28天胶砂强度(MPa)[试验方法应按现行国家标准《水泥胶砂强度检验方法(ISO法)》(GB/T 17671—1999)执行；当无实测值时，$f_b=\gamma\gamma_s f_{ce}$，$\gamma_f$，$\gamma_s$指的是粉煤灰影响系数和粒化高炉矿渣影响系数，$f_{ce}$是指水泥28d胶砂抗压强度(MPa)]；

α_a,α_b——回归系数，根据工程所使用的材料，通过试验建立的水胶比与混凝土强度关系来确定；当不具备上述试验统计资料时，碎石α_a取0.53，α_b取0.20；卵石α_a取0.49；α_b取0.13。

以上的经验公式，一般只适用于流动性混凝土及低流动性混凝土，对于干硬性混凝土则不适用。利用混凝土强度公式，可根据所用的水泥强度和水胶比来估计所配制混凝土的强度，在混凝土配合比设计中，利用水泥强度和要求的混凝土强度等级来计算应采用的水胶比。

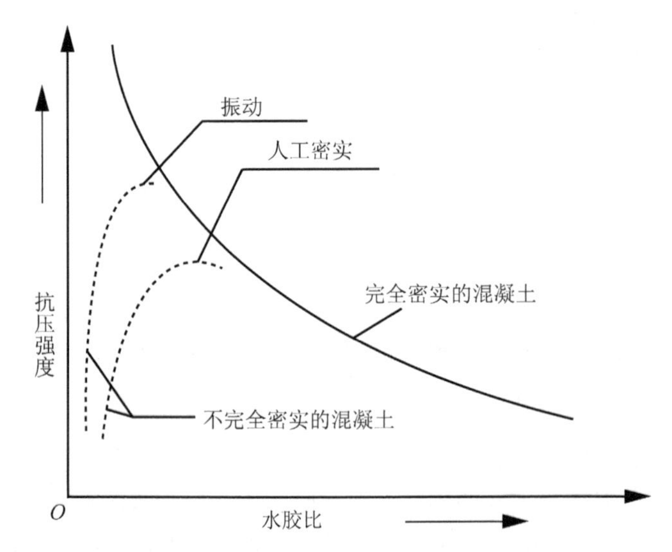

图4.9 混凝土强度与水胶比的关系

2. 骨料的影响

当骨料级配良好、砂率适当时，由于组成了坚强密实的骨架，因而有利于混凝土强度的提高。碎石表面粗糙有棱角，提高了骨料与水泥砂浆之间的机械啮合力和黏结力，所以在原材料、配合比及坍落度相同的条件下，用碎石拌制的混凝土比用卵石拌制的混凝土的强度要高。

一般骨料强度比水泥石强度高，所以不直接影响混凝土的强度。粗骨料粒形以三维长度相等或相近的球形或立方体形为好，若含有较多针状、片状颗粒，会导致混凝土强度的下降。

3. 养护温度及湿度的影响

混凝土强度是一个渐进发展的过程，温度和湿度是影响水泥水化速度和程度的重要因素。养护温度高，水泥水化速度加快，混凝土强度的发展也快；反之，在低温下混凝土强度发展迟缓，如图 4.10 所示。当温度降至冰点以下时，不但水泥停止水化，混凝土强度停止发展，而且由于混凝土孔隙中的水结冰，产生体积膨胀从而使硬化中的混凝土结构遭到破坏，强度受损。同时，混凝土早期强度低，更容易冻坏，所以在冬期施工时，应特别注意采取保温措施，防止混凝土早期受冻。

水是水泥水化反应的必要条件，只有周围环境湿度适当，水泥水化反应才能不断地顺利进行，使混凝土强度得到充分发展。如果湿度不够，水泥水化不充分甚至停止水化，不仅会严重降低混凝土强度，还会促使混凝土结构疏松，形成干缩裂缝，增大渗水性，从而影响混凝土的耐久性。如图 4.11 所示潮湿养护对混凝土强度的影响。

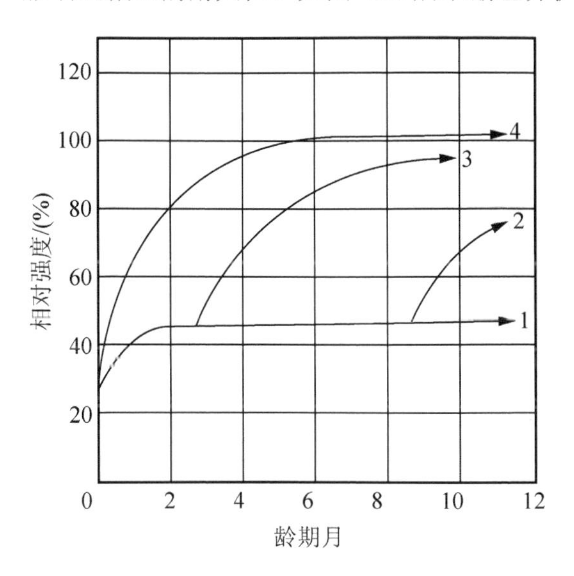

图 4.10　养护温度对混凝土强度的影响

1—空气中养护；2—9 个月后水中养护；
3—3 个月后水中养护；4—标准湿度下养护

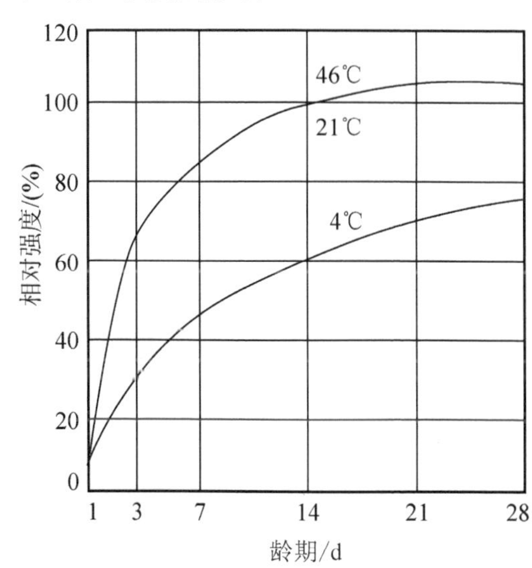

图 4.11　潮湿养护对混凝土强度的影响

现场浇筑混凝土绝大多数采用自然养护，即在自然状态下养护混凝土。自然养护的温度随气温变化，而为保持混凝土在凝结后的潮湿状态，施工规范规定：在混凝土浇筑完毕后，应在 12h 内进行覆盖，以防止水分蒸发。在夏季施工的混凝土，要特别注意浇水保湿。使用硅酸盐水泥、普通硅酸盐水泥和矿渣水泥时，浇水保湿应不少于 7d；使用火山灰水泥和粉煤灰水泥或在施工中掺用缓凝型外加剂或混凝土有抗渗要求时，保湿养护应不少于 14d。

4．龄期的影响

龄期是指混凝土在正常养护条件下所经历的时间。在正常养护的条件下，混凝土的强度将随龄期的增长而不断发展，最初 7～14d 内强度发展较快，以后逐渐缓慢，28d 达到设计强度。28d 后强度仍在发展，如果保持良好的养护条件，强度增长过程可延续数十年之久。混凝土强度与龄期的关系如图 4.12 所示。

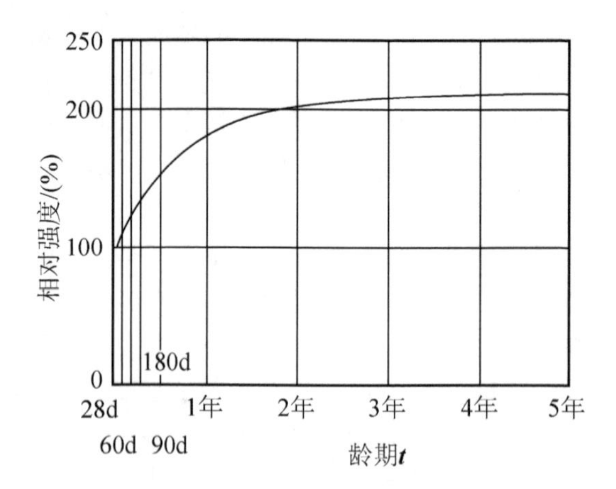

图 4.12　混凝土强度与龄期的关系

普通水泥制成的混凝土，在标准养护条件下，混凝土强度的发展大致与其龄期的常用对数成正比关系：

$$f_n/f_{28} = \lg n/\lg 28 \tag{4-4}$$

式中　f_n和f_{28} ——第 n 天和 28d 龄期混凝土的抗压强度(MPa)；

n ——混凝土龄期(龄期不少于 3d)。

但由于影响强度的因素比较复杂，故按此式计算的结果只能作为参考。

特别提示

【引例原因分析】造成工程中混凝土强度不足的常见原因很多，主要包括以下几方面。

(1) 混凝土配合比设计不当。

(2) 混凝土原材料质量不符合要求。

(3) 混凝土搅拌过程中存在问题，如材料称量不准确、拌制时间短或拌和不均匀等。

(4) 混凝土施工中存在问题，如浇筑方法不妥、振捣不密实、养护不及时等。

(5) 预留的混凝土试件出现问题，如试模变形、出现空洞、养护不当、试件受冻等。

4.5.5　提高混凝土强度的措施

1. 采用高强度等级水泥或早强型水泥

在混凝土配合比相同的情况下，水泥的强度等级越高，混凝土的强度越高。采用早强型水泥可提高混凝土的早期强度，有利于加快施工进度。

2. 降低水胶比和单位用水量

低水胶比(较少单位用水量)的干硬性混凝土拌和物游离水分少，硬化后留下的孔隙少，混凝土密实度高，强度可显著提高。但水胶比过小，将影响拌和物的流动性，造成施工困难，一般采取同时掺加减水剂的方法，使混凝土在低水胶比下，仍具有良好的和易性。

3. 采用湿热处理养护混凝土构件

湿热处理可分为蒸汽养护及蒸压养护两类，尤以蒸汽养护常见。蒸汽养护，是将混凝土置于60℃以上的常压饱和水蒸气中进行养护。一般混凝土经过不超过12h的蒸汽养护，其强度可达正常条件下养护28d强度的70%～80%，蒸汽养护最适于掺活性混合材料的矿渣水泥、火山灰水泥及粉煤灰水泥制备的混凝土。因为蒸汽养护可加速活性混合材料内的活性SiO_2及活性Al_2O_3与水泥水化析出的$Ca(OH)_2$反应，使混凝土不仅提高早期强度，而且后期强度也有所提高，其28d强度可提高10%～20%。而对普通硅酸盐水泥和硅酸盐水泥制备的混凝土进行过高温度或过长时间的蒸汽养护，其早期强度也能得到提高，但因在水泥颗粒表面过早形成水化产物凝胶膜层，阻碍水分继续深入水泥颗粒内部，使后期强度增长速度反而减缓。

4. 改善施工工艺

要严格按照施工规范进行操作。机械搅拌较人工拌和更能使混凝土拌和均匀，特别是在拌和低流动性混凝土拌和物时效果更加显著。采用二次投料搅拌工艺，可改善混凝土骨料与水泥砂浆之间的界面缺陷，有效提高混凝土强度。采用先进的高频振动、变频振动及多向振动设备，也可获得更好的振动密实效果。

特别提示

二次投料法是先将水、水泥、砂子投入拌和机，拌和30s成为水泥砂浆，然后再投入粗集料拌和60s，这时集料与水泥已充分拌和均匀，采用这种方法，因砂浆中无粗集料，便于拌和，粗集料投入后，易被砂浆均匀包裹，有利于提高混凝土强度，并可减少粗集料对叶片和衬板的磨损。

5. 掺入混凝土外加剂、掺和料

在混凝土中合理掺用外加剂(如减水剂、早强剂等)可减少用水量，提高混凝土不同龄期强度；掺入高效减水剂的同时掺用磨细的矿物掺和料(如硅灰、优质粉煤灰、超细磨矿渣等)，可显著提高混凝土的强度，配制出强度等级为C60～C100的高强度混凝土。

知识链接

【引例问题分析】

1. 为保证混凝土质量，施工中浇筑混凝土应注意以下几点。

(1) 浇筑混凝土时为避免发生离析现象，混凝土自高处倾落的自由高度不应超过2m，自由下落高度大于2m时应使用溜槽或串筒。

(2) 浇筑时应分层浇筑、振捣，在下层混凝土初凝之前，将上层混凝土浇筑并振捣完毕。

(3) 竖向结构(墙、柱等)浇筑混凝土前，底部应先填50～100mm厚与混凝土内砂浆成分相同的水泥砂浆。

(4) 在一般情况下，梁和板的混凝土应同时浇筑。

(5) 如混凝土不能连续浇筑完毕，中间间歇时间超过了混凝土的初凝时间，应留置施工缝。

2.《混凝土结构工程施工质量验收规范(2010版)》(GB 50204—2002)中明确指出：检查结构构件混凝土强度的试件，应在混凝土浇筑地点随机抽取。取样与试件留置应符合下列规定。

(1) 每拌制100盘且不超过$100m^3$的同配合比的混凝土，取样不得少于一次。

(2) 每工作班拌制的同一配合比的混凝土不足100盘时，取样不得少于一次。

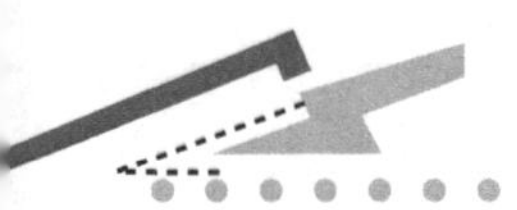

(3) 当一次连续浇筑超过1 000m^{3}时，同一配合比的混凝土每200m^{3}取样不得少于一次。

(4) 每一层楼，同一配合比的混凝土，取样不得少于一次。

(5) 每次取样应至少留置一组标准养护试件，同条件养护试件的留置组数应根据实际需要确定。

4.6 混凝土的变形性能

水泥混凝土的变形对混凝土的结构尺寸、受力状态、应力分布、裂缝开裂等都有明显影响。混凝土的变形主要分为两大类：非荷载型变形和荷载型变形。

4.6.1 非荷载型变形

1. 化学收缩

指水泥水化物的固体体积小于水化前反应物(水和水泥)的总体积所造成的收缩。混凝土的这种体积收缩是不能恢复的，其收缩量随混凝土的龄期延长而增加，但总的收缩率一般很小。虽然化学减缩率很小，但其混凝土在收缩过程中内部会产生微细裂缝，这些微细裂缝可能会影响到混凝土的承载状态(产生应力集中)和耐久性。

2. 干湿变形

处于空气中的混凝土当水分散失时会引起体积收缩，称为干燥收缩(简称干缩)；混凝土受潮后体积又会膨胀，即为湿胀。干燥收缩又分为可逆收缩(混凝土干燥后再放入水中可恢复的部分收缩)和不可逆收缩两类。混凝土的湿胀变形量很小，一般无破坏作用。但干缩变形对混凝土危害较大，会导致混凝土表面出现拉应力而开裂，严重影响混凝土耐久性。

在混凝土结构设计中，干缩率取值一般为$(1.5\sim2.0)\times10^{-4}$mm/mm，即混凝土每1m长度收缩0.15～0.20mm。干缩主要由水泥石产生，因此，降低水泥用量、减小水胶比是减少干缩的关键。

3. 温度变形

混凝土与通常的固体材料一样呈现热胀冷缩现象，其热膨胀系数约为$(6\sim12)\times10^{-6}$/℃，即温度每升降1℃，每1m混凝土收缩0.006～0.012mm。由于混凝土的导热能力很低，水泥水化初期释放出的大量水化热会聚集在混凝土内部长期难以散失，而混凝土表面散热较快，混凝土内外温差很大(甚至高达50～70℃)，形成“内胀外缩”，混凝土表面产生很大的拉应力直至出现裂缝。因此，温度变形对大体积混凝土工程极为不利。此类工程施工时，常选用低热水泥，或采取减少水泥用量、掺加缓凝剂及人工降温等措施，以减少温度变形可能带来的质量问题。

4.6.2 荷载型变形

1. 短期荷载作用下的变形

混凝土在短期荷载作用下的变形是一种弹塑性变形，混凝土静压应力—应变曲线如

图 4.13 所示。混凝土在受荷前内部存在随机分布的不规则微细界面裂缝，当荷载不超过极限应力的 30% 时(阶段 I)，这些裂缝无明显变化，荷载(应力)与变形(应变)接近直线关系；当荷载达到极限应力的 30%～50% 时(阶段 II)，裂缝数量开始增加且缓慢伸展，应力-应变曲线随界面裂缝的演变逐渐偏离直线，产生弯曲；当荷载超过极限应力的 50% 时(阶段III)，界面裂缝就不再稳定，而且逐渐延伸至砂浆基体中；当荷载超过极限应力的 75% 时(阶段Ⅳ)，界面裂缝与砂浆裂缝互相贯通，成为连续裂缝，混凝土变形加速增大，荷载曲线明显地弯向水平应变轴；当荷载超过极限应力时，混凝土承载能力迅速下降，连续裂缝急剧扩展而导致混凝土完全破坏。

混凝土应力-应变曲线上任一点的应力δ与其应变ε的比值，称作混凝土在该应力下的变形模量，它反映了混凝土的刚度。弹性模量 E 是计算钢筋混凝土结构的变形、裂缝的开展时必不可少的参数。一般取混凝土应力—应变曲线原点与曲线上 40%的极限应力的点之间连线的斜率(即割线模量)为该混凝土的(静)弹性模量。当混凝土强度等级为 C10～C60 时，其割线模量为$(1.75\sim3.60)\times10^4$ MPa。当混凝土所含骨料较多、水胶比较小、养护较好、龄期较长时，其弹性模量较大。

2. 长期荷载作用下的变形——徐变

混凝土承受持续荷载时，随时间的延长而增加的变形，称为徐变。混凝土徐变在加荷早期增长较快，然后逐渐减缓，当混凝土卸载后，一部分变形瞬时恢复，还有一部分要过一段时间后才恢复，称徐变恢复。剩余不可恢复部分，称残余变形，如图 4.14 所示。

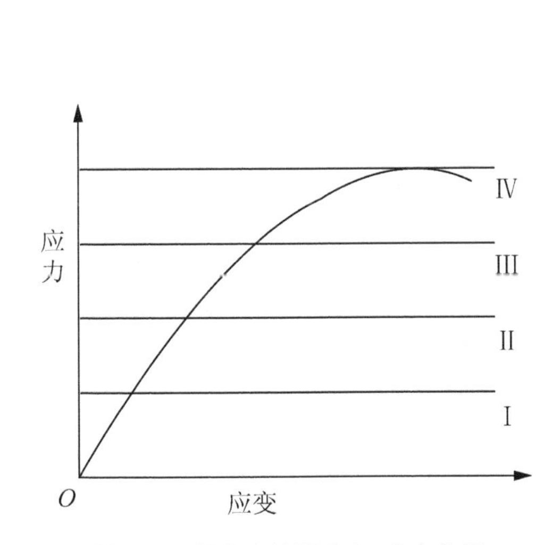

图 4.13 混凝土静压应力-应变曲线

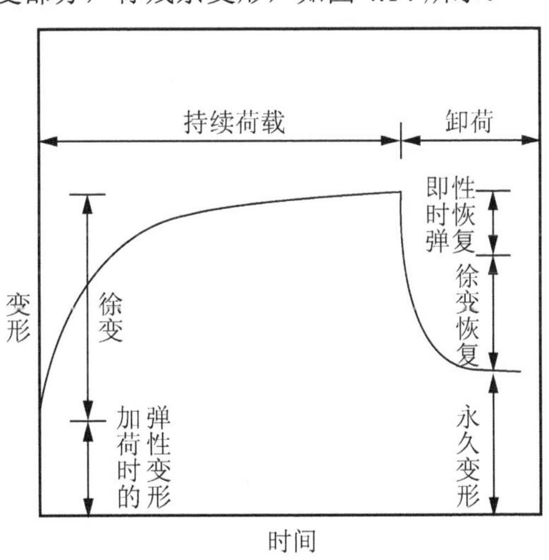

图 4.14 混凝土的徐变和恢复

混凝土的徐变对混凝土及钢筋混凝土结构物的应力和应变状态有很大影响。徐变可能超过弹性变形，甚至达到弹性变形的 2～4 倍。徐变应变一般可达$(3\sim15)\times10^{-4}$mm/mm，即 0.3～1.5mm/m。在某些情况下，徐变有利于削弱由温度、干缩等引起的约束变形，从而防止裂缝的产生。但在预应力结构中，徐变将产生应力松弛，引起预应力损失，造成不利影响。因此，在混凝土结构设计时，必须充分考虑徐变的有利影响和不利影响。影响混凝土徐变的主要因素包括：环境湿度减小(导致混凝土过快失水)会使徐变增大；混凝土强度越低，水泥用量越多，徐变越大；因骨料的徐变很小，故增大骨料含量会使徐变减小。

4.7 混凝土的耐久性

混凝土除要求具备一定的强度以承受荷载外，还应具备与所处环境及使用条件相适应的耐久性能。这些性能包括抗渗性、抗冻性、抗侵蚀性、抗碳化能力、抗碱-集料反应能力等，统称为混凝土的耐久性。

4.7.1 混凝土的耐久性能

1. 混凝土的抗渗性

【参考图文】

抗渗性是指抵抗水、油等液体在压力作用下渗透的性能。环境中各种侵蚀性介质均要通过渗透才能进入混凝土内部，因而抗渗性对混凝土的耐久性起着重要的作用。

混凝土的抗渗性以抗渗等级来表示。采用标准养护28d的标准试件，按规定的方法进行试验，以其所能承受的最大静水压(MPa)来计算其抗渗等级。有P4、P6、P8、P10、P12，共5个等级，如P6表示混凝土能抵抗0.6MPa的静水压力而不渗透。

混凝土的抗渗性主要与混凝土的密实程度及孔隙构造特征有关——混凝土密实度越小，抗渗性越差；孔隙率一定时，相互连通的孔隙越多，孔径越大，混凝土的抗渗性越差。提高混凝土抗渗性的措施有降低水胶比、掺用减水剂、引气剂、改善施工工艺、加强养护等。

2. 混凝土的抗冻性

抗冻性是指混凝土抵抗冻融循环破坏作用的能力。混凝土的冻融破坏是指混凝土毛细孔中的水结冰后体积膨胀，使混凝土产生微细裂缝，反复冻融导致裂缝扩展，混凝土由表及里剥落破坏的现象。在寒冷地区，特别是接触水又受冻的环境下的混凝土，要求具有较高的抗冻性。

混凝土的抗冻性用抗冻等级来表示。抗冻等级是以28d龄期的混凝土标准试件，在饱水后承受反复冻融循环，以抗压强度损失不超过25%且质量损失不超过5%时所能承受的最多的循环次数来表示。混凝土的抗冻等级有F10、F15、F25、F50、F100、F150、F200、F250和F300共9个等级，如F50表示混凝土能承受冻融循环的次数不少于50次。

混凝土的孔隙率、孔隙构造和孔隙的充水程度是影响抗冻性的主要因素。密实的混凝土和具有封闭孔隙的混凝土(如引气混凝土)，抗冻性较好。掺入引气剂和减水剂，可有效提高混凝土的抗冻性。

3. 混凝土的抗侵蚀性

当混凝土所处环境中含有侵蚀性介质时，混凝土便会遭受侵蚀，通常有软水侵蚀、硫酸盐侵蚀、镁盐侵蚀、碳酸盐侵蚀、一般酸侵蚀与强碱侵蚀等，其侵蚀机理与水泥腐蚀机理接近。随着混凝土在地下工程、海岸与海洋工程等恶劣环境中的大量应用，对混凝土的抗侵蚀性提出了更高的要求。混凝土的抗侵蚀性与所用水泥品种、混凝土密实度和孔隙特征等有关。密实和孔隙封闭的混凝土，环境水不易侵入，抗侵蚀性较强。

4. 混凝土的碳化

混凝土的碳化是指混凝土内水泥石中的 $Ca(OH)_2$ 与空气中的 CO_2 在湿度适宜时发生化学反应，生成 $CaCO_3$ 和 H_2O，也称中性化。混凝土的碳化是 CO_2 由表及里逐渐向混凝土内部扩散的过程。碳化对混凝土性能有正面和负面两方面的影响。

碳化首先造成混凝土碱度降低，减弱了对钢筋的保护作用。混凝土中的钢筋处在强碱性环境中(pH 值约为 12～14)而在表面生成一层钝化膜，保护钢筋不易腐蚀。但当混凝土持续碳化，穿透混凝土保护层而达到钢筋表面时，由于混凝土碱性下降，钢筋钝化膜被破坏而发生锈蚀，产生锈蚀体积膨胀，致使混凝土保护层开裂，钢筋锈蚀速度进一步加快。另外，碳化作用会增加混凝土的收缩，引起混凝土表面产生拉应力而出现微细裂缝，从而降低混凝土的抗拉、抗折强度及抗渗能力。碳化作用对混凝土也有有利的影响，碳化作用产生的碳酸钙填充了混凝土表面水泥石的孔隙，提高了混凝土表面的密实度和硬度，对提高混凝土抗压强度有利。

影响碳化速度的主要因素有环境中二氧化碳的浓度、水泥品种、水胶比、环境湿度等。当 CO_2 浓度高(如铸造车间)时，碳化速度快；当环境中的相对湿度在 50%～75%时，碳化速度最快，当相对湿度小于 25%或在水中时碳化将停止；水胶比小的混凝土较密实，CO_2 和 H_2O 不易侵入，碳化速度较慢；掺混合材料较多的水泥碱度较低，碳化速度随混合材料掺量的增多而加快。

5. 混凝土的碱—集料反应

碱-集料反应是指水泥中的碱(Na_2O、K_2O)与骨料中的活性 SiO_2 发生化学反应，在骨料表面生成复杂的碱—硅酸凝胶，凝胶吸水体积剧烈膨胀(体积可增加 3 倍以上)，从而导致混凝土产生膨胀开裂而破坏的现象。

混凝土发生碱—集料反应必须同时具备以下 3 个条件。

(1) 水泥中碱含量高。水泥中碱含量按(Na_2O+K_2O)%计算大于 0.6%。

(2) 砂、石骨料中含有活性二氧化硅成分。如蛋白石、玉髓、鳞石英等。

(3) 有水存在。在无水情况下，混凝土不可能发生碱—集料反应。

【参考图文】

碱—集料反应缓慢，其破坏后果往往要经过几年甚至十几年后才会明显暴露出来，且一旦发现，难以有效抑制其持续发展，故素有混凝土的“癌症”之称，应以预防为主。

预防碱—集料反应的措施有：控制水泥总含碱量不超过 0.6%；选用非活性骨料；降低混凝土单位水泥用量以降低单位混凝土的含碱量；在混凝土中掺入火山灰质混合材料以减少膨胀值；防止水分侵入，设法使硬化后混凝土处于干燥状态。

4.7.2 提高混凝土耐久性的措施

当混凝土的环境条件变化时，对其所要求的耐久性具体内容也各有侧重，但混凝土的密实程度是始终影响其耐久性的主要因素。

综合来看，影响混凝土耐久性的主要因素大致有以下几点。

首先，在混凝土工程中为了满足混凝土施工工作性要求，即用水量大、水胶比高，因而导致混凝土的孔隙率很高，约占水泥石总体积的 25%～40%，特别是其中毛细孔占相当大部分，毛细孔是水分、各种侵蚀介质、氧气、二氧化碳及其他有害物质进入混凝土内部的通道，引起混凝土耐久性的不足。

其次，水泥石中的水化物稳定性不足也会对耐久性产生影响。例如，通用硅酸盐水泥水化后的主要化合物是碱度较高的高碱性水化硅酸钙、水化铝酸钙、水化硫铝酸钙等。此外，在水化物中还有数量很大的游离$Ca(OH)_2$，它的强度很低、稳定性极差，在侵蚀条件下，是首先遭到侵蚀的部分。因此必须减少这些稳定性低的组分，尤其是游离$Ca(OH)_2$的含量。

提高混凝土耐久性的主要措施有以下几种。

(1) 合理选用原材料。具体包括：选择适宜的水泥品种，可根据混凝土工程的特点和所处的环境条件，合理选用水泥(如低碱水泥)；选用质量良好、技术条件合格的砂石骨料；根据工程特点及环境特点合理掺用外加剂(如减水剂、引气剂)，改善混凝土的孔隙结构，提高混凝土的抗渗性和抗冻性。

(2) 保证合理的混凝土配合比。控制水胶比及保证足够的胶凝材料用量是保证混凝土密实度并提高混凝土耐久性的关键。根据不同的环境类别和混凝土等级《普通混凝土配合比设计规程》(JGJ 55—2011)和《混凝土结构设计规范》(GB 50010—2010)规定了工业与民用建筑所用混凝土的最大水胶比和最小胶凝材料用量的限值，见表4-8和4-9。

(3) 改进施工操作程序及工艺，保证混凝土施工质量。

表4-8　混凝土结构的环境类别

环境类别	条　件
一	室内干燥环境； 无侵蚀性静水浸没环境
二(a)	室内潮湿环境； 非严寒和非寒冷地区的露天环境； 非严寒和非寒冷地区与无侵蚀性的水或土壤直接接触的环境； 严寒和寒冷地区的冰冻线以下与无侵蚀性的水或土壤直接接触的环境
二(b)	干湿交替环境； 水位频繁变动环境； 严寒和寒冷地区的露天环境； 严寒和寒冷地区的冰冻线以上与无侵蚀性的水或土壤直接接触的环境
三(a)	严寒和寒冷地区冬季水位变动区环境； 受除冰盐影响环境； 海风环境
三(b)	盐渍土环境； 受除冰盐作用环境； 海岸环境
四	海水环境
五	受人为或自然的侵蚀性物质影响的环境

注：(1)室内潮湿环境是指结构表面经常处于结露或潮湿状态的环境。

(2)严寒和寒冷地区的划分应符合国家现行标准《民用建筑热工设计规范》(GB 50176—1993)的有关规定。

(3)海岸环境和海风环境宜根据当地情况，考虑主导风向及结构所处迎风，背风部位等因素的影响由调查研究和工程经验确定。

(4)受除冰盐影响环境为受到除冰盐盐雾影响的环境；受除冰盐作用环境指被除冰盐溶液溅射的环境以及使用除冰盐地区的洗车房、停车楼等建筑。

表 4-9 混凝土的最大水胶比和最小胶凝材料用量

环境等级	最大水胶比	最低强度等级	最小胶凝材料用量/(kg/m^3)		
			素混凝土	钢筋混凝土	预应力混凝土
一	0.60	C20	250	280	300
二(a)	0.55	C25	280	300	300
二(b)	0.50(0.55)	C30(C25)	320		
三(a)	0.45(0.50)	C35(C30)	330		
三(b)	0.40	C40			

注：(1)素混凝土构件的水胶比及最低强度等级的要求可适当放松。

(2)有可靠工程经验时，二类事到环境中的最低混凝土强度等级可降低一个等级。

(3)处于严寒和寒冷地区二(b)，三(a)类环境中的混凝土应使用引气剂，并可采用括号中的有关参数。

混凝土结构工程的耐久性现状

混凝土结构的耐久性是当前困扰土建基础设施工程的世界性问题，并非我国所特有，但是至今尚未引起我国有关政府主管部门和广大设计与施工部门的足够重视。长期以来，人们曾一直以为混凝土是非常耐久的材料。直到 19 世纪 70 年代末期，发达国家才逐渐发现原先建成的基础设施工程在一些环境下出现过早损坏。美国许多城市的混凝土基础设施工程和港口工程建成后不到二三十年，甚至在更短的时期内就出现劣化。据 1998 年美国土木工程学会的一份材料估计，他们需要有 1 300 亿美元来处理美国国内基础设施工程存在的问题，仅修理与更换公路桥梁的混凝土桥面板一项就需 80 亿美元。另有资料指出，美国因除冰盐引起钢筋锈蚀需限载通行的公路桥梁已占这一环境下桥梁的 1/4。发达国家为混凝土结构耐久性投入了大量科研经费并积极采取应对措施。如加拿大安大略省的公路桥梁为对付除冰盐侵蚀及冻融损害，钢筋的混凝土保护层最小厚度从 20 世纪 50 年代的 2.5cm 逐渐增加到 4cm、6cm，直到 80 年代后的 7cm，而混凝土强度的最低等级也从 50 年代的 C25 增到后来的 C40。而我国遭受盐冻侵蚀地区的公路桥梁在耐久性设计方面至今仍无明确要求，对混凝土保护层和强度的要求仅为 2.5cm 与 C25，与上面提到的加拿大 50 年代水准一致。

我国建设部于 20 世纪 80 年代的一项调查表明，国内大多数工业建筑物在使用 25～30 年后即需大修，处于严酷环境下的建筑物使用寿命仅 15～20 年。民用建筑和公共建筑的使用环境相对较好，一般可维持 50 年以上。但室外的阳台、雨罩等露天构件的使用寿命通常仅有 30～40 年。桥梁、港工等基础设施工程的耐久性问题更为严重。由于钢筋的混凝土保护层过薄且密实性差，许多工程建成后几年就出现钢筋锈蚀、混凝土开裂的现象。海港码头一般使用 10 年左右就因混凝土顺筋开裂和剥落而需要大修。京津地区的城市立交桥由于冬天洒除冰盐及冰冻作用，使用 10 多年后就出现问题，有的不得不限载、大修或拆除。盐冻也对混凝土路面造成伤害，东北地区一条高等级公路只经过一个冬天就大面积剥蚀。

耐久性问题的严重性和迫切性在于许多正在建设的工程仍未吸取国际和国内的大量惨痛教训，还沿着老路重蹈覆辙。一些北方城市新建成的立交桥和高速公路桥，仍没有在材料性能和结构构造等方面采取必要的防治冻融和盐害的综合措施，甚至大型工程如2000年投入运行的珠海澳门莲花跨海大桥，其主体结构在浪溅区仍采用不耐海水干湿交替侵蚀的C30混凝土与3～4cm厚的保护层厚度。

有专家估计，我国“大建”基础设施工程建设的高潮还可延续20年，由于忽视耐久性，迎接人们的可能还会有“大修”20年的高潮，而且这个高潮不用很久就将到来，其耗费将倍增于这些工程的建设投资。

使混凝土结构的耐久性问题进一步加剧的原因还有以下几方面。

(1) 由于混凝土的质量检验习惯上以单一的强度指标作为衡量标准，导致水泥工业对水泥强度的不适当追求使水泥细度增加，早强的矿物成分比例提高，这些都不利于混凝土的耐久性。我国对水泥质量的检验在强度上只要求不低于规定的最低许可值，而国外则同时还要求不高于规定的最高值，如果强度超过了也被认为不合格，这种要求还有利于水泥产品质量的均匀性。

(2) 工程施工单位不适当地加快施工进度，尤其是政府行政领导对工程进度的不适当干预。混凝土的耐久性质量尤其需要有足够的施工养护期加以保证，早产有损生命健康的概念同样适用于混凝土。国内媒体上大力宣传的所谓几个月就修成一条大路、建成一座大桥或盖成一幢高楼的工程以及抢工献礼工程，很可能就是今后注定要花掉更多资金进行大修的短命工程。提前完成合同规定施工期的在国外要被罚款，因为意味着工程质量有遭到损害的可能。

(3) 工程使用环境的不断恶化，如废气、酸雨等日益严重的大气污染，也对工程混凝土造成了严重的侵蚀和危害。我国的酸雨面积已超过国土面积的30%。

4.8 混凝土外加剂及外掺料

4.8.1 外加剂的概念及分类

混凝土搅拌过程中掺入的，用以改善混凝土性能的物质称为混凝土外加剂，其掺量一般不超过水泥质量的5%。外加剂在混凝土工程中的应用非常广泛，已逐渐成为混凝土的第五种组分。外加剂种类较多，一般按其主要功能分为以下四类。

(1) 改善新拌混凝土流变性能的外加剂，包括减水剂、引气剂、泵送剂等。

(2) 调节混凝土凝结硬化性能的外加剂，包括缓凝剂、早强剂、速凝剂等。

(3) 改善混凝土耐久性的外加剂，包括引气剂、防水剂、阻锈剂等。

(4) 改善混凝土其他性能的外加剂，包括加气剂、膨胀剂、防冻剂、防水剂、泵送剂等。

工程中常用的外加剂包括减水剂、引气剂、早强剂、缓凝剂、防冻剂、膨胀剂等。

4.8.2 外加剂的介绍

1. 减水剂

1) 减水剂的作用机理

减水剂属于表面活性剂，其分子由亲水基团和憎水基团两部分组成。在水溶液中加入表面活性剂(如减水剂)后，亲水基团指向溶液，而憎水基团指向空气、非极性液体或固体，作定向排列，组成吸附膜，因此降低了水的表面张力。当水泥加水拌和后，由于水泥颗粒间分子凝聚力的作用，使水泥浆形成絮凝结构，如图4.15(a)所示，这种絮凝结构将一部分拌和水(游离水)包裹在水泥颗粒之间，降低了混凝土拌和物的流动性。如在水泥浆中加入减水剂，减水剂的憎水基团定向吸附于水泥颗粒表面，使水泥颗粒表面带有相同的电荷。在电性斥力作用下水泥颗粒分开，从而将絮凝结构内的游离水释放出来，如图4.15(b)、(c)所示。减水剂的这种分散作用使混凝土拌和物在不增加用水量的情况下，增加了流动性。

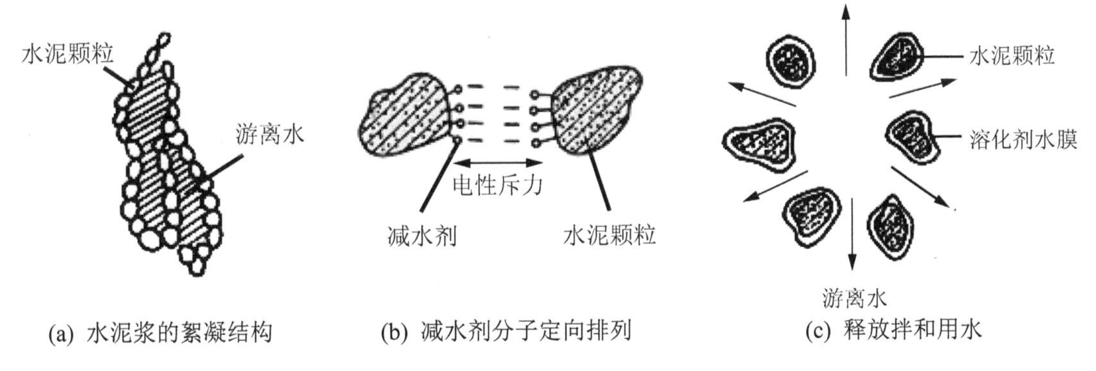

图4.15 减水剂作用机理

2) 减水剂的技术经济效果

混凝土中加入减水剂后，可获得如下几种不同的使用效果。

(1) 增加流动性。在用水量及水胶比不变时，混凝土坍落度可增大80～200mm，且不影响混凝土强度。

(2) 减水增强。在保持流动性及水泥用量不变的条件下，可减少拌和水量8%～45%，从而降低了水胶比，使混凝土28d强度提高10%～35%，早期强度提高则更为显著。

(3) 节约水泥。在保持流动性及水胶比不变的条件下，可以在减少拌和水量的同时，相应减少水泥用量，即在保持混凝土强度不变时，可节约水泥用量10%～25%。

(4) 改善混凝土的耐久性。由于减水剂的掺入，显著地改善了混凝土的孔隙结构，使混凝土的密实度提高，透水性降低，从而可提高抗渗、抗冻、抗化学腐蚀等能力。

3) 减水剂的主要品种

(1) 普通减水剂。普通减水剂主要品种有木质素磺酸钙(即木钙)、木质素磺酸钠等。普通减水剂属于缓凝型减水剂，可以改善混凝土拌和物的泌水、离析现象，延缓混凝土拌和物的凝结时间，减慢水泥水化放热速度。但掺量过多，除造成缓凝外，还可能导致强度下降，因而不利于冬季施工。木钙是此类减水剂的代表性品种，一般为棕黄色粉末，掺量为水泥质量的0.2%～0.3%，该减水剂价格较便宜，应用广泛。

【参考图文】

(2) 高效减水剂。高效减水剂主要品种有多环芳香族磺酸盐类减水剂、水溶性树脂磺酸盐类减水剂、脂肪族类减水剂等。

萘系高效减水剂是多环芳香族磺酸盐类减水剂的代表性品种，一般为棕色粉末或黏稠液体，掺量为水泥质量的0.75%～1.5%(粉剂)或1.5%～2.5%(液体)。萘系减水剂是我国目前生产量最大、应用最广泛的高效减水剂(占高效减水剂总产量80%以上)，其特点是减水率较高(15%～25%)、不引气、对凝结时间影响小、与水泥适应性相对较好，能与其他各种外加剂复合使用，价格也相对便宜。萘系减水剂常被用于配制大流动性、高强、高性能混凝土，但单纯掺加萘系减水剂的混凝土坍落度损失较快。

(3) 高性能减水剂。聚羧酸系高性能减水剂是高性能减水剂的代表性品种，是使混凝土在减水、保坍、增强、收缩及环保等方面具有优良性能的外加剂，掺量为水泥质量的0.8%～1.5%，其主要特点有：减水率高(可高达45%)、坍落度轻时损失小(预拌混凝土2h坍落度损失小于15%，对于商品混凝土的长距离运输及泵送施工极为有利)、混凝土工作性好(即使在高坍落度情况下也不会有明显的离析、泌水现象)、与不同品种水泥和掺和料相容性好、混凝土收缩小、产品无毒无害(绿色环保产品)、经济效益好(虽单价较高，但工程长期综合的成本低于其他类型产品)等，常用于配制高流动性混凝土、自流平混凝土、自密实混凝土、清水饰面混凝土，尤其适用于配制高强及高性能混凝土。

我国减水剂应用现状

2009年，我国混凝土外加剂总产量达722.5万吨，其中各种合成减水剂产量约484.7万吨。各种高效减水剂占全部合成减水剂总量的67%，聚羧酸系高性能减水剂占26%，普通减水剂(木质素磺酸盐减水剂)占7%。在高效减水剂中，萘系占总产量的82.53%、脂肪族占12.85%、氨基磺酸盐占2.85%、蒽系占1.32%、三聚氰胺系占0.45%。

20世纪90年代国外开始使用聚羧酸系高性能减水剂，日本现在的使用率占高效减水剂的60%～70%，欧美约占20%。2000年前后，我国混凝土工程界逐渐认识和应用聚羧酸系高性能减水剂。近几年来，在高速铁路建设的带动下，高性能减水剂发展迅猛，得以大量推广应用。国内2007—2009年建设的26条高速铁路项目中，截止到2009年底未完成施工的线路有22条，据测算，这些线路在2010—2014年还将至少招标聚羧酸系高性能减水剂48.2万吨。而随着我国新一轮大规模基本建设的展开，聚羧酸系高性能减水剂必将在铁路、公路、土木工程等领域得到更大规模的应用。

宜万铁路宜昌长江大桥于2003年11月26日开工，2007年2月9日主体工程建成，由中铁大桥局集团一公司施工。大桥主跨结构采用纵横竖三向预应力混凝土连续刚构柔性拱结构，主跨总长度 810(130+2×275+130)m，其跨度之大在当时同类桥梁中居亚洲第一、世界第二。3个主墩的0#块体，混凝土用量近3 000m^3，材料总共近万吨，故称为“万吨0#块”。宜万铁路宜昌长江大桥结构新颖。质量要求高、施工难度大，大桥主梁采用了添加聚羧酸系高效减水剂的C60高性能混凝土。

工程对混凝土性能的要求是：①4d强度达到设计强度的90%以上，以便实施预应力张拉；②要求降低混凝土黏度，减小坍落度损失，以保证混凝土的正常浇筑施工；③降低水化热，延迟水化热峰值出现，以避免温升开裂；④要求混凝土流动性好，能充分满足施工浇筑要求；⑤减少混凝土表面气泡，做到内实外光、棱角分明；⑥要求混凝土低碱、无氯，低收缩、高抗渗，以满足耐久性要求。

经多次试验，最终选定原材料和混凝土配合比如下：①水泥：葛洲坝水泥厂生产的PO42.5水泥；②细骨料：洞庭湖中砂；③粗骨料：宜昌碎石，粒径5～20mm；④减水剂：山东某公司生产的 NOF2AS 型聚羧酸系高效减水剂；⑤矿物外掺料：葛洲坝水泥厂生产的粉煤灰矿渣超细粉，其比例为矿渣∶粉煤灰=1∶3。

如表 4-10 所示为混凝土选定配合比和实验实训性能。

表 4-10　混凝土选定配合比和实验室实测性能

水泥/kg	掺和料/kg	砂/kg	碎石/kg	水/kg	减水剂/kg	初坍落度/cm	1h 坍落度/cm	强度/MPa		
								4d	7d	28d
378	162	682	1067	151	7.02	22.5	22.0	55.4	64.3	77.9

工程实践表明：掺聚羧酸系减水剂混凝土工作性好、坍落度损失小、流动性好、可泵性好、不易堵管、含气量易于控制、水化放热平稳，拌和物本身有一定的自密实性，浇筑后混凝土外观光亮、气泡较少且表面密实、棱角分明。混凝土各项性能完全达到设计要求。

2. 引气剂

引气剂在混凝土搅拌过程中掺入，能引入大量分布均匀的微小气泡，可改善混凝土拌和物的和易性，减少泌水、离析现象，并能显著提高混凝土耐久性。

引气剂属憎水性表面活性剂，由于能显著降低水的表面张力和界面性能，使水溶液在搅拌过程中极易产生大量微小(直径多在 200 μm 以下)的封闭气泡，使混凝土含气量增大到 3%～5%(不加引气剂的混凝土含气量取 1%)，且气泡稳定不易破裂。这些气泡如同滚珠一样，减少了混凝土各组分颗粒间的摩擦阻力，同时减少了自由移动的水量，改善了混凝土拌和物的和易性；大量均匀分布的封闭气泡切断了混凝土中的毛细管渗水通道，改变了混凝土的孔隙结构，使混凝土抗渗性显著提高；同时，封闭气泡有较大的弹性变形能力，对由水结冰所产生的膨胀应力有一定的缓冲作用，因而混凝土的抗冻性得到提高。但混凝土含气量的增大会导致强度的下降，因此，为保持混凝土的力学性能，引入的气泡应适量。

目前应用较多的引气剂有松香热聚物、松香皂、烷基苯磺酸盐等。其适宜掺量为水泥质量的 0.005%～0.02%。

3. 早强剂

早强剂可加速混凝土硬化过程，明显提高混凝土的早期强度(3d 强度可提高 40%～100%)，并对混凝土最终强度无显著影响，多用于冬季施工混凝土和抢修工程，或用于加快模板的周转率。常用早强剂有无机盐(如氯化钙、氯化钠、硫酸钠、硫代硫酸钠)和有机物(如三乙醇胺)两大类。

各类早强剂的掺量均应严格控制。如使用含氯盐早强剂会加速混凝土中钢筋的锈蚀，为防止氯盐对钢筋的锈蚀，一般可采取将氯盐与阻锈剂(如亚硝酸钠)复合使用；硫酸盐对钢筋无锈蚀作用，并能提高混凝土的抗硫酸盐侵蚀性，但若掺入量过多时，会导致混凝土后期性能变差，且混凝土表面易析出“白霜”，影响外观与表面装饰；三乙醇胺对混凝土稍有缓凝作用，掺入量过多时，会造成混凝土严重缓凝和混凝土强度下降。

在实际应用中，早强剂单掺效果不如复合掺加。因此，较多使用由多种组分配成的复合早强剂(如硫酸钠加三乙醇胺、三乙醇胺加亚硝酸钠加二水石膏)，使用效果更好。

4. 缓凝剂

缓凝剂的主要作用是延缓混凝土凝结时间和水泥水化热释放速度，且对混凝土后期强度发展无不利影响。多用于大体积混凝土、泵送和滑模混凝土施工以及高温炎热气候下远距离运输的商品混凝土。在分层浇灌混凝土时，为防止出现冷缝，也常掺加缓凝剂。

缓凝剂主要有四类：糖类，如糖蜜；木质素磺酸盐类，如木钙、木钠；羟基梭酸及其盐类，如柠檬酸、酒石酸；无机盐类，如锌盐、硼酸盐等。常用的缓凝剂是木钙和糖蜜，其中糖蜜的缓凝效果最好，其适宜掺量为0.1%～0.3%，混凝土凝结时间可延长2～4h。

缓凝剂对水泥品种适应性十分明显，用于不同品种水泥缓凝效果不相同，甚至会出现相反效果，因而，缓凝剂使用前必须进行试拌，检测其效果。

5. 防冻剂

防冻剂是能使混凝土在负温下硬化，并在规定养护条件下达到预期性能的外加剂。常用的防冻剂有氯盐类(如氯化钙、氯化钠)；氯盐阻锈类(以氯盐与亚硝酸钠阻锈剂复合而成)；无氯盐类(以硝酸盐、亚硝酸盐、碳酸盐、乙酸钠或尿素复合而成)。

氯盐类防冻剂适用于无筋混凝土；氯盐阻锈类防冻剂可用于钢筋混凝土；无氯盐类防冻剂可用于钢筋混凝土和预应力钢筋混凝土。硝酸盐、亚硝酸盐、碳酸盐易引起钢筋的应力腐蚀，故此类防冻剂不适用于预应力混凝土以及与镀锌钢材相接触部位的混凝土结构。

防冻剂一般适用于-15～0℃的气温条件下施工的混凝土，当在更低气温下施工时，应增加其他混凝土冬季施工措施，如暖棚法、原料(砂、石、水)预热法等。

6. 膨胀剂

膨胀剂是能使混凝土产生一定体积膨胀的外加剂。使用膨胀剂可在混凝土内产生约0.2～0.7MPa的膨胀应力，抵消由于干缩而产生的拉应力，增大混凝土密实度，提高混凝土抗裂性和抗渗性，多用于补偿收缩工程(如防水抗渗混凝土)、灌注及接头填缝、自应力混凝土压力管等。

膨胀剂主要有硫铝酸钙类膨胀剂(如明矾石、CSA微膨胀剂)、氧化钙等。

4.8.3 外加剂应用

1. 外加剂品种的选择

选择外加剂时，应根据工程特点、材料种类和施工条件，参考外加剂产品说明书选择，如有条件应进行实验验证。混凝土选用外加剂的参考资料，见表4-11。

表4-11　混凝土外加剂选用参考资料

混凝土类型	应用外加剂目的	适宜的外加剂
高强混凝土	1. 减少混凝土的用水量，提高混凝土的强度 2. 提高施工性能，以便用普通的成型工艺施工 3. 减少混凝土水泥用量，减少混凝土的徐变和收缩	高效减水剂
泵送混凝土	1. 提高可泵送性，控制坍落度8～16cm，混凝土有良好的黏聚性，离析、泌水现象少 2. 确保硬化混凝土质量	泵送剂 1. 减水剂(低坍落度损失) 2. 膨胀剂

续表

混凝土类型	应用外加剂目的	适宜的外加剂
大体积混凝土	1．降低水泥初期水化热 2．延缓混凝土凝结时间 3．减少水泥用量 4．避免干缩裂缝	1．缓凝型减水剂 2．缓凝剂 3．引气剂 4．膨胀剂(如大型设备基础)
防水混凝土	1．减少混凝土内部孔隙 2．改变孔隙的形状和大小 3．堵塞漏水通路，提高抗渗性	1．减水剂与引气型气减水剂 2．膨胀剂 3．防水剂
自然养护预制混凝土	1．缩短生产周期，提高产量 2．节省水泥 5%～15% 3．改善工作性能，提高构件质量	1．普通减水剂 2．早强型减水剂 3．高效减水剂 4．引气减水剂
大模板施工混凝土	1．提高和易性，确保混凝土具有良好流动性、保水性和黏聚性 2．提高混凝土早期强度，以满足快速拆模和一定的扣板强度	1．夏季：普通减水剂，低掺量的高效减水剂 2．冬季：早强减水剂或减水剂与早强剂复合使用
滑动模板施工混凝土	1．夏季延长混凝土的凝结时间，便于滑升和抹光； 2．冬季早强，保证滑升速度	1.夏季宜用木钙等缓凝型减水剂 2.冬季宜用高效减水剂或减水剂与早强剂复合使用
商品(预拌)混凝土	1．节约水泥，获得经济效益 2．保证混凝土运输后的和易性，以满足施工要求确保混凝土的质量 3．满足对混凝土的某些特殊要求	1．夏季及运输距离长时，宜用木质磺酸盐、糖蜜等缓凝减水剂 2．为满足各种特殊要求，选用不同性质的外加剂
耐冻融混凝土	1．引入适量的微气泡，缓冲冰胀应力 2．减小混凝土水胶比，提高混凝土抗冻融能力	1．引气减水剂 2．引气剂 3．减水剂
夏季施工混凝土	缓凝	1．缓凝型减水剂 2．缓凝剂
冬季施工混凝土	1．加快施工进度，提高构件质量 2．防止冻害	1．不受冻地区，用早强减水剂或单掺早强剂 2．要求防冻地区，应选用防冻剂 3.引气减水剂加早强剂加防冻剂

2．外加剂掺量的确定及掺入方法

一般情况下，外加剂产品说明书都列出推荐的掺量范围，可参照选用。若没有可靠的资料为参考依据时，应尽可能通过试验来确定外加剂掺量。

外加剂的掺量很少，必须保证其均匀分散，一般不能直接加入混凝土搅拌机内。对于可溶于水的外加剂，应先配成一定浓度的溶液，随水加入搅拌机；对于不溶于水的外加剂，应与适量水泥或砂混合均匀后，再加入搅拌机内。另外，外加剂的掺入时间，对其效果的发挥也有很大影响，如减水剂有同掺法、后掺法、分掺法等方法。同掺法指减水剂在混凝土搅拌时一起掺入；后掺法指搅拌好混凝土后间隔一定时间，然后再掺入；分掺法指一部分减水剂在混凝土搅拌时掺入，另一部分在间隔一段时间后再掺入。

4.8.4 混凝土掺和料简介

在混凝土拌和物制备时，为了节约水泥、改善混凝土性能、调节混凝土强度等级而加入的天然或人造矿物材料，统称为混凝土掺和料。混凝土掺和料多为活性矿物掺和料，其本身不硬化或硬化速度很慢，但能与水泥水化生成的$Ca(OH)_2$发生化学反应，生成具有水硬性的胶凝材料，如粉煤灰(一般是煤在电厂焚烧后的产物)、硅灰、粒化高炉矿渣粉、沸石粉等。

1. 粉煤灰

低钙粉煤灰(一般 CaO 百分含量<10%)不同于水泥中作为混合材料的高钙粉煤灰，它来源比较广泛，是当前用量最大、使用范围最广的混凝土掺和料。其技术经济效果包括以下几方面。

(1) 节约水泥：一般可节约水泥 10%～15%，有显著的经济效益。

(2) 改善混凝土拌和物的和易性和可泵性。

(3) 降低混凝土水化热，是大体积混凝土的主要掺和料。

(4) 提高混凝土抗硫酸盐性能。

(5) 提高混凝土抗渗性。

(6) 抑制碱-骨料反应。

粉煤灰按细度、烧失量等指标分为Ⅰ、Ⅱ、Ⅲ这 3 个等级(Ⅰ级质量最佳)，按《粉煤灰混凝土应用技术规范》要求，配制泵送混凝土、大体积混凝土、抗渗结构混凝土、抗硫酸盐和抗软水侵蚀混凝土、蒸养混凝土、轻骨料混凝土、地下工程和水下工程混凝土、压浆和碾压混凝土等，均可掺用粉煤灰。

2. 硅灰

硅灰又称硅粉或硅烟灰，是从生产硅铁合金或硅钢时所排放的烟气中收集到的颗粒极细的烟尘。硅灰颗粒是微细的玻璃球体，呈浅灰到深灰，其粒径为 0.1～1.0 μm，是水泥颗粒粒径的 1/50～1/100。其技术经济效果包括以下几方面。

(1) 由于硅灰具有极高的比表面积，施工中多配以减水剂或高效减水剂，可获得拌和物黏聚性和保水性俱佳的高流态混凝土和泵送混凝土。

(2) 适合配制高强、超高强混凝土。混凝土掺入占水泥质量 5%～10%的硅灰，同时掺用高效减水剂，可配制出抗压强度高达 100MPa 的超高强混凝土。

(3) 硅灰掺入混凝土后，混凝土总孔隙率虽变化不大，但其毛细孔会相应变小，因而抗渗性明显提高，抗冻性及抗腐蚀性也得以改善。

预拌混凝土

预拌混凝土是指由水泥、集料、水以及根据需要掺入的外加剂、矿物掺合料等组分按一定比例，在搅拌站经计量、拌制后出售的并采用运输车，在规定时间内运至使用地点的混凝土拌合物。因其多作为商品出售，故也称商品混凝土。

【参考视频】

混凝土集中搅拌有利于采用先进的工艺技术，实行专业化生产管理。设备利用率高，计量准确，将配合好的干料投入混凝土搅拌机充分拌和后，装入混凝土搅拌输送车，因而产品质量好、材料消耗少、工效高、成本较低，又能改善劳动条件，减少环境污染。2012年我国共生产预拌混凝土16.45亿m^3。

4.9 混凝土质量控制与评定

混凝土质量控制包括以下3个过程。

(1) 混凝土生产前的初步控制，主要包括人员配备、设备调试、组成材料的检验及配合比的确定与调整等内容。

(2) 混凝土生产过程的控制，包括控制称量、搅拌、运输、浇筑、振捣及养护等内容。

(3) 混凝土生产后的合格性控制，包括批量划分、确定每批取样数量、确定检测方法和验收界限等内容。

在混凝土生产管理中，由于其抗压强度与其他性能有较好的相关性，能较好地反映混凝土整体的质量情况，因此工程中通常以混凝土抗压强度作为评定和控制其质量的主要指标。

4.9.1 混凝土的质量波动与统计

1. 混凝土质量波动

在混凝土正常的施工条件下，按同一配合比生产的混凝土质量也会产生波动。造成强度波动的原因有原材料质量的波动和运输、浇筑、振捣、养护条件的变化等。另外，由于试验机的误差及试验人员操作的差异，也会造成混凝土强度测试值的波动。在正常条件下，上述因素都是随机变化的，混凝土强度受这些随机变量的影响，因此可以用数理统计的方法来对其进行评定。

对在一定条件下生产的混凝土进行随机取样测定其强度，当取样次数足够多时，数据整理后绘成强度概率分布曲线，一般接近正态分布，如图4.16所示。曲线的最高点为混凝土的平均强度$\bar{f}_{cu}$的概率。以平均强度为轴，左右两边曲线是对称的。距对称轴越远的强度，出现的概率越小，并以横轴为渐近线逐渐趋近于零。曲线与横轴之间的面积为概率总和，等于100%。

当混凝土平均强度相同时，概率曲线窄且高，说明强度测定值比较集中、波动小、混凝土的均匀性好、施工水平高；曲线宽而矮，说明强度值离散程度大、混凝土的均匀性差、施工水平较低。

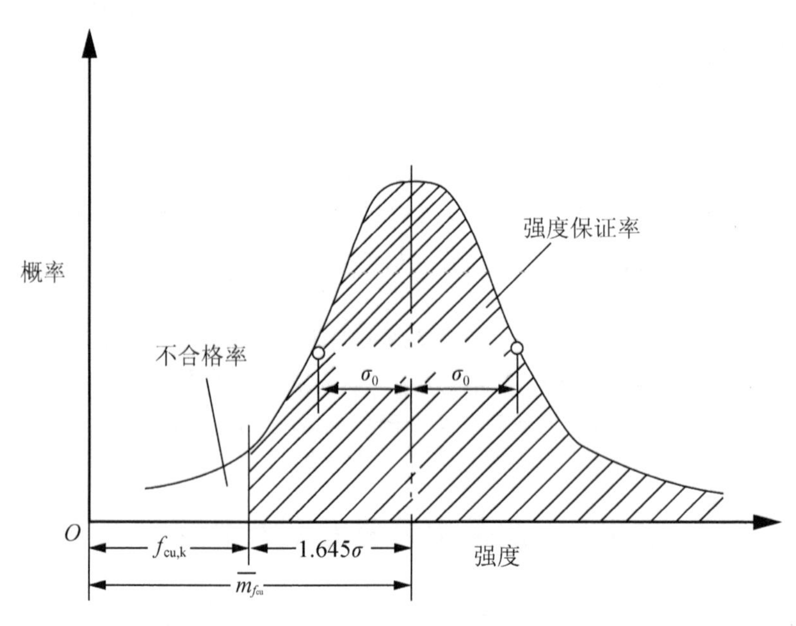

图 4.16 混凝土强度正态分布与强度保证率

2. 混凝土质量的统计评定

混凝土的质量可以用数理统计方法中样本的算术平均值 $m_{f_{cu}}$，标准差 σ_0、变异系数(离差系数)C_v、强度保证率 P 等参数评定。

强度平均值：

$$m_{f_{cu}}=\frac{1}{n}\sum_{i=1}^{n}f_{cu,i} \tag{4-5}$$

标准差：

$$\sigma_0=\sqrt{\frac{\sum_{i=1}^{n}f_{cu,i}^2-nm_{f_{cu}}^2}{n-1}} \tag{4-6}$$

变异系数：

$$C_v=\frac{\sigma_0}{m_{f_{cu}}} \tag{4-7}$$

式中 $m_{f_{cu}}$——n 组混凝土试件强度的算术平均值(MPa)；

$f_{cu,i}$——第 i 组混凝土立方体抗压强度的试验值(MPa)；

n——试验组数。

强度的算术平均值表示混凝土强度的总体平均水平，但不能反映混凝土强度的波动情况。标准差(均方差)是评定混凝土质量均匀性的指标，表示一批混凝土强度整体上与其算术平均值的距离，在数值上等于正态分布曲线的拐点与强度平均值的距离。标准差愈大，说明强度的离散程度愈大，混凝土的质量愈不稳定。变异系数又称离差系数，变异系数愈小，混凝土的质量愈稳定，生产水平愈高。根据国家标准规定，混凝土是否合格，由根据 GB/T 50080—2002 取样留置的试件强度，经统计后评定来判定是否合格。混凝土的生产质量水平分为“合格”和“不合格”。

3. 混凝土的配制强度

由于混凝土施工过程中原材料性能及生产因素的差异，会出现混凝土质量的不稳定，如按设计强度等级配制混凝土，则按照混凝土强度的正态分布规律，在施工中将有约一半的混凝土达不到设计强度等级，强度保证率(即混凝土强度测试值达到或超过其设计等级标准值的百分比)只有 50%。为使混凝土强度保证率满足规定的要求，在设计混凝土配合比时，必须使配制强度(即平均强度)高于混凝土设计要求的强度，即 $f_{cu,o} \geqslant f_{cu,k}$，且两者相差越大，混凝土强度达到设计要求的保证率越高。根据《普通混凝土配合比设计规程》(JGJ 55—2011)规定，工业与民用建筑及一般构筑物所采用施工中，为使混凝土强度保证率达到所要求的95%，普通混凝土的配制强度须满足下式：

$$f_{cu,o} \geqslant f_{cu,k} + 1.645\sigma \tag{4-8}$$

式中 $f_{cu,o}$——混凝土的配制强度(MPa)；

$f_{cu,k}$——混凝土设计强度等级的抗压强度标准值(MPa)；

σ——施工单位混凝土强度标准差的历史统计水平(MPa)。

1.645——95%的强度保证率对应的概率参数(概率度)。

4.9.2 混凝土强度的检验与评定

《混凝土结构工程施工质量验收规范(2011 版)》(GB 50204—2002)规定，混凝土强度的检验，应以在混凝土浇筑地点制备并与结构实体同条件养护的试件强度为依据，必要时，可采用微(局部)破损与非破损方法检测混凝土强度。

《混凝土强度检验评定标准》(GB/T 50107—2010)规定，混凝土强度的评定可采用统计法和非统计法两种。统计方法适用于混凝土的生产条件能在较长时间内保持一致，且同一品种混凝土的强度变异性能保持稳定的情况，如预拌混凝土厂、预制混凝土构件厂和采用集中搅拌混凝土的施工单位所拌制的混凝土；非统计法适用于零星生产预制构件用混凝土或现场搅拌批量不大的混凝土。

目前，由于许多中小型工程属零星生产混凝土，现场留置混凝土试件数量有限(同一验收批混凝土试件不超过 10 组)，其合格性评定多采用非统计法。

$$m_{f_{cu}} \geqslant \lambda_3 \cdot f_{cu,k} \tag{4-9}$$

$$f_{cu,min} \geqslant \lambda_4 \cdot f_{cu,k} \tag{4-10}$$

式中 $m_{f_{cu}}$——同一验收批混凝土立方体抗压强度的平均值(MPa)；

$f_{cu,k}$——混凝土立方体抗压强度标准值，即该等级混凝土的抗压强度值(MPa)；

$f_{cu,min}$——同一验收批混凝土立方体抗压强度的最小值(MPa)。

对于系数 λ_3、λ_4 取值如表 4-12。

表 4-12 混凝土强度的非统计法合格评定系数

混凝土强度等级	<C60	≥C60
λ_3	1.15	1.10
λ_4	0.95	

知识链接

混凝土的微破损与非破损检测

为了了解和控制混凝土结构和构件的施工质量，应按规范要求制作部分同条件养护的混凝土试件，通过破损性(抗压)试验来检验混凝土强度。但试件并不一定能准确地反映其所代表的混凝土实体构件的质量，特别是当混凝土实体结构出现质量缺陷(如空洞、严重露筋和开裂等)，工程技术人员对其强度合格性产生怀疑，而试件强度合格时，此时试件已无代表性可言，故常采用钻芯法或后装拔出法等微破损(又称局部破损)方法进行强度检验；另外，当预留混凝土试件强度评定为不合格时，也可采用微破损方法对实体混凝土结构进行进一步强度检验。而采用上述检验方法相对复杂，还会对构件带来一定的损伤，因此，工程技术人员希望尽量在不损伤混凝土构件的前提下，较为便捷地了解判断混凝土的质量，这样混凝土的非破损方法强度检验就具有非常实际的应用意义。

非破损方法强度检验主要有回弹法、超声波法和超声回弹综合法等。采用这些检验方法不仅不破坏构件，还可对结构物构件进行多次检验。非破损试验中以回弹法目前应用最为广泛。

回弹法是采用回弹仪进行试验，其基本原理是用有拉簧的一定尺寸的金属弹击杆，以一定的能量弹击在混凝土表面，根据弹击后弹杆的回弹距离可以测定被测混凝土的表面硬度，依据混凝土硬度与抗压强度之间的关系推算出强度。试验时操作人员手持回弹仪，将回弹仪冲杆垂直于混凝土表面，并徐徐地压入套筒。筒内弹簧逐渐压缩而储备能量，当弹簧压缩到一定程度后，弹簧即自动发射而推动冲杆冲击混凝土，冲杆头部受混凝土表面的反作用力而回弹，其回弹距离可从回弹仪的标尺上读出来(或从连接的数字式显示设备中精确读出)，然后根据回弹距离与抗压强度的关系(附于回弹法的试验规程中)推定出混凝土抗压强度。

需要特别指出的是，微破损和非破损方法的检测结果并不能完全代表混凝土的真实强度，而只是其推定强度，只能作为处理混凝土质量问题的依据之一。

4.10 普通混凝土配合比设计

混凝土配合比是指混凝土中各组成材料用量之间的比例关系。混凝土配合比通常用各种材料质量的比例关系表示。常用的表示方法有以下两种。

(1) 以每立方米混凝土中各种材料的质量来表示，如：胶凝材料300kg，水180kg，砂720kg，石子1 200kg。

(2) 以每立方米混凝土各组成材料的质量之比表示，如上例还可表示为：胶凝材料：砂：石子=1：2.4：4，水胶比 W/B=0.6。

4.10.1 混凝土配合比设计的准备

1. 混凝土配合比设计的基本要求

(1) 达到混凝土结构设计强度等级的要求。

(2) 满足混凝土施工所要求的施工性能(和易性)。

(3) 具有良好的耐久性，满足抗冻、抗渗、抗蚀等方面的要求。

(4) 在满足上述要求的前提下，尽量节约胶凝材料，满足经济性要求。

2. 混凝土配合比设计的参数

混凝土配合比设计，实质上就是确定胶凝材料、水、砂与石子这四项基本组成材料用量之间的3个比例关系。即水与胶凝材料之间的比例关系，常用水胶比表示；砂与石子之间的比例关系，常用砂率表示；胶浆与骨料之间的比例关系，常用单位用水量来表示。

确定水胶比、砂率、单位用水量这3个混凝土配合比重要参数的基本原则是：在满足混凝土强度和耐久性的基础上，确定混凝土的水胶比；在满足混凝土施工要求的和易性的基础上，根据粗骨料的种类和规格确定混凝土的单位用水量；以砂填充石子空隙后略有富余的原则来确定砂率。

3. 混凝土配合比设计的资料准备

在设计混凝土配合比之前，必须预先掌握下列基本资料。

(1) 混凝土强度要求，即混凝土设计强度等级。

(2) 混凝土耐久性要求，即根据混凝土所处环境条件所要求的抗冻等级及抗渗等级。

(3) 原材料情况，主要包括：胶结材料品种和实际强度、密度等；砂石品种、表观密度及堆积密度、含水率、级配、最大粒径、压碎指标值等；拌和用水的水质及水源；外加剂品种、特性、适宜剂量等。

(4) 施工条件及工程性质，主要包括搅拌和振捣方法、要求的坍落度、施工单位的施工管理水平、构件形状和尺寸以及钢筋的疏密程度等。

4.10.2 混凝土配合比设计的步骤

进行混凝土配合比设计，应首先按照已选择的原材料性能及对混凝土的技术要求进行初步理论计算，得出初步配合比；再经过实验室试拌及调整，得出基准配合比；然后经过强度检验(如有抗渗、抗冻等其他性能要求，应当进行相应的检验)，定出满足设计和施工要求并比较经济的设计配合比(实验室配合比)；最后根据现场砂、石的实际含水率，对实验室配合比进行调整，求出施工配合比。

1. 初步配合比计算

1) 确定混凝土的配制强度($f_{cu,o}$)

$$f_{cu,o}=f_{cu,k}+1.645\sigma \tag{4-11}$$

式中 $f_{cu,o}$——混凝土配制强度(MPa)；

$f_{cu,k}$——混凝土立方体抗压强度标准值(MPa)；

σ——混凝土强度标准差(MPa)。

混凝土强度标准差(σ)确定方法如下。

(1) 如施工单位具有近期同一品种混凝土强度统计资料时，σ可按照式(4-6)计算确定，注意式中$n\geqslant 25$组。

(2) 如施工单位无历史统计资料时，见表4-13。

表 4-13　混凝土标准差取值

混凝土强度等级	≤C20	C25～C45	C50～C55
σ /MPa	4.0	5.0	6.0

2) 确定水胶比(W/B)

(1) 根据强度要求计算水胶比。

采用经验公式(4-3)的变形公式计算满足强度要求的水胶比为：

$$\frac{W}{B}=\frac{\alpha_a f_b}{f_{cu,o}+\alpha_a\alpha_b f_b} \tag{4-12}$$

式中　$f_{cu,o}$——混凝土配制强度(MPa)；

α_a、α_b——回归系数(对碎石取α_a=0.53，α_b=0.20；对卵石取α_a=0.49，α_b=0.13)；

f_b——胶凝材料 28d 抗压强度实测值(MPa)。

知 识 链 接

水泥厂为保证水泥出厂强度，所生产水泥的实际强度要高于其强度的标准值($f_{ce,k}$)，在无法取得水泥实际强度数据时，可用式$f_{ce}=\gamma_c \cdot f_{ce,k}$，其中$\gamma_c$为水泥强度值的富余系数，可按实际统计资料或通过试验确定，若无资料和试验数据，则取 1.0。

(2) 根据施工规范中对最大允许水胶比的规定，查表 4-7 确定保证耐久性要求的最大允许水胶比，对所计算出的水胶比进行耐久性复核。

3) 确定单位用水量(m_{w0})

水胶比在 0.40～0.80 范围时，根据粗骨料的品种、粒径及施工要求的混凝土拌和物稠度，见表 4-14。

表 4-14　塑性和干硬性混凝土的用水量选用表

单位：kg/m^3

拌和物稠度		卵石最大粒径/mm				碎石最大粒径/mm			
项　目	指　标	10	20	31.5	40	16	20	31.5	40
坍落度/mm	10～30	190	170	160	150	200	185	175	165
	35～50	200	180	170	160	210	195	185	175
	55～70	210	190	180	170	220	205	195	185
	75～90	215	195	185	175	230	215	205	195
维勃稠度/s	16～20	175	160		145	180	170		155
	11～15	180	165		150	185	175		160
	5～15	185	170		155	190	180		165

注：(1)本表用水量是采用中砂时用水量的平均取值，采用细(粗)砂时，用水量可相应增(减)5～10kg/m^3。

(2)采用各种外加剂或掺和料时，用水量应相应进行调整。

4) 确定单位胶凝材料用量(m_{b0})，矿物掺合料用量(m_{f0})和水泥用量(m_{c0})

(1) 确定每立方米混凝土胶凝材料用量。

$$m_{b0}=\frac{m_{w0}}{W/B} \tag{4-13}$$

(2) 确定每立方米混凝土矿物掺合料用量(m_{f0})。

$$m_{f0}=m_{b0}\beta_f \tag{4-14}$$

式中 β_f——矿物掺合料掺量(%)。

(3) 确定每立方米混凝土水泥用量。

$$m_{c0}=m_{b0}-m_{f0} \tag{4-15}$$

查表 4-9 确定耐久性允许的最小胶凝材料用量，对所计算出的胶凝材料用量进行耐久性复核。

5) 确定砂率(β_s)

一般情况下，可根据粗骨料品种、粒径及水胶比见表 4-15。坍落度较大或较干硬混凝土的砂率，可经试验试配后确定。

表 4-15 混凝土的砂率

单位：%

水胶比/(*W*/*B*)	卵石最大粒径/mm			碎石最大粒径/mm		
	10	20	40	16	20	40
0.40	26～32	25～31	24～30	30～35	29～34	27～32
0.50	30～35	29～34	28～33	33～38	32～37	30～35
0.60	33～38	32～37	31～36	36～41	35～40	33～38
0.70	36～41	35～40	34～39	39～44	38～43	36～41

注：(1)本表数值系中砂的选用砂率，对细砂或粗砂，可相应减少或增大砂率。
(2)采用人工砂配制混凝土时，砂率可适当增大。
(3)只用一个单粒级粗骨料配置混凝土时，砂率应适当增大。

6) 计算单位粗，细骨料用量(m_{s0}、m_{g0})

砂石用量的计算有绝对体积法(体积法)及假定容重法(质量法)两种。

(1) 采用假定容重法时，按下式计算：

$$\begin{cases} m_{c0}+m_{f0}+m_{s0}+m_{g0}+m_{w0}=m_{cp} \\ \beta_s=m_{s0}/(m_{s0}+m_{g0}) \end{cases} \tag{4-16}$$

式中 m_{cp}——每立方米混凝土拌和物的假定质量，其值可取 2 350～2 450kg。

(2) 采用绝对体积法时，按下式计算：

$$\frac{m_{c0}}{\rho_c}+\frac{m_{f0}}{\rho_f}+\frac{m_{g0}}{\rho_g}+\frac{m_{s0}}{\rho_s}+\frac{m_{w0}}{\rho_w}+0.01\alpha=1 \tag{4-17}$$

式中 ρ_f、ρ_c、ρ_s、ρ_g、ρ_w——分别为掺合料密度、水泥密度、细集料的表观密度、粗集料的表观密度、水的密度(kg/m^3)；

α——混凝土含气量百分数(%)，不掺引气型外加剂时，取 1。

7) 得出初步配合比

将上述的计算结果表示为：m_{c0}、m_{s0}、m_{g0}、m_{w0}或$m_{c0}:m_{s0}:m_{g0}:m_{w0}$。

2. 配合比的试配与调整

1) 基准配合比的确定

初步配合比中各材料用量是根据经验公式、经验数据计算而得的，是否能满足混凝土的设计要求还需要经试验来验证，即通过试配和调整来完成。

(1) 计算试配用量。根据粗骨料最大粒径确定试配混凝土用量。一般最大粒径31.5mm以下，试拌时取15L；最大粒径≥40mm，试拌时取25L。根据初步配合比，算出试配量中各组成材料的用量。

(2) 和易性检验与调整(确定基准配合比)。按计算量称取各材料进行试拌，搅拌均匀，测定其坍落度并观察黏聚性和保水性，如经试配坍落度不符合设计要求时，可做如下调整。

① 当坍落度比设计要求值大或小时，可以保持水胶比不变，相应的减少或增加胶浆用量。

② 当坍落度比要求值大时，除上述方法外，还可以在保持砂率不变的情况下，增加集料用量。

③ 若坍落度值大且拌和物黏聚性、保水性差时，可减少胶浆、增大砂率(保持砂石总量不变，增加砂用量，相应减少粗骨料用量)。

这样重复测试，直至符合要求为止。而后测出混凝土拌和物实测湿表观密度$\rho_{c,t}$，并计算出1m^{3}混凝土中各拌和物的实际用量。然后提出和易性已满足要求的供检验混凝土强度用的基准配合比m_{fa}、m_{ca}、m_{sa}、m_{ga}、m_{wa}。

2) 实验室配合比的确定

混凝土和易性满足要求后，还应复核混凝土强度并修正配合比。

(1) 强度复核。复核检验混凝土强度时至少应采用3个不同水胶比的配合比，其中一个为基准配合比，另两个配合比是以基准配合比的水胶比为准，在此基础上水胶比分别增加和减少0.05，其用水量不变，砂率值可增加和减少1%，试拌并调整，使和易性满足要求后，测出其实测湿表观密度，每种配合比至少制作一组(3块)试件，标准养护28d后测定抗压强度。

(2) 配合比调整应符合下列规定

① 绘制出强度与胶水比的线性关系图或插值法确定略大于配制强度的强度对应的胶水比。

② 在试拌配合比的基础上，用水量(m_w)和外加剂用量(m_a)应根据确定的水胶比作调整；

③ 胶凝材料用量(m_b)应以用水量乘以确定的胶水比计算得出；

④ 粗骨料和细骨料用量(m_g和m_s)应根据用水量和胶凝材料用量进行确定。

(3) 按混凝土实测表观密度修正配合比。可按下式求校正系数δ值：

$$\rho_{c,c}=m_{cb}+m_{fb}+m_{sb}+m_{gb}+m_{wb} \tag{4-18}$$

$$\delta=\frac{\rho_{c,t}}{\rho_{c,c}} \tag{4-19}$$

式中　δ——混凝土配合比校正系数；

$\rho_{c,t}$——混凝土拌和物表观密度实测值(kg/m^3)；

$\rho_{c,c}$——混凝土拌和物表观密度计算值(kg/m^3);

m_{cb}、m_{fb}、m_{sb}、m_{gb}、m_{wb}——按强度复核情况修正后的水泥、矿物掺合料、细骨料、粗骨料、水的用量。

当 $\rho_{c,t}$ 与 $\rho_{c,c}$ 之差不超过 $\rho_{c,c}$ 的 2%时，则不需按混凝土实测表观密度修正配合比；当两者之差超过 $\rho_{c,c}$ 的 2%时，混凝土配合比中每项材料用量均乘以修正系数 δ，即得到最终确定的设计配合比(即实验室配合比)。

3) 施工配合比的确定

上述设计配合比中材料是以干燥状态为基准计算出来的，而施工现场砂石常含一定量水分，并且含水率经常变化，为保证混凝土质量，应根据现场砂石含水率对实验室配合比设计值进行修正。修正后的配合比，称为施工配合比。

假定施工现场存放砂的含水率为 a%，石子的含水率为 b%，可通过下式计算，将实验室配合比中各材料用量 m_{cb}、m_{fb}、m_{sb}、m_{gb}、m_{wb} 换算为施工配合比各材料用量 m_c、m_f、m_s、m_g、m_w。

$$\left.\begin{aligned} m_c &= m_{cb} \\ m_f &= m_{fb} \\ m_s &= m_{sb}(1+a\%) \\ m_g &= m_{gb}(1+b\%) \\ m_w &= m_{wb} - a\% m_{sb} - b\% m_{gb} \end{aligned}\right\} \tag{4-20}$$

4.10.3 混凝土配合比设计实例

某教学楼的钢筋混凝土梁，设计强度等级为 C30，不受风雪影响，施工要求坍落度为 30～50mm，施工单位无同类混凝土质量的历史统计资料，生产质量水平优良，混凝土施工采用机械拌和、机械振捣。试设计混凝土的配合比，采用原材料如下。

水泥：强度等级为 42.5 的普通硅酸盐水泥，ρ_c=3 100kg/m^3。

砂：中砂，ρ_s=2 650kg/m^3，ρ_{0s}=1 500kg/m^3，施工现场砂含水率为 3%。

石子：碎石，ρ_g=2 700kg/m^3，ρ_{0g}=1 600kg/m^3，粒径范围 5～40mm，施工现场石子含水率为 1%。

水：自来水，不掺外加剂。

解：(1) 混凝土的配制强度($f_{cu,o}$)。

标准差取 5.0 MPa，则：

$$f_{cu,o}=f_{cu,k}+1.645\sigma=(30+1.645\times5.0)\text{MPa}=38.2\text{MPa}$$

(2) 计算水胶比。

$$W/B=(0.46\times42.5\times1.11)/(38.2+0.46\times0.07\times42.5\times1.11)=0.55$$

查表 4-7，$[W/B]_{max}$=0.6＞0.55，水胶比满足耐久性要求。

(3) 确定单位用水量(m_{w0})。

混凝土坍落度为 30～50mm，碎石最大粒径为 40mm，查表 4-11，得 m_{w0}=175kg。

(4) 计算水泥用量(m_{c0})。

$$m_{c0}=(175/0.55)\text{kg}=318\text{kg}$$

查表 4-7，$[m_{c0}]$min=260kg＜318kg，水泥用量满足耐久性的要求。

(5) 确定砂率(β_s)。

查表 4-12，当 W/B=0.55，最大粒径为 40mm 时，β_s=32%～37%，取 β_s=35%。

(6) 计算砂、石用量(m_{s0}、m_{g0})。

① 体积法。

$$\begin{cases}(318/3\,100)+(m_{s0}/2\,650)+(m_{g0}/2\,700)+(175/1\,000)+0.01=1\\0.35=m_{s0}/m_{s0}+m_{g0}\end{cases}$$

以上联立方程得：m_{s0}=669kg；m_{g0}=1 242kg。

② 质量法。

$$\begin{cases}318+m_{s0}+m_{g0}+175=2\,400\\0.35=m_{s0}/m_{s0}+m_{g0}\end{cases}$$

解以上联立方程得：m_{s0}=668kg；m_{g0}=1 240kg。

(7) 初步配合比。

按体积法的计算结果，初步配合比的各种材料用量为：m_{c0}=318kg；m_{w0}=175kg；m_{s0}=669kg；m_{g0}=1 242kg。

(8) 试拌与调整。

① 试拌用量。

石子最大粒径为 40mm，混凝土拌和物数量取 25L，材料用量见表 4-16。

表 4-16 拌 25L 混凝土各种材料用量

材料名称	水泥	水	砂	石
用量/kg	7.95	4.38	16.73	31.05

② 和易性测定与调整。

经试验测得坍落度值大于 30～50mm，故保持 W/C=0.55 不变，减少水泥浆数量 4%后，测得坍落度为 42mm，满足要求，黏聚性、保水性均良好。实测混凝土拌和物的表观密度为 ρ_0=2 415kg/m^3。

经调整后，拌 25L 混凝土中各种材料用量(即 25L 混凝土用量的基准配合比)为：

$$m_{ca}=[7.95\times(1-0.04)]\text{kg}=7.63\text{kg}$$

$$m_{wa}=[4.38\times(1-0.04)]\text{kg}=4.20\text{kg}$$

$$m_{sa}=16.73\text{kg}$$

$$m_{ga}=31.05\text{kg}$$

③ 强度复核。

在基准配合比的基础上，保持用水量不变，增加和减少水胶比 0.05，即按水胶比为 0.55、0.6、0.65 试拌 3 组混凝土。经测试，其和易性均满足要求，制成立方体试件。经标准养护 28d 后，测得其强度值见表 4-17。

表 4-17 不同水胶比的混凝土立方体抗压强度

水胶比 W/B	灰水比 B/W	混凝土立方体抗压强度 f_{cu}/MPa
0.50	2.0	43.0

续表

水胶比 W/B	灰水比 B/W	混凝土立方体抗压强度 f_{cu}/MPa
0.55	1.82	39.0
0.60	1.67	35.0

绘制强度与胶水比关系曲线，如图 4.17 所示。从图中查得立方体抗压强度为 38.2MPa 时，对应的灰水比为 B/W=1.79，水胶比 W/B=0.56。

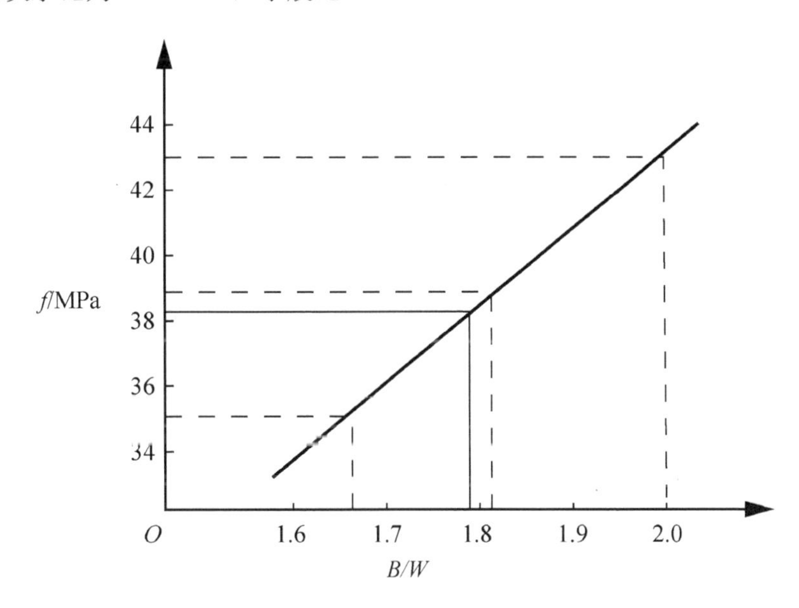

图 4.17 强度与胶水比的关系

(9) 确定实验室配合比。

① 按强度检验结果修正配合比。

a．用水量(m_{wb})。

$$m_{wb}=[4.20\times2\ 415/(7\text{-}63+4.20+16.73+31.05)]\text{kg}=170\text{kg}$$

b．水泥用量(m_{cb})。

$$m_{cb}=[170/0.56]\text{kg}=304\text{kg}$$

c．砂、石用量(m_{sb}、m_{gb})。

砂：$m_{sb}=[16.73\times2\ 415/(7\text{-}63+4.20+16.73+31.05)]\text{kg}=678\text{kg}$

石子：$m_{gb}=[31.05\times2\ 415/(7\text{-}63+4.20+16.73+31.05)]\text{kg}=1\ 258\text{kg}$

② 按实测表观密度修正配合比。按强度符合要求的配合比试拌混凝土，其混凝十表观密度实测值为：$\rho_{c,t}$=2 421kg/m^3。

混凝土表观密度计算值为：

$$\rho_{c,c}=m_{cb}+m_{sb}+m_{gb}+m_{wb}=[170+304+678+1\ 278]\text{kg/m}^3=2\ 430\text{kg/m}^3$$

校正系数：

$$\delta=\rho_{c,t}/\rho_{c,c}=2\ 421/2\ 430=0.996\ 3$$

③ 计算实验室配合比。由于混凝土表观密度实测值与混凝土表观密度计算值之差不到1%，故不必修正。混凝土的试验室配合比见表4-18。

表4-18 混凝土的试验室配合比

材料名称	水泥	水	砂	石
用量/kg	304	170	678	1258

(10) 确定施工配合比。

根据实测砂石含水率换算成施工配合比。

$m_c=m_{cb}=304\text{kg}$

$m_s=m_{sb}(1+a\%)=[678\times(1+3\%)]\text{kg}=698\text{kg}$

$m_g=m_{gb}(1+b\%)=[1\ 258\times(1+1\%)]\text{kg}=1\ 271\text{kg}$

$m_w=m_{wb}-a\%m_{sb}-b\%m_{gb}=[170-678\times3\%-1258\times1\%]\text{kg}=137\text{kg}$

4.11 其他品种混凝土

现代土木工程对混凝土性能的要求越来越趋向于专项性，要求混凝土不仅应具有基本的性能，同时还可以具有直接针对工程性质的特种性能，由此便在普通水泥混凝土的基础上，发展出了各种具有不同性能特点的混凝土。

4.11.1 高强混凝土与高性能混凝土

1. 高强混凝土

1) 概念

高强混凝土(High Strength Concrete，HSC)是指强度等级为C60及其以上的混凝土，C100以上也称超高强混凝土。

2) 特性

高强混凝土具有强度高、空隙率低、抗渗性好、耐久性好等优点，在建筑工程特别是高层建筑中被广泛采用。高强混凝土能适应现代工程的需要，可获得明显的工程效益和经济效益。采用高强混凝土，不仅可以减少结构断面尺寸、减轻结构自重、降低材料费用，还能满足特种工程的要求，在高层超高层建筑、建筑结构、大跨度大型桥梁结构、道路以及受有侵蚀介质作用的车库、贮灌物中及某些特种结构中得到广泛应用。但是，与普通混凝土相比，高强混凝土的耐火性能较差，特别是火灾中的抗爆裂性能较差。由于强度太高带来的脆性问题尚未从根本上解决，因此，目前在使用高强混凝土方面仍有一定限制。

高强混凝土的组成材料除主要包括的水泥、砂、石外，还有化学外加剂、矿物掺和料和水或同时外加粉煤灰、F矿粉、矿渣、硅粉等混合料，经常规工艺生产而获得高强度的混凝土。

特 别 提 示

由于高强混凝土要掺入超细矿物掺和料，因此配合比设计中的重要参数采用水胶比(即用水量与胶凝材料总量的比值)。

知识链接

各国对高强混凝土与普通混凝土的划分不尽相同，高强混凝土或普通混凝土是与本国当前的混凝土技术水平相对而言的。长期以来，我国现场施工现浇混凝土的强度等级大量低于C30，预制混凝土构件普遍低于C40；同时混凝土结构设计规范的计算公式大部分是根据较低强度的混凝土构件的试验数据得出的，有的明显不适合于强度较高或更高等级的混凝土；另外从混凝土的制作技术来看，C50及更高等级的混凝土在施工时需要严格的质量管理制度和较高的施工技术水平。因此，从我国目前的设计施工技术水平出发，划分强度等级达到或超过C60的混凝土为高强混凝土；相对而言，将强度等级不高于C25的混凝土为低强混凝土，C30～C45之间的混凝土为中强混凝土。

3) 施工与养护

高强混凝土从原料到搅拌、浇筑、养护等，要求有严格的施工程序，如不得使用自落式搅拌机，严禁在拌和物出机时加水、外加剂宜采用后掺法、采用“二次投料法”搅拌工艺等。目前，高强混凝土多数以商品混凝土的形式供应，在现场采用泵送的施工方法。由于高强混凝土用水量较少，保湿养护对混凝土的强度发展、避免过多地产生裂缝、获得良好的质量具有重要影响，因而应在浇注完毕后，立即覆盖养护或立即喷洒或涂刷养护剂以保持混凝土表面湿润，养护日期不得少于7d。

2. 高性能混凝土

1) 概念

高性能混凝土(High Performance Concrete，HPC)是一种新型高技术混凝土，是在大幅度提高普通混凝土性能的基础上采用现代混凝土技术制作的混凝土。它以耐久性作为设计的主要指标。

2) 特性

高性能混凝土是具备所要求的性能和匀质性的混凝土，其所要求的性能包括：易于浇注和压实而不离析、高长期力学性能、高早期强度、高韧性、体积稳定、在严酷环境下使用寿命长久。针对不同用途要求，对下列性能重点予以保证：耐久性、工作性、适用性、强度、体积稳定性和经济性。高性能混凝土具有一定的强度和高抗渗能力，但不一定具有高强度，中、低强度亦可；与普通混凝土相比，高性能混凝土具有独特的性能，即高工作性、高耐久性和高体积稳定性。

知识链接

京沪高速铁路是我国第一条具有自主知识产权的高速铁路，设计时速350km。该工程主要混凝土结构使用年限按不低于100年设计，同时对混凝土结构的耐久性提出了很高的要求，大掺量矿物掺和料高性能混凝土在京沪高铁中的大量应用也取得了良好的效果。

特别提示

高性能混凝土不一定是高强度混凝土，高性能混凝土的技术性能要求比高强混凝土更多、更广泛。

4.11.2 轻混凝土

轻混凝土是其体积密度小于 2 000kg/m^3 混凝土的统称。它是用轻的粗、细骨料和水泥，必要时加入化学外加剂的矿物掺和料配制成的混凝土。

轻混凝土按其孔隙结构分为轻骨料混凝土(即多孔骨料轻混凝土)、多孔混凝土(主要包括加气混凝土和泡沫混凝土等)和大孔混凝土(即无砂混凝土或少砂混凝土)。与普通混凝土相比，其特点是质轻、热工性能良好、力学性能良好、耐火、抗渗、抗冻、易于加工等。因此，在高层建筑、大跨度建筑、有保温要求的建筑装饰与装修工程中具有明显优势。

1. 轻骨料混凝土

【参考图文】

以轻粗骨料、细骨料、水泥和水配制而成。与普通混凝土比较，其表观密度较低、强度差别不大，具有较高的比强度。

1) 分类

轻骨料按其来源可分为工业废料轻骨料(如粉煤灰陶粒、煤矸石、膨胀矿渣珠、煤渣等)、天然轻骨料(如浮石、火山渣等)以及人造轻骨料(如页岩陶粒、黏土陶粒、膨胀珍珠岩等)；按其颗粒形状可分为圆球形、普通型和碎石型；按所用骨料不同可分为全轻混凝土(粗细骨料均为轻骨料，堆积密度小于 1 000kg/m^3)和砂轻混凝土(细骨料全部或部分为普通砂)；按用途可分为保温轻骨料混凝土、结构保温轻骨料混凝土、结构轻骨料混凝土 3 大类。

轻骨料混凝土按用途及其对强度等级和密度等级的要求见表 4-19。

表 4-19　轻骨料混凝土用途及其对强度等级和密度等级的要求

类别名称	混凝土强度等级的合理范围	混凝土密度等级的合理范围	用　　途
保温轻骨料混凝土	LC5.0	≤800	主要用于保温的围护结构或热工构筑物
结构保温轻骨料混凝土	LC5.0～LC15	800～1 400	主要用于既承重又保温的围护结构
结构轻骨料混凝土	LC15～LC60	1 400～1 900	主要用于承重构件或构筑物

2) 技术性能

(1) 抗压强度。轻骨料混凝土的强度等级用 LC 表示。轻骨料混凝土的强度等级与普通混凝土相对应，《轻骨料混凝土技术规程(附条文说明)》(JGJ 51—2002)按其立方体抗压强度标准值划分为 13 个强度等级：LC5.0、LC7.5、LC10、LC15、LC20、LC25、LC30、LC35、LC40、LC45、LC50、LC55、LC60。强度等级达到 LC30 及以上者称为高强轻骨料混凝土。

(2) 体积密度。轻骨料混凝土按其干体积密度划分为 14 个密度等级，即由 600～1 900 每增加 100kg/m^2 为一个等级，每一个等级有其一定的变化范围。某一密度等级轻骨料混凝土的密度标准值，可取该密度等级于表观密度变化范围的上限值，见表 4-20。

表 4-20　轻骨料混凝土的密度等级

密度等级	干表观密度变化范围/(kg/m^3)	密度等级	干表观密度变化范围/(kg/m^3)
600	560～650	1 300	1 260～1 350
700	660～750	1 400	1 360～1 450
800	760～850	1 500	1 460～1 550
900	860～950	1 600	1 560～1 650
1 000	960～4 050	1 700	1 660～1 750
1 100	1 060～1 150	1 800	1 760～1 850
1 200	1 160～1 250	1 900	1 860～1 950

(3) 其他性能。轻骨料的弹性模量较小，一般为同强度等级普通混凝土的 50%～70%；轻骨料混凝土具有良好的保温性能，当含水率增大时，导热系数也随之增大；轻骨料的收缩和徐变比普通混凝土相应大 30%～60%，热膨胀系数比普通混凝土小约 20%，导热系数降低 25%～75%，耐火性与抗冻性有不同程度的改善。

3) 轻骨料混凝土的应用

轻骨料混凝土主要适用于高层和多层建筑、软土地基、大跨度结构、抗震结构、耐火等级要求高的建筑、要求节能的建筑和旧建筑的加层等。

知识链接

自 20 世纪 50 年代中期，美国采用轻骨料混凝土取代普通混凝土，修建了休斯敦贝壳广场大厦，并取得了显著的技术经济效益，使得高性能轻骨料混凝土越来越受到了重视。如今，国外发达国家高强度、高性能轻骨料混凝土的应用已经取得了丰富的经验。LC50～LC60 轻骨料混凝土已在工程中大量使用，结构轻骨料混凝土的抗压强度最高为 80 MPa，其表观密度不大于 1 800 或 2 000kg/m^3。1993 年以来，美国每年轻骨料使用量约为 350～415 万 m^3，其中结构用轻骨料混凝土部分在 80 万 m^3 左右。挪威自 1987 年以来，已应用高性能轻骨料混凝土施工了 11 座桥梁，用于 6 座主跨为 154～301m 的悬臂桥的主跨或边跨，2 座斜拉桥的主跨或桥面，2 座浮桥的桥墩，1 座桥的桥面板。

轻骨料混凝土在我国应用的工程实例较多，如建于 2000 年的珠海国际会议中心 20 层以上部位全都采用 LC40 轻骨料混凝土；铁道部大桥局桥梁科技研究所将 LC40 粉煤灰陶粒高强混凝土成功应用于金山公路跨度为 22m 的箱形预应力桥梁，使桥梁的自重降低了 20%以上，取得了很好的技术经济效果。

2. 大孔混凝土

大孔混凝土是以粗骨料、水泥和水配制而成的一种轻质混凝土，又称无砂混凝土。在这种混凝土中，水泥浆包裹粗骨料颗粒的表面，将粗骨料粘在一起，但水泥浆并不填满粗骨料颗粒之间的空隙，因而形成大孔结构的混凝土。

大孔混凝土按其所用骨料品种可分为普通大孔混凝土和轻骨料大孔混凝土。前者用天然碎石、卵石或重矿渣配制而成。为了提高大孔混凝土的强度，有时也加入少量细骨料(砂)，这种混凝土又称少砂混凝土。

普通大孔混凝土体积密度为1 500～1 950kg/m^3，抗压强度为3.5～10MPa。轻骨料大孔混凝土的体积密度在500～1 500kg/m^3，抗压强度为1.5～7.5MPa。大孔混凝土热导率小，保温性能好，吸湿性小，收缩一般比普通混凝土小30%～50%，抗冻性可达15～25次冬融循环。由于大孔混凝土不用或少用砂，故水泥用量较低，1m^{3}混凝土的水泥用量仅为150～200kg，成本较低。

大孔混凝土可用于制作墙体用的小型空心砌块和各种板材，也可用于现浇墙体。普通大孔混凝土还可制成给水管道、滤水板等，广泛用于市政工程。

3. 多孔混凝土

多孔混凝土是一种不用粗骨料，且内部均匀分布着大量微小气孔的轻质混凝土。多孔混凝土孔隙率可达85%，体积密度在300～1 000kg/m^3，热导率为0.081～0.17W/(m·K)，且具有结构及保温功能，容易切割，易于施工。可制成砌块、墙板、屋面板及保温制品，广范用于工业与民用建筑及保温工程中。

根据气孔产生的方法不同，多孔混凝土可分为加气混凝土和泡沫混凝土。蒸压加气混凝土砌块适用于承重和非承重的内墙和外墙。加气混凝土条板用于工业与民用建筑中，可做承重和保温合一的屋面板和墙板，条板均配有钢筋，钢筋必须预先经防锈处理。另外，还可用加气混凝土和普通混凝土预制成复合墙板，用作外墙板。加气混凝土还可做成各种保温制品，如管道保温壳等。

特别提示

蒸压加气混凝土的吸水率高，且强度较低，所以其所用砌筑砂浆及抹面砂浆与砌筑砖墙时不同，需专门配制。

4.11.3 防水混凝土

防水混凝土是通过各种方法提高混凝土抗渗性能，其抗渗等级等于或大于P6级的混凝土，又称抗渗混凝土。混凝土抗渗等级的选择是根据其最大作用水头(即处在自由水面下的垂直深度)与建筑物最小壁厚的比值来确定的，见表4-21。

表4-21 防水混凝土抗渗等级选择

最大作用水头与建筑物最小壁厚的比值	＜10	10～20	＞20
混凝土设计抗渗等级	P6	P8	P10～P20

混凝土试配要求的抗渗水压值应比设计等级值高0.2MPa。

防水混凝土根据采取的防渗措施不同，分为三类：普通防水混凝土、外加剂防水混凝土和膨胀水泥防水混凝土。

1. 普通防水混凝土

普通防水混凝土通过调整配合比来提高混凝土自身的密实度，从而提高混凝土的抗渗性。普通防水混凝土在配合比设计时，对其所用的原材料要求除应与普通混凝土相同外，还应符合以下规定：1m^3混凝土中的水泥和矿物掺和总量不宜小于320kg；砂率宜为35%～45%；抗渗混凝土最大水胶比，见表4-22。

表4-22 抗渗混凝土最大水胶比

抗渗等级	最大水胶比	
	C20～C30混凝土	C30以上混凝土
P6	0.60	0.55
P8～P12	0.55	0.50
P12以上	0.55	0.45

普通防水混凝土的抗渗等级一般可达P6～P12，施工简单，性能稳定，但施工质量要求比普通混凝土严格，适用于地上、地下要求防水抗渗的工程。

2. 外加剂防水混凝土

外加剂防水混凝土是利用外加剂的功能，使混凝土显著提高密实性或改变孔结构，从而达到抗渗的目的。常用的外加剂有引气剂(松香热聚物、松香皂和氯化钙复合剂)、密实剂(氢氧化铁、氢氧化铝)、防水剂(氯化铁)等。

3. 膨胀水泥防水混凝土

膨胀水泥防水混凝土采用膨胀水泥配制而成，由于这种水泥在水化过程中能形成大量的钙矾石，会产生一定的体积膨胀，在有约束的条件下能改善混凝土的孔结构，使毛细孔径减小，总孔隙率降低，从而使混凝土密实度提高，抗渗性能提高。但这种防水混凝土使用温度不应超过80℃，否则将导致抗渗性能下降。

4.11.4 流态混凝土

在预拌的坍落度为50～100mm的基体混凝土中，在浇筑之前掺入适量的流化剂，经过1～5min的搅拌，使混凝土的坍落度迅速增大至200～220mm，拌和物甚至能像水一样地流动，这种混凝土称为“流态混凝土”。流态混凝土的特点包括以下几方面。

(1) 混凝土拌和物坍落度增幅大，但不会离析、泌水等，有利于泵送。

(2) 水胶比小，不需要多用水泥，且宜制得高强、耐久、不透水的优质混凝土。

(3) 改善混凝土施工性能，可显著减少混凝土浇筑、振捣所耗动力，降低工程造价。

(4) 大大改善混凝土施工条件，减少劳动量，提高工效，减小施工噪声。

(5) 因其单位用水量少，硫化及硫化剂对水泥的分散效果随时间延长而降低，因此流态混凝土拌和物的坍落度经时损失快。

流态混凝土近年来开始在大型工程中使用，主要适用于高层建筑、大型工业与公共建筑的基础、楼板、墙板以及地下工程等，尤其使用于工程中配筋密列混凝土浇筑振捣困难的部位，以及导管法浇注混凝土。

4.11.5 环保型混凝土

所谓环保型混凝土，是指能减少给自然环境造成负荷，同时又能与自然生态系统协调共生，为人类构筑更加舒适环境的混凝土。由于传统混凝土存在诸多对环境不利的缺点、不符合可持续发展的要求。因此，环保型混凝土便应运而生，其品种也在不断出新。环保型混凝土有两大类：一类是减轻环境负荷的混凝土；另一类是生态型混凝土。

(1) 减轻环境负荷的混凝土是指在混凝土生产、使用直到解体全过程中，能够减轻给地球环境造成的负担的混凝土。有关这类混凝土的开发与研究，在中国已有几十年的历史，从利用高炉矿渣、粉煤灰等工业废料作为水泥的混合材料、混凝土的掺和料，到开发利用高流态、自密实、高性能混凝土，均属于减轻环境负荷型混凝土。

(2) 生态型混凝土是指能适应动植物生长，对调节生态平衡、美化环境景观、实现人类与自然的协调具有积极作用的混凝土。有关这类混凝土的研究和开发还刚起步，它的目标是：混凝土不仅仅作为建筑材料为人类构筑所需要的结构物或建筑物，而且它应与自然融合，对自然环境和生态平衡具有积极的保护作用。其主要品种有透水、排水型混凝土，生物适应型混凝土，绿化植被混凝土和景观混凝土等。

知识链接

所谓绿化混凝土，是指能够适应植物生长、可进行植被作业的混凝土及其制品，具有保护环境、改善生态条件、基本保持原有防护作用的3大功能。绿化混凝土可再造自然水环境、维护水生态链、增加护砌材料表面透水透气性、减少城市热岛效应，还能减少水泥用量，对生态平衡起到积极作用。其典型代表是混凝土草坪砖，这种地砖采用火山岩骨料制作，不仅含有草种生长所需的养分，其间还有足够的孔隙，既能保证草根在混凝土生长中有充分的延展空间，也可避免草根的生长导致混凝土地砖的破裂，铺上这种地砖，只需浇水并定期添加营养液，就能保持绿草如茵。与一般草坪相比，混凝土草坪最大的优点就是耐压，它可以承受500～2 000kN/m^{2}的重压，由于其草根深扎于混凝土缝隙中而受到保护，所以不怕人踩。不怕车轧，用于铺设大型室外停车场或其他公共聚会场所，既可绿化又可停车，一举两得，可有效缓解当前城市绿化与城市用地紧张之间的矛盾。

4.11.6 自密实混凝土

自密实混凝土指具有高流动性、均匀性和稳定性，浇筑时无需外力振捣，能够在自重作用下流动并充满模板空间的混凝土，即使存在致密钢筋也能完全填充模板，同时获得很好均质性，并且不需要附加振动的混凝土。

自密实混凝土被称为“近几十年中混凝土建筑技术最具革命性的发展”，因为自密实混凝土拥有众多优点。

(1) 保证混凝土良好地密实。

(2) 提高生产效率。由于不需要振捣，混凝土浇筑需要的时间大幅度缩短，工人劳动强度大幅度降低，需要工人数量减少。

(3) 改善工作环境和安全性。没有振捣噪音，避免工人长时间手持振动器导致的“手臂振动综合症”。

(4) 改善混凝土的表面质量。不会出现表面气泡或蜂窝麻面，不需要进行表面修补；能够逼真呈现模板表面的纹理或造型。

(5) 增加了结构设计的自由度。不需要振捣，可以浇筑成型形状复杂、薄壁和密集配筋的结构。以前，这类结构往往因为混凝土浇筑施工的困难而限制采用。

(6) 避免了振捣对模板产生的磨损。

(7) 减少混凝土对搅拌机的磨损。

(8) 可能降低工程整体造价。从提高施工速度、环境对噪音限制、减少人工和保证质量等诸多方面降低成本。

自密实混凝土的“自密实”特性的测试，已经形成了系列标准的试验方法，见表4-23。

表4-23 自密实混凝土拌合物的自密实性能及要求

自密实性能	性能指标	性能等级	技术要求
填充性	坍落扩展度/mm	SF1	550～655
		SF2	660～755
		SF3	760～850
	扩展时间 T_{500}/s	VS1	≥2
		VS2	<2
间隙通过性	坍落扩展度与J环扩展度差值/mm	PA1	25<PA1≤50
		PA2	0≤PA2≤25
抗离析性	离析率/%	SR1	≤20
		SR2	≤15
	粗骨料振动离析率/%	f_m	≤10

注：当抗离析性结果有争议时，以离析率筛析法试验结果为准。

在20世纪70年代早期，欧洲就已经开始使用轻微振动的混凝土，但是直到20世纪80年代后期，SCC才在日本发展起来。日本发展SCC的主要原因是解决熟练技术工人的减少和混凝土结构耐久性提高之间的矛盾。欧洲在20世纪90年代中期才将SCC第一次用于瑞典的交通网络民用工程上。随后EC建立了一个多国合作SCC指导项目。从此以后，整个欧洲的SCC应用普遍增加。

本任务小结

通过本任务的学习，应掌握新拌混凝土的和易性、硬化混凝土的力学性能、耐久性要求、强度检验方法和混凝土质量控制、外加剂特点等内容。

在混凝土组成材料中，水泥胶结材料是最关键的成分，对混凝土性能影响很大。砂和石子是同一性状而只是粒径不同的骨料，而所起的作用基本相同，应掌握它们在配制混凝土时的技术要求。

混凝土的和易性对混凝土硬化后的性能(强度和耐久性)有极大影响，必须保证混凝土拌和物的施工性能。混凝土强度的合格性控制与建筑施工关系密切，应结合主体(基础)工程施工、施工质量验收等课程深入学习。

要求基本掌握混凝土配合比计算及调整方法，了解水胶比、砂率、单位用水量及其他一些常见因素对混凝土性能的影响。同时应当明确，配合比设计的合理性必须通过试验来检验。

外加剂已成为改善混凝土性能的非常有效的措施，在国内外得到了广泛应用，被视为组成混凝土的第五种组成材料。应着重了解它们的类别、性质和使用条件。

其他品种的混凝土在工程中的应用已日趋广泛。这些混凝土的品种不同，性能、特点各异，分别适用于不同的环境要求，在实际工程中应合理选用。

掌握普通混凝土的基本性质，既是本课程的重点，也是了解其他品种混凝土和建筑砂浆性质的基础。

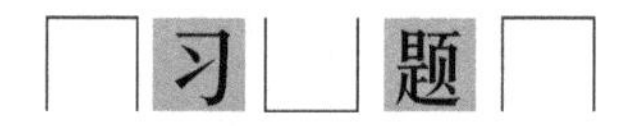

习题

一、简答题

1. 普通混凝土的组成材料有哪几种？在混凝土凝固硬化前后各起什么作用？

2. 什么是骨料级配？混凝土骨料为什么要检测其级配？骨料级配良好的标准是什么？

3. 什么是混凝土拌和物的和易性？它有哪些含义？影响混凝土拌和物和易性的因素有哪些？如何影响？

4. 什么是合理砂率？合理砂率有何技术及经济意义？

5. 采取哪些措施可提高混凝土早期强度(1～3d)？哪些措施可提高混凝土28d强度？

6. 引起混凝土产生变形的因素有哪些？采取什么措施可减小混凝土的变形？

7. 采取哪些措施可提高混凝土的抗渗性？抗渗性大小对混凝土耐久性的其他方面有何影响？

8. 轻骨料混凝土与普通混凝土相比较有何特点？

9. 常用的早强剂有哪些？试评价其优缺点。

10. 为什么提高现场混凝土施工管理水平可降低混凝土施工生产成本？

11. 混凝土配合比设计的基本要求是什么？需要确定的三个参数是什么？怎样确定？

12. 简述普通水泥混凝土的配合比设计步骤。

13. 简述减水剂的作用机理和掺入减水剂的技术经济效果。

14. 试述高性能混凝土的主要特点。

二、案例题

1. 采用矿渣水泥、5～31.5mm碎石和天然中砂配制混凝土，水胶比为0.50，制作15cm×15cm×15cm试件3块，在标准养护条件下养护28d后，测得破坏荷载分别为895kN、950kN、905kN。试计算：

(1) 该混凝土28d的立方体抗压强度。

(2) 该混凝土采用的矿渣水泥的强度等级。

2．某混凝土配合比为C∶S∶G=1∶2.43∶4.71，水胶比为0.62，设混凝土的表观密度为2 400kg/m^3，求各材料用量。

3．分析混凝土在下列情况下产生裂缝的机理，并指出主要防止措施。

(1) 水泥水化热大。

(2) 水泥安定性不良。

(3) 环境温度变化(温差)较大。

(4) 出现碱—骨料反应。

(5) 混凝土严重碳化。

(6) 混凝土早期受冻。

(7) 混凝土养护时缺水。

(8) 混凝土遭到硫酸盐侵蚀。

(9) 混凝土提前拆模。

【参考答案】

学习任务5

建筑砂浆

学习目标

掌握砌筑砂浆的材料组成和技术性质特点，了解砌筑砂浆的配合比设计过程，熟悉干混砂浆、特种砂浆和抹面砂浆的特点及应用。

学习要求

能力目标	知识要点	权重
了解砌筑砂浆材料组成	砌筑砂浆组成材料及特点	30%
掌握砌筑砂浆技术性质	砌筑砂浆技术性质与要求	40%
了解砌筑砂浆配合比设计过程	砌筑砂浆配合比设计程序	10%
熟悉干混砂浆、特种砂浆和抹面砂浆的特点及应用	干混砂浆、特种砂浆和抹面砂浆的特点及应用	20%

任务导读

砂浆在建筑工程中是用量大、用途广泛的建筑材料之一，它是由胶凝材料、细集料、掺和料和水配制而成的。砂浆可把散粒材料、块状材料、片状材料等胶结成整体结构，也可以装饰、保护主体材料。它与普通混凝土的主要区别是组成材料中没有粗骨料。因此，建筑砂浆也称为细骨料混凝土。

砂浆按用途不同可分为砌筑砂浆、抹面砂浆(图 5.1)、绝热砂浆和防水砂浆等；按胶结料不同可分为水泥砂浆、石灰砂浆、聚合物砂浆和混合砂浆等。

建筑砂浆的主要技术性质包括新拌砂浆的和易性，硬化后砂浆的强度、黏结性和收缩等。对于硬化后的砂浆则要求具有所需要的强度、与底面的黏结及较小的变形。

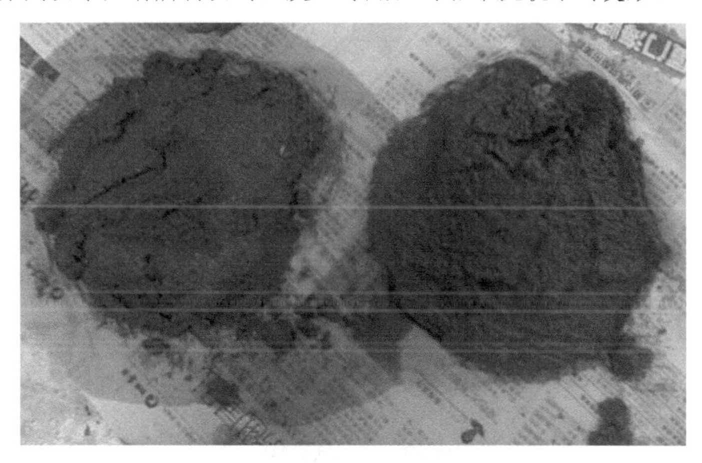

图 5.1　加气混凝土专用抹面砂浆

知识点滴

干混砂浆的发展

干混砂浆是在传统搅拌砂浆的基础上发展起来的，起源于 19 世纪的奥地利，直到 20 世纪 50 年代以后，欧洲的干混砂浆才得到迅速发展，主要原因是第二次世界大战后欧洲需要大量建设，劳动力的短缺、工程质量的提高以及环境保护要求，使人们开始对建筑干混砂浆进行系统研究和应用。到 60 年代，欧洲各国政府出台了建筑施工环境行业投资优惠等方面的导向性政策来推动建筑砂浆的发展，随后建筑干混砂浆很快风靡西方发达国家。近年来，环境质量要求更加提高了对建筑砂浆工业化生产的重视。

我国建筑砂浆完整经历了石灰砂浆、水泥砂浆、混合砂浆到干拌砂浆的发展历程，从 20 世纪 80 年代开始北京、上海等地开始引进研究干混砂浆技术，直到 90 年代末期才开始出现具有一定规模的干拌砂浆生产厂家(图 5.2 和图 5.3)。

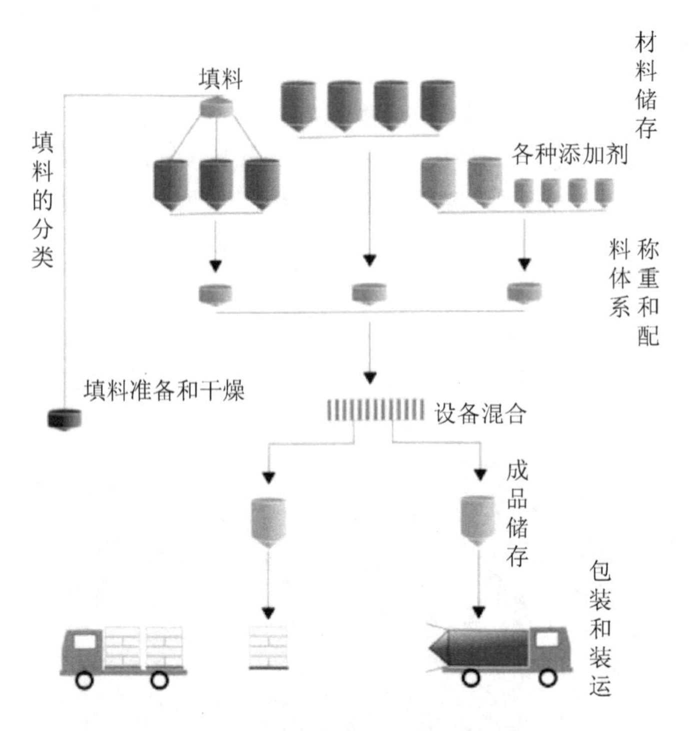

图5.2　现代化干混砂浆工程流程示意图

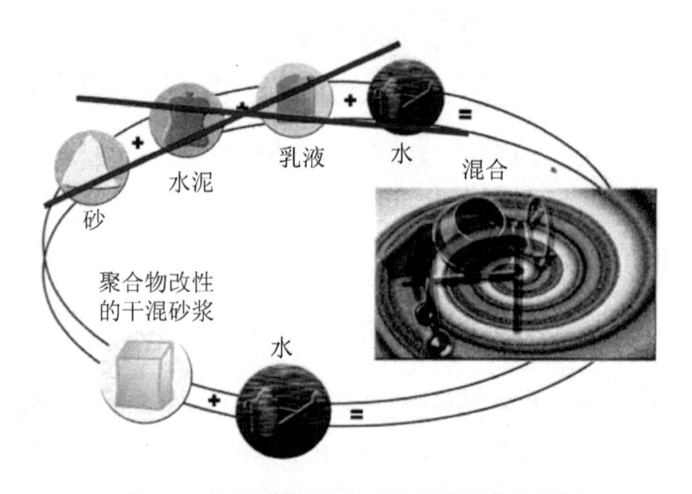

图5.3　传统搅拌砂浆与现代干混砂浆的区别

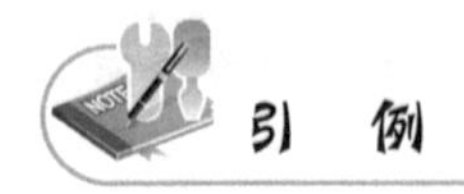

引　例

2002年11月初，记者接到美庐锦园业主的投诉电话，反映尚未入住的美庐锦园外墙出现大面积裂纹，同时室内地面也有不少裂缝，如图5.4所示。记者随即赶赴现场，看到情况确实如此，只见有工人正在进行修补处理，裂纹涉及A、B、C这3栋楼，绝大部分已经重新刮上了腻子。据现场施工人员介绍，目前的处理办法是先用水泥砂浆将裂缝处抹平，再以涂料粉刷。

此后，陆续有许多业主向有关管理部门递交了投诉材料。11月8日，市质监总站专门召集施工、监理以及发展商就此事进行商讨，并责成当事方立即着手调查，并尽快找出裂纹原因及解决方案，送交质监总站审批。

记者了解到，许多业主非常担心裂纹会影响今后的生活，他们向发展商提出交涉：请说明该问题的出现原因以及是否会对外墙留下质量隐患，比如外墙防水问题、涂料脱落问题等；同样的问题在其他部位是否还会出现？有何预防措施？发展商的答复是：这是正常现象，绝对不会影响主体结构，而且他们会进行修补。深圳市建设工程质量监督总站发布了《美庐锦园工程质量投诉处理意见》。在《意见》中，给出了现场调查情况及处理意见：第一，外墙裂缝不是受力裂缝，主要为抹灰层收缩龟裂导致涂层裂缝，缝宽 0.2mm 以下，裂缝长度最长近 1m；第二，施工单位限期提出技术处理方案交设计单位审查，设计单位书面同意后，方可进行修补，处理外墙的颜色应均匀一致；第三，施工单位和监理单位全面检查水泥砂浆地面的空鼓、开裂情况，并写出相应的整改措施，交设计单位审查；第四，施工单位和监理单位应全面检查外墙裂缝，分析裂缝原因，总结经验，建设单位和监理单位做好业主的解释工作。

图 5.4　砂浆调配不准确产生的墙面裂缝

而据个别勘察过现场的专业人士透漏，裂缝产生的根本问题不在主体结构墙体上，而是出现在水泥砂浆抹灰这个工序上。他们认为具体的原因有如下几方面。

(1) 抹灰前有两道工序未做或未做到位：原主体结构墙面未清理干净、抹灰未甩毛，即未用掺 107 胶的素水泥浆甩到墙面。这将导致抹灰层空鼓(即抹灰层未能与主体结构墙体粘好)而出现裂缝。

(2) 水泥砂浆配合比不准确：配合比过高、过低均会导致抹灰裂缝。配合比不准确会使水泥砂浆施工初期水泥与水发生化学反应，而硬化时出现内部应力不均。

(3) 抹灰后，天气炎热、干燥，未洒水养护水泥砂浆层。

(4) 承建商、监理工程师、发展商的地盘管理人员均未认真履行“工序检查”就允许下道工序“刷涂料”施工。

5.1 砌筑砂浆

【参考视频】

用于砖、石、砌块等黏结成为一体的砂浆，称为砌筑砂浆。如在砌体结构中，把单块的砖、石及砌块等胶结起来构成砌体；大型墙板和各种构件的接缝也可用砂浆填充；墙面、地面及梁柱结构的表面都可用砂浆抹面，以便满足装饰和保护结构的要求；镶贴大理石、瓷砖等使用的砂浆。它起着传递荷载的作用，是砌体的重要组成部分。

5.1.1 砌筑砂浆的组成材料

1. 水泥

用来配制砂浆水泥品种的选择与混凝土相同，可根据砌筑部位、环境条件等选择适宜的水泥品种。通常对水泥的强度要求并不是很高，一般采用中等强度等级的水泥就能够满足要求。在配制砌筑砂浆时，选择水泥强度等级一般为砂浆强度等级的4～5倍，但水泥砂浆采用的水泥强度等级不宜大于32.5，水泥混合砂浆采用的水泥强度等级不宜大于42.5级。如果水泥强度等级过高，可适当掺入掺加料。不同品种的水泥，不得混合使用。

在普通硅酸盐水泥熟料中掺入大量的炉渣、灰渣等物质，磨细后生产出砌筑水泥专门用于拌制砌筑砂浆。由于砌筑水泥中熟料的含量很少，一般为15%～25%，所以砌筑水泥的强度较低，通常分为125、175、225这3个标号。

2. 掺和料

为了改善砂浆的和易性和节约水泥、降低砂浆成本，在配制砂浆时，常在砂浆中掺入适量的磨细生石灰、石灰膏、石膏、粉煤灰、黏土膏、电石膏等物质作为掺和料。为了保证砂浆的质量，经常将生石灰先熟化成石灰膏，然后用孔径不大于3mm×3mm的网过滤，且熟化时间不得少于7d；如用磨细生石灰粉制成，其熟化时间不得少于2d。沉淀池中储存的石灰膏，应采取防止干燥、冻结和污染的措施。严禁使用脱水硬化的石灰膏。制成的膏类物质稠度一般为(120±5)mm，如果现场施工时，当石灰膏稠度与试配时不一致时，见表5-1。

表5-1 石灰膏不同稠度时的换算系数

石灰膏稠度/mm	120	110	100	90	80	70	60	50	40	30
换算系数	1.00	0.99	0.97	0.95	0.93	0.92	0.90	0.88	0.87	0.86

特别提示

消石灰粉不得直接使用于砂浆中。

3. 聚合物

在许多特殊的场合可采用聚合物作为砂浆的胶凝材料。由于聚合物为链型或体型高分子化合物且黏性好，在砂浆中可呈膜状大面积分布，因此可提高砂浆的黏结性、韧性和抗冲击性，同时也有利于提高砂浆的抗渗、抗碳化等耐久性能。在建筑砂浆中添加聚合物黏结剂，从而使砂浆性能得到很大改善，常用的聚合物有聚乙酸乙烯酯、甲基纤维素醚、聚乙烯醇、聚酯树脂、环氧树脂等。但聚合物有可能会使砂浆抗压强度下降，需慎重选用。

4. 细骨料

配制砂浆的细骨料最常用的是天然砂。砂应符合混凝土用砂的技术性质要求。由于砂浆层较薄，砂的最大粒径应有所限制，理论上不应超过砂浆层厚度的1/5～1/4，砂的粗细程度对砂浆的水泥用量、和易性、强度及收缩等影响很大。也可以采用细炉渣等作为细骨料，但应该选用燃烧完全、未燃煤粉和其他有害杂质含量较小的炉渣，否则将影响砂浆的质量。

5. 用水要求

拌制砂浆用水与混凝土拌和用水的要求相同。GB 50204—2002 中 7.2.6 条规定：拌制混凝土宜采用饮用水，当采用其他水源时，水质均满足符合《混凝土用水标准(附条文说明)》(JGJ 63—2006)的规定。

6. 外加剂

为改善新拌及硬化后砂浆的各种性能或赋予砂浆某些特殊性能，常在砂浆中掺入适量外加剂。例如为改善砂浆和易性，提高砂浆的抗裂性、抗冻性及保温性，可掺入微沫剂、减水剂等外加剂；为增强砂浆的防水性和抗渗性，可掺入防水剂等；为增强砂浆的保温隔热性能，除选用轻质细骨料外，还可掺入引气剂提高砂浆的孔隙率。

5.1.2 砌筑砂浆的技术性质

【参考图文】

砌筑砂浆在砌体中的作用主要是将砖石按一定的砌筑方法黏结成整体，砂浆硬固后，各层砖可以通过砂浆均匀地传布压力，使砌体受力均匀，砂浆填满砌体的间隙，可防止透风，对房屋起保暖、隔热的作用。因此砌筑砂浆有一定的强度要求，新拌砂浆应具有良好的和易性。

1. 砂浆的强度与等级

砌筑砂浆的强度通常是指立方抗压强度值，即砂浆强度等级是以70.7mm×70.7mm×70.7mm的6个一组的立方体试块，按标准条件养护至28d的抗压强度平均值确定的。规定的标准养护温度为(20±2)℃；标准养护湿度为：水泥混合砂浆试件要求的相对湿度为60%～80%，水泥砂浆试件要求的相对湿度为90%以上。

根据《砌筑砂浆配合比设计规程》(JGJ/T 98—2010))的规定，水泥砂浆及预拌砌筑砂浆的强度等级可分为M5、M7.5、M10、M15、M20、M30等6个等级。水泥混合砂浆的强度等级可分为M5、M7.5、M10、M15等4个等级。

影响砂浆强度的因素有材料性质、配合比、施工质量等。砂浆的实际强度除了与水泥的强度和用量有关外，还与基底材料的吸水性有关，可据此分为不吸水基层材料和吸水基层材料等情况。由于砖、石、砌块等材料是靠砂浆黏结成一个坚固整体并传递荷载的，因此要求砂浆与基材之间应有一定的黏结强度。两者黏结得越牢，则整个砌体的整体性、强度、耐久性及抗震性等越好。一般砂浆抗压强度越高，则其与基材的黏结强度越高。此外，

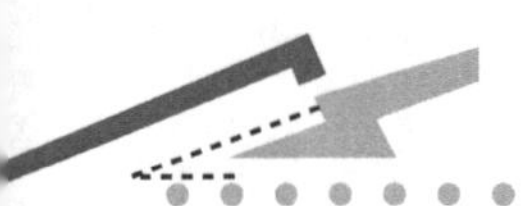

砂浆的黏结强度与基层材料的表面状态、清洁程度、湿润状况以及施工养护等条件有很大关系，同时还与砂浆的胶凝材料种类有很大关系，加入聚合物可使砂浆的黏结性大为提高。

特别提示

实际上，从砌体整体受力来看，砂浆的黏结性较砂浆的抗压强度更为重要。但是，抗压强度相对来说易于测定，因此，结合国内施工的实际情况，将砂浆抗压强度作为必检项目和配合比设计的依据。

【参考视频】

2. 砂浆的和易性

砂浆的和易性包括流动性和保水性两个方面。

1) 流动性

砂浆的流动性也称稠度，是指砂浆在自重或外力作用下流动的性质。砂浆的流动性用砂浆稠度仪测定，以沉入度(单位为mm)表示。沉入度大的砂浆，流动性好。砂浆的流动性应根据砂浆和砌体种类、施工方法和气候条件来选择。砌筑砂浆的稠度见表5-2。

表5-2 砌筑砂浆的稠度

砌体种类	砂浆稠度/mm
烧结普通砖砌体	70～90
轻骨料混凝土小型空心砌块砌体	60～90
烧结多空砖、空心砖砌体	60～80
烧结普通砖平拱式过梁 空斗墙、筒拱 普通混凝土小型空心砌块砌体 加气混凝土砌块砌体	50～70
石砌体	30～50

特别提示

一般而言，抹面砂浆、多孔吸水的砌体材料、干燥气候和手工操作的砂浆，流动性应大些；而砌筑砂浆、密实的砌体材料、寒冷气候和机械施工的砂浆，流动性应小些。

2) 保水性

砂浆的保水性是指砂浆保持水分的能力。它反映新拌砂浆在停放、运输和使用过程中，各组成材料是否容易分离的性能。保水性良好的砂浆水分不易流失，容易摊铺成均匀的砂浆层，且与基底的黏结好、强度较高。

砂浆的保水性与胶结材料的类型和用量、砂的级配、用水量以及有无掺和料和外加剂等因素有关。砂浆的保水性用分层度测定仪测定，以分层度表示。砂浆的分层度以10～20mm为宜，分层度过大(超过30mm)，保水性差，容易离析，不便于施工和保证质量；分层度过小(低于10mm)，虽然保水性好，但易产生收缩开裂，影响质量。

硬化后的砂浆在承受荷载、温度变化或湿度变化时均会产生变形，如果变形过大或不均匀，都会引起沉陷或裂缝，降低砌体质量。掺太多轻骨料或掺加料配制的砂浆，其收缩变形比普通砂浆大。

3. 砌筑砂浆配合比设计

砌筑砂浆是将砖、石、砌块等黏结成为砌体的砂浆。砌筑砂浆主要起黏结、传递应力的作用，是砌体的重要组成部分。

砌体砂浆可根据工程类别及砌体部位的设计要求，确定砂浆的强度等级，然后选定其配合比。一般情况下可以查阅有关手册和资料来选择配合比，但如果工程量较大、砌体部位较为重要或掺入外加剂等非常规材料时，为保证质量和降低造价，应进行配合比设计。经过计算、试配、调整，从而确定施工用的配合比。

目前常用的砌筑砂浆有水泥砂浆和水泥混合砂浆两大类。根据《砌筑砂浆配合比设计规程》(JGJ/T 98—2010)规定：用于砌筑吸水底面的砂浆配合比设计或选用步骤如下。

1) 水泥混合砂浆配合比设计过程

(1) 确定试配强度；砂浆的试配强度可按下式确定：

$$f_{m,0} = kf_2 \tag{5-1}$$

式中 $f_{m,0}$——砂浆的试配强度(MPa)，应精确至 0.1MPa；

f_2——砂浆强度等级值(MPa)，应精确至 0.1MPa；

k——系数，按表 5-3 取值。

表 5-3 砂浆强度标准差σ及 k 值

施工水平	强度标准差σ/MPa							K
	M5	M7.5	M10	M15	M20	M25	M30	
优良	1.00	1.50	2.00	3.00	4.00	5.00	6.00	1.15
一般	1.25	1.88	2.50	3.75	5.00	6.25	7.50	1.20
较差	1.50	2.25	3.00	4.50	6.00	7.50	9.00	1.25

(2) 砌筑砂浆现场强度标准差可按下式确定。

当有统计资料时，应按下式计算：

$$\sigma = \sqrt{\frac{\sum_{i=1}^{n} f_{m,i}^2 - n\mu_{fm}^2}{n-1}} \tag{5-2}$$

式中 $f_{m,i}$ ——统计周期内同一品种砂浆第 i 组试件的强度(MPa)；

μ_{fm} ——统计周期内同一品种砂浆 N 组试件强度的平均值(MPa)；

n ——统计周期内同一品种砂浆试件的组数，$N \geqslant 25$。

当不具有近期统计资料时，砂浆现场强度标准差σ，按表 5-3 取用。

(3) 每立方米砂浆中水泥用量可按下式确定。

$$Q_C = \frac{1\,000(f_{m,0} - B)}{A \cdot f_{ce}} \tag{5-3}$$

式中 Q_C——每立方米砂浆中的水泥用量，精确至1MPa；

$f_{m,0}$——砂浆的试配强度，精确至0.1MPa；

f_{ce}——水泥的实测强度，精确至0.1MPa；

A、B——砂浆的特征系数，其中A=3.03，B= −15.09。

在无法取得水泥的实测强度f_{ce}时，可按下式计算：

$$f_{ce} = \gamma_c \cdot f_{cu,t} \tag{5-4}$$

式中 $f_{cu,t}$——水泥强度等级对应的强度值(MPa)；

γ_c——水泥强度等级值的富余系数，该值应按实际统计资料确定，无统计资料时取γ_c=1.0。

当计算出水泥砂浆中的水泥用量不足200kg/m^{3}时，应按200kg/m^{3}采用。

(4) 水泥混合砂浆的掺和料用量应按下式计算。

$$Q_D = Q_A - Q_C \tag{5-5}$$

式中 Q_D——每立方米砂浆中掺加料用量，精确至1kg；石灰膏、黏土膏使用时的稠度为120±5mm；

Q_C——每立方米砂浆中水泥用量，精确至1kg；

Q_A——每立方米砂浆中水泥和掺加料的总量，精确至1kg；可为350kg/m^3。

(5) 确定砂子用量。每立方米砂浆中沙子用量Q_S (kg/m^3)，应以干燥状态(含水率小于0.5%)的堆积密度作为计算值，即1m^{3}的砂浆含有1m^{3}堆积体积的砂。

(6) 确定用水量。每立方米砂浆中用水量Q_W (kg/m^3)，可根据砂浆稠度要求选用210～310kg/m^3。

特别提示

混合砂浆中的用水量，不包括石灰膏或黏土膏中的水；当采用细砂或粗砂时，用水量分别取上限或下限；稠度小于70mm时，用水量可小于下限；施工现场气候炎热或干燥季节时，可酌量增加水量。

2) 水泥砂浆配合比选用

水泥砂浆材料用量见表5-4。

表5-4 水泥砂浆材料用量

单位：kg/m^3

强度等级	水泥用量	砂子用量	水用量
M5	200～230	1m^{3}干燥状态下砂的堆积密度值	270～330
M7.5	230～260		
M10	260～290		
M15	290～330		
M20	340～400		
M25	360～410		
M30	430～480		

表5-4中水泥强度等级为32.5级，大于32.5级水泥用量宜取下限；根据施工水平合理选择水泥用量。

3) 配合比的试配、调整与确定

砂浆试配时应采用工程中实际使用的材料，搅拌采用机械搅拌，搅拌时间自投料结束后算起，水泥砂浆和水泥混合砂浆不得小于120s，掺用粉煤灰和外加剂的砂浆不得小于180s。按计算或查表选用的配合比进行试拌，测定其拌和物的稠度和分层度，若不能满足要求，则应调整用水量和掺和料用量，直至符合要求为止。此时的配合比为砂浆基准配合比。

为了使测定的砂浆强度能在设计要求范围内，试配时至少采用3个不同的配合比，其中一个为基准配合比，另外两个配合比的水泥用量按基准配合比分别增加及减少10%，在保证稠度和分层度合格的条件下，可将用水量或掺和料用量做相应调整。按《建筑砂浆基本性能试验方法标准》(JGJ/T 70—2009)的规定成型试件测定砂浆强度。在实验室制备砂浆拌和物时，所用材料应提前24h运入室内；拌和时实验室的温度应保持在(20±5)℃；试验所用原材料应与现场使用材料一致，原料砂应通过公称粒径5mm筛；实验室拌制砂浆时，材料用量应以质量计；称量精度：水泥、外加剂、掺合料等为±0.5%，砂为±1%；在实验室搅拌砂浆时应采用机械搅拌，搅拌机应符合《试验用砂浆搅拌机》(JG/T 3033—1996)的规定，搅拌的用量宜为搅拌机容量的30%～70%，搅拌时间不应少于120s；掺有掺合料和外加剂的砂浆，其搅拌时间不应少于180s。

选定符合试配强度要求并且水泥用量最少的配合比作为砂浆配合比。砂浆配合比以各种材料用量的比例形式表示，水泥∶掺和料∶砂∶水=Q_C∶Q_D∶Q_S∶Q_W。

4) 砂浆配合比计算实例

设计实例：要求设计用于砌筑砖墙的M7.5等级，稠度70～100mm的水泥石灰砂浆配合比。设计资料如下：32.5MPa普通硅酸盐水泥；石灰膏稠度120mm；中砂，堆积密度为1 450kg/m^3，含水率为2%；施工管理水平一般。设计步骤如下。

(1) 计算试配强度　　$f_{m,0}=k_{f_2}$。

$$f_{m,0}=kf_2=1.2\times7.5=9(\text{MPa})$$

(2) 计算水泥用量Q_C。

$$Q_C=\frac{1\,000(f_{m,0}-B)}{A\times f_{ce}}=\frac{1\,000\times(9+15.09)}{3.03\times32.5}=245\ (\text{kg/m}^3)$$

式中A=3.03，B=−15.09。

$$f_{ce}=\gamma_c\cdot f_{cu,t}=1.0\times32.5=32.5(\text{MPa})$$

(3) 计算石灰膏用量Q_D。

$$Q_D=Q_A-Q_C=350-245=105\,(\text{kg/m}^3)$$

式中Q_A=350kg/m^3(按水泥和掺和料总量规定选取)。

(4) 根据砂子堆积密度和含水率，计算砂用量Q_S。

$$Q_S=1\,450\times(1+2\%)=1\,479(\text{kg/m}^3)$$

(5) 选择用水量Q_W。

$$Q_W=300(kg/m^3)$$

(6) 砂浆试配时各材料的用量比例。

水泥：石灰膏：砂：水=245：105：1479：300

或水泥：石灰膏：砂：水=1：0.42：6.04：1.22

特别提示

需要模拟施工条件下所用的砂浆时，所用原材料的温度宜与施工现场保持一致。

5.2 干混砂浆

5.2.1 概念

干混砂浆又称干粉料、干混料或干粉砂浆。它是由胶凝材料、细骨料、外加剂(或掺和料)等固体材料组成，经专业化厂家生产的砂浆半成品，不含拌和水。拌和水使用前在施工现场搅拌时加入，是用于建设工程中的各种砂浆拌和物，因此也称预拌砂浆。

干混砂浆按性能可分为普通干混砂浆和特种干混砂浆。普通干混砂浆又分为砌筑工程用干混砌筑砂浆(DM——干拌砌筑砂浆)和抹灰工程用干混砂浆(DPI——干拌内墙抹灰砂浆；DPE——干拌外墙抹灰砂浆；DS——干拌地面砂浆)。特种干拌砂浆又可分为：DTA——干拌瓷砖黏结砂浆；DEA——干拌聚苯板黏结砂浆；DBI——干拌外保温抹面砂浆。

5.2.2 普通干混砂浆

普通干混砂浆的特点表现为以下几方面。

1) 黏结能力和保水性好

干混砌筑砂浆具有优异的黏结能力和保水性，使砂浆在施工中凝结得更为密实，在干燥砌块基面都能保证砂浆的有效凝结。

2) 干缩率低

干缩砂浆具有干缩率低的特性，能够最大限度地保证墙体尺寸的稳定性；胶凝后具有刚中带韧的特性，能提高建筑物的安全性能。

3) 强度高、抗渗性能好

抹灰工程用的干混抹灰砂浆能承受一系列外部作用；有足够的抗水冲击能力；可用在浴室和其他潮湿的房间抹灰工程中；减少抹灰层数，提高工效。

4) 和易性好

干混抹灰砂浆具有良好的和易性，使施工好的基面光滑平整、均匀；具有良好的抗流挂性能，对抹灰工具有低黏性、易施工性；具有更好的抗裂、抗渗性能。

5.2.3 特种干混砂浆

特种干混砂浆是指对性能有特殊要求的专用建筑、装饰类干混砂浆，如瓷砖黏结砂浆、聚苯板(EPS)黏结砂浆、外保温抹面砂浆等。

1. 瓷砖黏结砂浆

瓷砖黏结砂浆可节约材料用量，可实现薄层黏结，黏结力强，减少分层和剥落，避免空鼓、开裂；操作简单方便，使施工质量和效率得到大幅提高。

2. 聚苯板(EPS)黏结砂浆

聚苯板(EPS)黏结砂浆对基底和聚苯乙烯板有良好的黏结力；有足够的变形能力(柔性)和良好的抗冲击性；自重轻，对墙体要求低，能直接在混凝土和砖墙上使用；环保无毒，节约大量能源；有极佳的凝结力和表面强度；低收缩、不开裂、不起壳、长期的耐候性与稳定性；加水即用，避免了现场搅拌砂浆的随意性；质量稳定，有良好的施工性能；耐碱、耐水、抗冻融、快干、早强、施工效率高。

3. 外保温抹面砂浆

外保温抹面砂浆是指聚苯乙烯颗粒添加纤维素、胶粉、纤维等添加剂的，具有保温隔热性能的砂浆产品。加水即用，施工方便。其物理力学性能稳定，收缩率低，不易出现收缩开裂或龟裂，可在潮湿基面上施工，干燥硬化快，施工周期短；环保，隔热效果好，密度小，自重轻，有利于结构设计。

知识链接

干混砂浆是从20世纪50年代的欧洲建筑市场发展壮大起来的，如今德国、奥地利、芬兰等国家已将干混砂浆作为主要的砂浆材料，在亚洲的新加坡、日本、韩国、中国香港等地，干混砂浆发展也十分迅速。我国自90年代开始推广干混砂浆至今，相应的指导政策与规范已逐步实施。2007年6月商务部、原建设部等部委联合发布了《关于在部分城市限期禁止现场搅拌砂浆工作的通知》，明确规定分3批自2009年7月1日起禁止在施工现场使用水泥搅拌砂浆，有力促进了散装水泥和干混砂浆的推广。目前，中国的干混砂浆发展很不平衡，经济发展较快的长江三角洲、珠江三角洲和环渤海地区是干混砂浆发展最快的3个地区，80%以上的干混砂浆企业都集中在此。上海市是我国开展建筑砂浆科研工作最早的城市之一，也是目前发展干混砂浆最快的地区，2008年全市干混砂浆生产企业已达100余家。

5.2.4 传统砂浆与干混砂浆的比较

1. 传统砂浆的缺点和局限性

1) 很难满足文明施工和环保要求

首先，各种原材料(包括水泥、砂子、石灰膏等)的存放会对周围的环境造成影响。其次在砂浆拌制过程中会形成较多的扬尘；再者，现场拌和砂浆的搅拌设备往往噪声超标。

2) 难以保证施工质量

首先，因现场拌和计量的不准确而造成砂浆质量的异常波动，无法准确添加微量的外加剂，不能准确控制加水量，搅拌的均匀度难以控制。其次，现场拌和砂浆施工性能差，因现拌砂浆无法或很少添加外加剂，和易性差，难以进行机械施工，操作费时费力，落灰多，浪费大，质量事故多。再次，现拌砂浆品种单一，无法满足各种新型建材对砂浆的不同要求。

2. 干混砂浆的优势

1) 生产质量有保证

干混砂浆由专业厂家生产，有固定的场所、成套的设备、精确的计量、完善的质量控制体系。

2) 施工性能与质量优越

干混砂浆根据产品种类及性能要求，特定设计配合比并添加多种外加剂进行改性，如常用的外加剂有纤维素醚、可再分散乳胶粉、触变润滑剂、消泡剂、引气剂、促凝剂、憎水剂等。改性的砂浆具有优异的施工性能和品质，良好的和易性；方便砌筑、抹灰和泵送，可提高施工效率。

3) 产品种类齐全、满足各种不同工程要求

据不完全统计，干粉砂浆已有保温、抗渗、灌浆、修补、装饰类等多个品种。

4) 高质环保、具有明显的社会效益

干混砂浆现场施工扬尘少、施工速度快、工人劳动强度低，整体社会效益明显。

知识链接

在西方国家，干混砂浆从20世纪50年代初发展到现在，已有50多个品种，干混砂浆的研究也很广泛。在中国，约有20个品种的干混砂浆制定了相应的行业标准。随着干混砂浆的应用范围逐渐扩展，研究领域逐步扩大。品种也逐渐增多包括：砌筑砂浆、瓷砖黏结剂、勾缝剂、腻子、自流平砂浆、混凝土修补砂浆、干混保温砂浆、外保温系统专用砂浆、装饰砂浆等。干混砂浆的用途不同，其性能技术指标要求也各不相同，不同种类干混砂浆的主要力学性能及导热系数也有不同要求。

5.3 特种砂浆

1. 隔热砂浆

采用水泥等胶凝材料以及膨胀珍珠岩、膨胀蛭石、陶粒砂等轻质多孔骨料，按照一定比例配制的砂浆。具有质量轻、保温隔热性能好，导热系数一般为0.07～01.0W/(m·K)等特点，主要用于屋面、墙体绝热层和热水、空调管道的绝热层。常用的隔热砂浆有：水泥膨胀珍珠岩砂浆、水泥膨胀蛭石砂浆、水泥石灰膨胀蛭石砂浆等。

2. 吸声砂浆

一般采用轻质多孔骨料拌制而成的吸声砂浆，由于其骨料内部孔隙率大，因此吸声性能也十分优良。吸声砂浆还可以在砂浆中掺入锯末、玻璃纤维、矿物棉等材料拌制而成。吸声砂浆主要用于室内吸声墙面和顶面。

3. 耐腐蚀砂浆

1) 水玻璃类耐酸砂浆

一般采用水玻璃作为胶凝材料拌制而成，常常掺入氟硅酸钠作为促硬剂。耐酸砂浆主要作为衬砌材料、耐酸地面或内壁防护层等。

2) 耐碱砂浆

使用42.5级以上的普通硅酸盐水泥(水泥熟料中铝酸三钙含量应小于9%)，细骨料可采用耐碱、密实的石灰岩类(石灰岩、白云岩、大理岩等)、火成岩类(辉绿岩、花岗岩等)制成的砂和粉料，也可采用石英质的普通砂。耐碱砂浆可耐一定温度和浓度下的氢氧化钠和铝酸钠溶液的腐蚀以及任何浓度的氨水、碳酸钠、碱性气体和粉尘等的腐蚀。

3) 硫黄砂浆

以硫黄为胶结料，加入填料、增韧剂，经加热熬制而成的砂浆。采用石英粉、辉绿岩粉、安山岩粉作为耐酸粉料和细骨料。硫黄砂浆具有良好的耐腐蚀性能，几乎能耐大部分有机酸、无机酸、中性和酸性盐的腐蚀，对乳酸也有很强的耐蚀能力。

4. 防辐射砂浆

采用重水泥(钡水泥、锶水泥)或重质骨料(黄铁矿、重晶石、硼砂等)拌制而成，可防止各类辐射的砂浆，主要用于射线防护工程。

5. 聚合物砂浆

聚合物砂浆是在水泥砂浆中加入有机聚合物乳液配制而成的，具有黏结力强、干缩率小、脆性低、耐蚀性好等特性，用于修补和防护工程。常用的聚合物乳液有氯丁胶乳液、丁苯橡胶乳液、丙烯酸树脂乳液等。

5.4 抹面砂浆

凡涂抹在基底材料的表面，兼有保护基层和增加美观作用的砂浆，可统称为抹面砂浆。根据抹面砂浆功能的不同，一般可将抹面砂浆分为普通抹面砂浆、防水砂浆、装饰砂浆和特种砂浆(如绝热、吸声、耐酸、防射线砂浆)等。

5.4.1 抹面砂浆技术要求

与砌筑砂浆相比，抹面砂浆的特点和技术要求如下。

(1) 抹面层不承受荷载。

(2) 抹面砂浆应具有良好的和易性，容易抹成均匀平整的薄层，便于施工。

(3) 抹面层与基底层要有足够的黏结强度，使其在施工中或长期自重和环境作用下不脱落、不开裂。

(4) 抹面层多为薄层，并分层涂抹，面层要求平整、光洁、细致、美观。

(5) 多用于干燥环境，大面积暴露在空气中。

抹面砂浆的组成材料与砌筑砂浆基本上是相同的。但为了防止砂浆层的收缩开裂，有时需要加入一些纤维材料，或者为了使其具有某些特殊功能需要选用特殊骨料或掺和料。与砌筑砂浆不同，抹面砂浆的主要技术性质指标不是抗压强度，而是和易性以及与基底材料的黏结强度。

5.4.2 普通抹面砂浆

【参考图文】

普通抹面砂浆对建筑物和墙体能起到保护作用。它可以抵抗风、雨、雪等自然环境对建筑物的侵蚀，并提高建筑物的耐久性，同时经过抹面的建筑物表面或墙面又可以达到平整、光洁、美观的效果。

常用的普通抹面砂浆有水泥砂浆、石灰砂浆、水泥混合砂浆、麻刀石灰砂浆(简称麻刀灰)、纸筋石灰砂浆(简称纸筋灰)等。

普通抹面砂浆通常分为两层或三层进行施工。底层抹灰的作用是使砂浆与基底能牢固地黏结，因此要求底层砂浆具有良好的和易性、保水性和较好的黏结强度；中层抹灰主要是找平，有时可省略；上层抹灰是为了获得平整、光洁的表面效果。

各层抹灰面的作用和要求不同，因此每层所选用的砂浆也不一样。同时不同的基底材料和工程部位，对砂浆技术性能要求也不同，这也是选择砂浆种类的主要依据。

特别提示

水泥砂浆宜用于潮湿或强度要求较高的部位；混合砂浆多用于室内底层或中层或面层抹灰；石灰砂浆、麻刀灰、纸筋灰多用于室内中层或面层抹灰。水泥砂浆不得涂抹在石灰砂浆层上。普通抹面砂浆的组成材料及配合比，可根据使用部位及基底材料的特性确定，一般情况下参考有关资料和手册选用。

本任务小结

建筑砂浆是由砂、水泥、掺和料、水及外加剂组成，是建筑工程不可缺少的重要材料之一，主要起胶结、衬垫和传递荷载作用。

建筑砂浆按功能和用途不同，分为砌筑砂浆、抹面砂浆和特种砂浆；按所用胶凝

材料不同分为水泥砂浆、石灰砂浆和混合砂浆。新拌砂浆要求具有良好的和易性。砂浆的和易性包括流动性和保水性两方面的含义。砂浆的强度一般指立方体抗压强度。根据砂浆的抗压强度将砂浆划分为6个强度等级。当基层为吸水材料时，砂浆的强度主要取决于水泥强度等级和水泥用量。

砌筑砂浆应进行砂浆配合比设计来保证砂浆的强度，从而保证工程质量。

干混砂浆是砂浆发展的方向，特点突出，有非常广阔的应用前景。

特种砂浆应用范围广泛，注意掌握其原材料特点。

抹面砂浆要求具有良好的和易性，容易抹成均匀平整的薄层；与基层有足够的黏结力，长期使用不开裂和脱落。装饰砂浆是指涂抹在建筑物表面，主要起装饰作用的砂浆。

习题

一、简答题

1. 配制砂浆时，为什么除水泥外常常还要加入一定量的其他胶凝材料？

2．为什么在一般砌筑工程中水泥混合砂浆用量最大？

3．砂浆的和易性包括哪些含义？各用什么来表示？

4．抹面砂浆的技术要求与砌筑砂浆的要求有何异同？

二、案例题

1．工地夏秋季要配制M5.0水泥石灰混合砂浆砌筑砖墙，采用中砂，含水率2%，32.5级的普通水泥，堆积密度1 400kg/m^3，试计算该砂浆的配合比(施工水平一般)。

2．干混砂浆有哪些特点？结合工程实践找一找影响干混砂浆推广的主要原因。

【参考答案】

学习任务6

墙体材料

学习目标

掌握砌墙砖、墙用砌块和典型墙用板材的主要特点和应用，了解墙体材料的发展趋势和产业政策。

学习要求

能力目标	知识要点	权重
用简易的方法鉴别过火砖和欠火砖	烧结普通砖的技术要求及质量检测	20%
能看懂烧结普通砖、烧结多孔砖和烧结空心砖的标识	烧结多孔砖、烧结空心砖的技术要求及质量检测	40%
能对烧结多孔砖进行尺寸偏差及外观质量检测；能判定砖的密度等级；会进行砖的抗压强度试验，并能通过试验数据判定砖的强度等级	非烧结砖(灰砂砖、粉煤灰砖和炉渣砖)的性能特点和应用	20%
	加气混凝土砌块、普通混凝土空心砌块、烧结多孔砌块、粉煤灰砌块和石膏砌块的性能特点及应用	10%
	墙用板材的种类	5%
	典型墙用板材的性能特点及应用	5%

任务导读

砌体结构所用材料主要是砖、石或砌块以及砌筑砂浆。砌成墙体，起承重、围护和分隔作用，合理选择墙体材料，对建筑功能、安全以及造价等均具有重要意义(图 6.1)。

600mm×200mm×125mm　600mm×250mm×200mm　600mm×300mm×100mm

600mm×300mm×150mm　600mm×300mm×200mm　600mm×300mm×250mm

(a) 普通混凝土砌块　(b) 加气混凝土砌块

(c) 石膏板

图 6.1　砌体材料

知识点滴

砌墙砖在中国的变迁

砌墙砖在我们的生活中无处不在。无论是雄伟的万里长城、金碧辉煌的紫禁城，还是现代化的高楼大厦，砖始终都是它们主要的建筑材料之一。

在中国，砖大约起源于春秋战国时期。现代的考古发现在春秋战国时期的建筑遗址中可以找到各种各样的砖块，比如方砖、条形砖以及栏杆砖等。当时砖主要用于建造房子，不过在那种年代砖还是一种奢侈品，只有达官贵族才住得起砖建造的房子。另外春秋战国时期砖还被艺术家们当作是雕刻的材料，考古学家已经从春秋战国时期的遗址中出土了大量刻有文字、飞禽走兽等图形的砖。

在古代，大概有两种制砖方法：第一是烧制，制砖工人用模板做出砖块模型，然后放在砖窑里烧，这类砖的质量和硬度比较高，只有地主和官家才用得起；第二是晾晒，工人把做好的砖不用经过烧制直接通过晾晒成型，这类砖我们称为是“泥砖”，是普通家庭建造房子最主要的材料。秦始皇统一六国后为彰显自己的丰功伟绩，大兴土木，建阿房宫、筑长城、兴都城、修驰道、筑陵墓等，这些建筑的兴建极大地刺激了对砖的需求，也无意中推动了制砖业和制砖技术的发展。

砖在中国古代的建筑发展过程中缔造了无数令世人惊叹的代表作品，如万里长城、北京故宫、秦始皇陵、佛教砖塔等。值得一提的是明朝出现的一种“金砖”，明成祖朱棣在建筑故宫时想要一种比石头和金属更坚实的材料，他想到了“砖”。于是，他命令用山东德州出产的黏土制砖并使用高温窑柴火连续烧 130d，并且在出窑后再用桐油浸透 49d。桐油容易浸透，一磨就会出光。砖铺在地面不断被磨透，500 年以后的今天依然完好如初。故宫所用方砖质地坚硬，敲打时有金之声，故称“金砖”。“金砖”的出现表明了我国制砖业水平达到了一个全新的高度。

工业革命的兴起宣布世界进入机械时代，制砖业也从手工发展到机械动力时代。城市的发展促进了砖的需求量大增，制砖行业出现了一派繁荣的景象，各种制砖机械被发明，砖的种类丰富多样，砖的质量不断提高。工业革命虽然刺激了制砖业的繁荣，但是传统制砖业的烧制方法给城市和环境带来了严重的破坏，大量的灰尘弥漫天空，砖厂周围的人看不到远方，人们的生活受到严重干扰，人们开始抗议。就在制砖行业受到社会普遍指责的时候，免烧砖机出现了。免烧砖机生产的砖不用经过烧烤的工序，只是需要经过一小段时间的晾晒就可以出厂，而且砖的质量更加好，制砖的原料也可以是多种多样的。制砖业由于免烧砖机的出现，又得到了社会的认可，并且由环境污染产业变成了环保产业。随着时代的前进免烧砖机必将会取代传统制砖机成为制砖行业的主流制砖设备。

引 例

墙体材料的用量几乎占整个房屋建筑总重量的 50%左右。长期以来，房屋建筑的墙体砌筑一直是沿袭使用普通烧结砖，既破坏了良田又耗用了大量能源。发展混凝土空心砌块不仅是取代普通烧结砖，更重要的是保护环境，节约资源、能源，满足建筑结构体系的发展(包括抗震以及多功能的需要)。当前，新型墙体材料正朝着大型化、轻质化、节能化、利废化、复合化、装饰化及集约化等方面发展。

但是普通混凝土小型空心砌块墙极易产生裂缝，施工时必须严格按操作规程操作，才能减少或延缓裂缝产生。

(1) 选择技术管理严格、上规模、质量可靠的企业产品。产品养护期，春、夏、秋季必须在一个月以上，冬季还应延长。目的是除了产品强度必须达到要求外，砌块的收缩在厂里可以完成大半，减少上墙后的收缩。200mm 厚的墙应用双排孔砌块，240mm 厚的墙应用三排孔砌块。

(2) 干燥砌块送到现场后，尽量放在室内，产品不能受潮。如不能放在室内，露天堆放场地的四周要开排水沟，雨天要遮盖。受潮砌块不能上墙，雨天不要施工，并要遮盖好砌体。

(3) 砌筑前不必预先湿润砌块，这是与黏土砖的不同之处，否则砌筑时会发生“游砖”，加大砌块的干缩(夏天允许少量洒水)。

(4) 混凝土小型空心砌块承重墙砌筑前应预先进行排块，严禁出现通缝。填充墙可用实心砖配砖。

(5) 砌墙时，一层不能一天砌到顶，一天砌筑高度不要超过 1.5m。墙顶斜砖尽量迟塞，最低不少于一星期。斜砖角度以 55° 为宜，斜砖必须塞紧，可选择水泥斜砖，砌筑砂浆必须饱满。

(6) 框架柱边每三皮砌块要设拉结筋，拉结筋上下应用实心砖镶砌，以防钢筋在孔洞里锈蚀。

(7) 砌筑时，除水平灰缝必须饱满外，头缝饱满也十分重要，应将砌块竖起，满铺砂浆后再横过来，与前面砌块用橡皮榔头撞紧。松动的砌块必须铲除砂浆重砌，边砌边勾缝。

(8) 砌块墙体粉刷时间应尽量延后。粉刷时，墙体不可浇水，应刷界面剂后再粉刷。梁底柱边应用丝径不小于0.5mm、孔径不大于10mm的编织或焊接钢丝网加强防裂。加强网应有可靠的固定措施，加强网不能起拱、滑动。市面上供应的劣质玻纤网(20～30mm宽)不能用。粉刷层表面宜用高弹性泥子，以减少裂缝。

(9) 墙体严禁手工开凿线槽。不得在砌块墙上水平开槽，竖槽应用切割机先开缝，再轻凿开槽。管道较集中的大开口处应用细石混凝土填实，再外覆钢丝网粉刷。

6.1 砌 墙 砖

引 例

安置房汇景嘉园砖脆脆，市政府责令问题楼全部重建

位于某市的“汇景嘉园”小区二期工程，共有8栋六层楼房。主体工程于2011年3月动工，到5月底8栋楼房全部封顶。然而从2011年6月初开始，就出现了质量问题。

2011年6月11日，主体刚封顶的楼房表面，砖体出现大面积的爆裂和粉化现象，砌体所用的砖表面严重风化、起皮，用手一摸大面积脱落，施工现场未使用的砖轻轻一掰就断成两截，被业主和媒体称为“砖脆脆”。6月14日，该市建委成立“汇景嘉园”小区煤矸石烧结多孔砖质量问题调查组。调查组成立当天，市建委就责令汇景嘉园全面停工，要求建设单位委托某建筑工程质量检验测公司对工程进场材料、砌体抗压强度、砌体砂浆强度、混凝土构件钢筋配置和保护层厚度进行检测，对主体结构安全性做出鉴定。7月12日，检测报告出炉，报告显示，多数墙体爆裂面积占载体面积的90%以上，最高的达98%，严重影响墙体整体承载能力。主要原因是使用了不合格的煤矸石烧结砖引起，并严重影响工程的主体结构安全。7月17日，“汇景嘉园”安置房小区8栋已封顶的楼房开始拆除。

砌墙砖按规格、孔洞率及孔的大小，分为普通砖、多孔砖和空心砖；按工艺不同又分为烧结砖和非烧结砖。

6.1.1 烧结普通砖

烧结普通砖是以黏土、页岩、煤矸石、粉煤灰为主要原料经焙烧而成的普通砖，是无孔洞或孔洞率小于15%的实心砖。

焙烧窑中为氧化气氛时，可烧的红砖；若焙烧窑中为还原气氛，则所烧得的砖呈现青色，青砖较红砖耐碱，耐久性较好。

砖在焙烧时窑内温度存在差异，因此，除了正火砖(合格品)外，还常出现欠火砖和过火砖。欠火砖色浅，敲击声发哑，吸水率大、强度低、耐久性差。过火砖色深、敲击声清脆、吸水率低、强度较高，但易弯曲变形。欠火砖和过火砖均属于不合格产品。

特别提示

烧结砖的基本生产工艺流程为：采土→原料调制→制坯成型→干燥→焙烧→制品。

【参考图文】

1. 烧结普通砖的技术指标

1) 尺寸规格

《烧结普通砖》(GB 5101—2003)规定：烧结普通砖的标准尺寸是240mm×115mm×53mm，如图6.2所示。通常将240mm× 115mm面称为大面，240mm×53mm面称为条面，115mm×53mm面称为顶面。4块砖长、8块砖宽、16块砖厚，再加上砌筑灰缝(10mm)，长度均为1m，则1m^{3}砖砌体理论上需用砖512块。

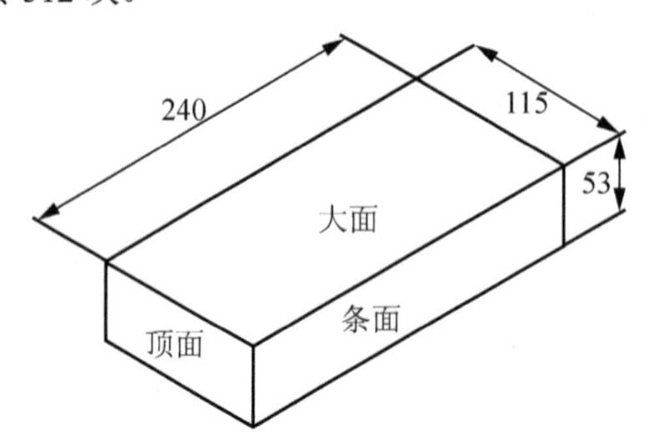

图6.2 烧结普通砖的尺寸及平面名称

2) 强度等级

烧结普通砖按抗压强度分为MU30、MU25、MU20、MU15、MU10五个等级。在评定强度等级时，若强度变异系数$\delta \leqslant 0.21$时，采用平均值-标准值方法；若强度变异系数$\delta > 0.21$时，则采用平均值-最小值方法。烧结普通砖的强度等级见表6-1。

$$\delta = \frac{s}{\overline{f}} \tag{6-1}$$

$$s = \sqrt{\frac{1}{9}\sum_{i=1}^{10}\left(f_i - \overline{f}\right)^2} \tag{6-2}$$

$$f_k = \overline{f} - 1.8s \tag{6-3}$$

式中 δ——砖强度变异系数，精确至0.01；

s——标准差，精确至0.01MPa；

f_i——单块试样的抗压强度测定值，精确至0.01MPa；

$\overline{f}$——10块试样的抗压强度平均值，精确至0.01MPa；

f_k——强度标准值，精确至0.1MPa。

表6-1 烧结普通砖的强度等级

单位：MPa

强度等级	抗压强度平均值 $\overline{f} \geqslant$	变异系数 $\delta \leqslant 0.21$	变异系数 $\delta > 0.21$
		强度标准值 $f_k \geqslant$	单块最小抗压强度值 $f_{min} \geqslant$
MU30	30.0	22.0	25.0
MU25	25.0	18.0	22.0
MU20	20.0	14.0	16.0
MU15	15.0	10.0	12.0
MU10	10.0	6.5	7.5

3) 产品等级

强度、抗风化性能和放射性物质合格的砖，根据尺寸偏差、外观质量、泛霜和石灰爆裂等指标，分为优等品(A)、一等品(B)、合格品(C)这 3 个等级。烧结普通砖的质量等级见表 6-2。

表 6-2　烧结普通砖的质量等级

项　　目	优等品		一等品		合格品	
	样本平均偏差	样本极差≤	样本平均偏差	样本极差≤	样本平均偏差	样本极差≤
(1) 尺寸偏差/mm						
公称尺寸 240	±2.0	6	±2.5	7	±3.0	8
115	±1.5	5	±2.0	6	±2.5	7
53	±1.5	4	±1.6	5	±2.0	6
(2) 外观质量						
两条面高度差≤	2		3		4	
弯曲≤	2		3		4	
杂质凸出高度≤	2		3		4	
缺棱掉角的 3 个破坏尺寸，不得同时大于裂纹长度≤	5		20		30	
①大面上宽度方向及其延伸至条面的长度	30		60		80	
②大面上宽度方向及其延伸至顶面的长度或条顶面上水平裂纹的长度	50		80		100	
完整面不得少于	两条面和两顶面		一条面和一顶面		—	
颜色	基本一致		—		—	
(3) 泛霜	无泛霜		不允许出现中等泛霜		不允许出现严重泛霜	
(4) 石灰爆裂	不允许出现最大破坏尺寸大于 2mm 的爆裂区域		①最大破坏尺寸大于 2mm 且小于等于 10mm 的爆裂区域，每组砖样不得多于 15 处 ②不允许出现最大破坏尺寸大于 10mm 的爆裂区域		①最大破坏尺寸大于 2mm 且小于等于 15mm 的爆裂区域，每组砖样不得多于 15 处，其中大于 10mm 的不得多于 7 处 ②不允许出现最大破坏尺寸大于 15mm 的爆裂区域	

注：(1)为装饰而施加的色差、凹凸纹、拉毛、压花等不算缺陷。

(2)凡有下列缺陷之一者，不得称为完整面。

①缺损在条面或顶面上造成的破坏面尺寸同时大于 10mm×10mm。

②条面或顶面上裂纹宽度大于 1mm，其长度超过 30mm。

③压陷、黏底、焦花在条面或顶面上的凹陷或凸出超过 2mm，区域尺寸同时大于 10mm×10mm。

抗风化性能是指在干湿变化、温度变化、冻融变化等物理因素作用下，材料不被破坏并长期保持原有性质的能力。我国按风化指数分为严重风化区(风化指数≥12 700)和非严重风化区(风化指数<12 700)。风化区用风化指数进行划分。风化指数=日气温从正温降至负温或负温升至正温的每年平均天数×每年从霜冻之日起至消失霜冻之日止这一期间降雨总量(mm)的平均值。

泛霜(又称起霜、盐析、盐霜)是指黏土原料中的可溶性盐类(如硫酸盐等)在砖或砌块表面的析出现象，一般呈白色粉末、絮团或絮片状。

石灰爆裂是指烧结砖的砂质黏土原料中夹杂着石灰石，焙烧时被烧成生石灰块，在使用过程中吸水消化成熟石灰，体积膨胀，导致砖块裂缝，严重时甚至使砖砌体强度降低，直至破坏。烧结普通砖的质量缺陷，如图 6.3 所示。

(a) 泛霜的墙面

(b) 石灰爆裂导致砖碎裂

图 6.3 烧结普通砖的质量缺陷

4) 产品标记

按产品名称、品种、强度等级和标准编号的顺序编写。如烧结普通砖，强度等级 MU15，一等品的黏土砖，其标记为：烧结普通砖 N MU15 B GB 5101。

2. 烧结普通砖的应用

烧结普通砖是传统墙体材料，主要用于砌筑建筑物的内墙、外墙、柱、烟囱和窑炉。烧结普通砖价格低廉，具有一定的强度、隔热、隔声性能及较好的耐久性。它的缺点是制砖取土、大量毁坏农田、烧砖能耗高、砖自重大、成品尺寸小、施工效率低、抗震性能差等。

在应用时，必须认识到砖砌体的强度不仅取决于砖的强度，而且受砂浆性质的影响。砖的吸水率大，在砌筑中吸收砂浆中的水分，如果砂浆保持水分的能力差，砂浆就不能正常硬化，导致砌体强度下降。为此，在砌筑砂浆时除了要合理配制砂浆外，还要使砖润湿。黏土砖应在砌筑前 1～2d 浇水湿润，以浸入砖内深度 1cm 为宜。

当今，我国正大力推广墙体材料改革，以空心砖、工业废渣砖及砌块、轻质板材来代替实心黏土砖，减轻建筑物自重、节约能源、改善环境。

知识链接

持续推进“禁实”工作，大力发展新型墙材

截至 2009 年年底，全国已累计实现“禁实”的城市(区)已达 229 个，占“禁实”目标 170 个城市的 135%。“禁实”工作推动了新型墙体材料的迅速发展，促进了住宅建设现代化水平的提高。但持续推进“禁实”工作仍然有着重要的现实意义。

(1) 大力开展墙体材料革新是实现建筑节能工作的基本保障。为加快建设资源节约型、环境友好型社会，我国已把实现“十一五”期间万元 GDP 能耗在“十五”期末的基础上降低 20% 的节能目标作为约束性指标。建设部统计数据表明，目前我国建筑耗能约占社会总耗能的 28%，而且这一比例未来将可能逐步上升至 40%，建筑耗能将会超过工业、交通、农业等其他行业，居各行业能源消耗之首。据估计，我国现有建筑中 95%达不到节能标准，新增建筑中节能不达标的超过八成，单位建筑面积能耗是发达国家的 2～3 倍，这些对社会造成了沉重的能源负担和严重的环境污染。而大力发展替代传统墙材的新型墙材是实现建筑节能工作的基本保障和重要基础性工作。

(2) 大力开展墙体材料革新是缓解耕地矛盾的需要。我国人均耕地仅 1.39 亩，不到世界平均水平的 40%，土地资源极为宝贵。目前，我国房屋建筑材料中 70%是墙体材料，其中黏土砖仍占据主导地位，而生产黏土墙体材料的黏土资源则又是相对较优质的黏土，烧砖毁坏了大量的耕地。大力发展新型墙体材料是保护耕地，实现可持续发展的重要条件。

(3) 大力发展墙体材料革新是改善建筑功能、加速住宅产业现代化的需要。推广新型墙材改变传统施工工艺，提高施工效率。目前推广的新型墙体材料中使用较多的有多排矩形多孔空心砖、加气混凝土砌块及板材、陶粒砼砌块及轻质复合保温板等，比实心黏土砖具有更高的热阻、更低的传热系数和更好的热惰性质，因而用这些材料建造的房屋比实心黏土砖建造的砖混建筑舒适度更高，等量建筑面积提供的使用面积更大，使用经济性更好。因此，发展墙体材料革新对改善建筑功能、全面提高人民的居住质量意义重大，也是加速住宅产业化的必然选择。

6.1.2 烧结多孔砖、空心砖

1. 烧结多孔砖

烧结多孔砖的孔洞率≥28%，孔的尺寸小而数量多。使用时孔洞垂直于受压面，主要用于建筑物承重部位。

《烧结多孔砖和多孔砌块》(GB 13544—2011)规定：砖为直角六面体，按主要原料砖分为黏土砖(N)、页岩砖(Y)、煤矸石砖(M)、粉煤灰砖(F)、淤泥砖(U)和固体废弃物砖(G)。

1) 技术规定

(1) 规格。烧结多孔砖的外形一般为直角六面体，在与砂浆的接合面上应设有增加结合力的粉刷槽(设在条面或顶面上深度不小于 2mm 的沟或类似结构)和砌筑砂浆槽(设在条面或顶面上深度大于 15mm 的凹槽)。规格尺寸为：290mm、240mm、190mm、180mm、140mm、115mm、90mm，如图 6.4 所示。

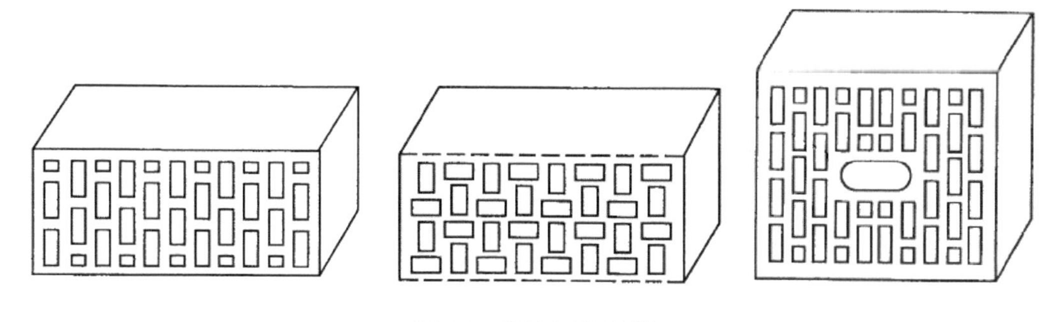

图 6.4 烧结多孔砖规格

(2) 强度等级。烧结多孔砖根据抗压强度分为 MU30、MU25、MU20、MU15、MU10 五个等级，用抗压强度平均值和强度标准值评定，强度等级见表 6-3。

$$s=\sqrt{\frac{1}{9}\sum_{i=1}^{10}\left(f_i-\overline{f}\right)^2} \tag{6-4}$$

$$f_k=\overline{f}-1.83s \tag{6-5}$$

式中 s——10 块试样的抗压强度标准差，精确至 0.01MPa；

f_i——单块试样的抗压强度测定值，精确至 0.01MPa；

$\overline{f}$——10 块试样的抗压强度平均值，精确至 0.01MPa；

f_k——强度标准值，精确至 0.1MPa。

表 6-3　烧结多孔砖的强度等级

单位：MPa

强度等级	抗压强度平均值 $\overline{f}\geqslant$	强度标准值 $f_k\geqslant$
MU30	30.0	22.0
MU25	25.0	18.0
MU20	20.0	14.0
MU15	15.0	10.0
MU10	10.0	6.5

(3) 密度等级。烧结多孔砖的密度等级分为 1 000、1 100、1 200、1 300 四个等级，见表 6-4。

表 6-4　烧结多孔砖的密度等级

单位：kg/m³

密度等级	3 块砖干燥表观密度平均值	密度等级	3 块砖干燥表观密度平均值
1000	900～1 000	1 200	1 100～1 200
1100	1 000～1 100	1 300	1 200～1 300

特别提示

多孔砖砌体砌筑时砂浆进入多孔砖孔洞，产生“销键”作用，比实心砖提高抗剪能力 10%以上，也提高了砌体整体性。

(4) 烧结多孔砖的外观质量见表 6-5。

表 6-5　烧结多孔砖的外观质量

项　　目	指　　标
完整面/不得少于	一条面和一顶面
缺棱掉角的 3 个破坏尺寸/不得同时大于	30

续表

项目		指标
裂纹长度/mm≤	大面(有孔面)上深入孔壁15mm以上宽度方向及其延伸到条面的长度	80
	大面(有孔面)上深入孔壁15mm以上宽度方向及其延伸到顶面的长度	100
	条顶面上的水平裂纹	100
杂质在砖面上造成的凸出高度/mm≤		5

注：凡有下列缺陷之一者，不得称为完整面。

①缺损在条面或顶面上造成的破坏面尺寸同时大于20mm×30mm。

②条面或顶面上裂纹宽度大于1mm，其长度超过70mm。

③压陷、黏底、焦花在条面或顶面上的凹陷或凸出超过2mm，区域最大投影尺寸同时大于20mm×30mm。

(5) 烧结多孔砖的尺寸偏差见表6-6。

表6-6 烧结多孔砖的尺寸偏差

单位：mm

尺寸	样本平均偏差	样本极差≤
200～300	±2.5	8.0
100～200	±2.0	7.0
<100	±1.5	6.0

(6) 烧结多孔砖的孔型孔结构及孔洞率见表6-7。

表6-7 烧结多孔砖的孔型孔结构及孔洞率

孔型	孔洞尺寸/mm		最小外壁厚/mm	最小肋厚/mm	孔洞率(%)	孔洞排列
	孔宽度尺寸b	孔长度尺寸L				
矩形条孔或矩形孔	≤13	≤40	≥12	≥5	≥28	1. 所有孔宽应相等，孔采用单向或双向交错排列； 2. 孔洞排列上下、左右应对称，分布均匀，手抓孔的长度方向尺寸必须平行于砖的条面

注：(1)矩形孔的孔长L、孔宽b满足式$L\geqslant 3b$时，为矩形条孔。

(2)孔四个角应做成过渡圆角，不得做成直尖角。

(3)如设有砌筑砂浆槽，则砌筑砂浆槽不计算在孔洞率内。

(4)规格大的砖应设置手抓孔，手抓孔尺寸为(30～40)mm×(75～85)mm。

(7) 产品标记。按产品名称、品种、规格、强度等级、密度等级和标准编号顺序编写。如规格尺寸290mm×140mm×90mm、强度等级MU25、密度1 200级的黏土烧结多孔砖，其标记为：烧结多孔砖 N 290×140×90 MU25 1 200 GB 13544—2011。

2) 应用

烧结多孔砖可以代替烧结黏土砖，用于承重墙体，尤其在小城镇建设中用量非常大。在应用中，强度等级不低于MU10，最好在MU15以上。

特别提示

砌筑烧结普通砖、烧结多孔砖时，砖应提前1～2d适度润湿，严禁采用干砖或处于吸水饱和状态的砖。

2. 烧结空心砖

烧结空心砖是以黏土、页岩、煤矸石、粉煤灰等为原料，经焙烧制成的空洞率≥35%而且孔洞数量少、尺寸大的烧结砖，用于非承重墙和填充墙。各类烧结空心砖如图6.5所示。

(a) 烧结煤矸石多孔砖(右)与空心砖(左)

(b) 烧结粉煤灰空心砖

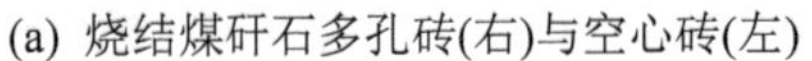
图6.5 典型烧结空心砖和空心砌块

1) 技术规定

(1) 《烧结空心砖和空心砌块》(GB 13545—2003)规定：砖的外形为直角六面体，其长、宽、高应符合下列要求：390mm、290mm、240mm、190mm、180(175)mm、140mm、115mm、90mm。烧结空心砖和空心砌块基本构造如图6.6所示。

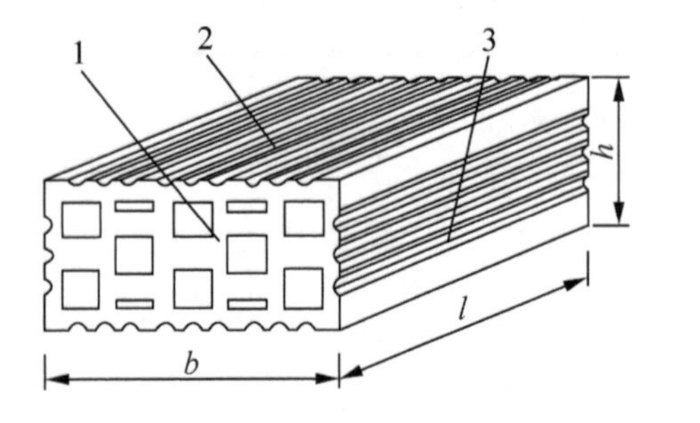

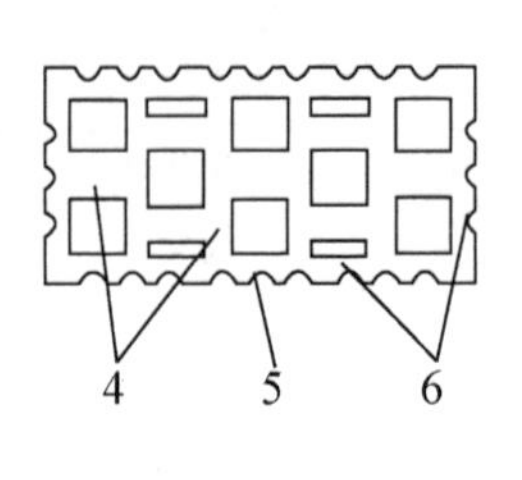

图6.6 烧结空心砖和空心砌块示意图

1—顶面；2—大面；3—条面；4—肋；5—凹槽面；
6—壁；l—长；b—宽；h——高

(2) 体积密度分为800、900、1 000、1 100四个级别，见表6-8。

表6-8 烧结空心砖的密度等级

单位：kg/m^3

密度等级	5块砖干燥表观密度平均值	密度等级	5块砖干燥表观密度平均值
800	≤800	1 000	901～1 000
900	801～900	1 100	1 001～1 100

(3) 抗压强度分为 MU10.0、MU7.5、MU5.0、MU3.5、MU2.5 五个级别，见表 6-9。

表 6-9 烧结空心砖的强度等级

强度等级	抗压强度平均值 $\bar{f}\geqslant$	变异系数 $\delta\leqslant 0.21$ 强度标准值 $f_k\geqslant$/ MPa	变异系数 $\delta>0.21$ 单块最小抗压强度 $f_{min}>$/MPa	密度等级范围/ kg/m^3
MU10.0	10.0	7.0	8.0	≤1 100
MU7.5	7.5	5.0	5.8	≤1 100
MU5.0	5.0	3.5	4.0	≤1 100
MU3.5	3.5	2.5	2.8	≤1 100
MU2.5	2.5	1.6	1.8	≤800

(4) 孔洞排列。孔洞一般位于砖的顶面或条面，单孔尺寸较大但数量较少，孔洞率高；孔洞方向与砖主要受力方向相垂直。孔洞对砖受力影响较大，因而烧结空心砖强度相对较低。孔洞率和孔洞排数应符合表 6-10 的规定。

表 6-10 烧结空心砖的孔洞排列及其结构

等级	孔洞排列	孔洞排数/排		孔洞率/%
		宽度方向	高度方向	
优等品	有序交错排列	$b\geqslant$200mm，≥7 $b<$200mm，≥5	≥2	≥40
一等品	有序排列	$b\geqslant$200mm，≥5 $b<$200mm，≥4	≥2	
合格品	有序排列	≥3	—	

(5) 等级。根据孔洞及排数、尺寸偏差、外观质量、强度等级和物理性能分为优等品(A)、一等品(B)、合格品(C)这 3 个等级。

(6) 产品标记。按产品名称、类别、规格、密度等级、强度等级、质量等级和标准编号顺序编写。如规格尺寸 290mm×190mm×90mm、密度等级 800、强度等级 MU7.5、优等品的页岩空心砖，其标记为：烧结空心砖 Y(290×190×90)800 MU 7.5A GB 13545。

2) 应用

烧结空心砖主要用作非承重墙，如多层建筑内隔墙或框架结构的填充墙等。使用空心砖强度等级不低于 MU3.5，最好在 MU5 以上，孔洞率应大于 45%，以横孔方向砌筑。

6.1.3 非烧结砖

不经焙烧而制成的砖均为非烧结砖。目前非烧结砖主要有蒸养砖、蒸压砖、碳化砖等，根据生产原材料区分主要有灰砂砖、粉煤灰砖、炉渣砖、混凝土多孔砖等。

1. *蒸压灰砂砖*

以石灰和砂加水混拌，压制成型，经蒸压养护而制成的砖，代号为 LSB，如图 6.7 所示。

【参考视频】

图 6.7　蒸压灰砂砖

《蒸压灰砂砖》(GB 11945—1999)规定：砖的公称尺寸为 240mm×115mm×53mm，表观密度为 1 800～1 900kg/m^3，根据产品的尺寸偏差和外观分为优等品(A)、一等品(B)、合格品(C)这 3 个等级。

根据浸水 24h 后的抗压和抗折强度分为 MU25、MU20、MU15、MU10 四个等级。蒸压灰砂的砖强度指标和抗冻指标见表 6-11。

表 6-11　蒸压灰砂砖强度指标和抗冻指标

<table>
<tr><th rowspan="3">强度等级</th><th colspan="4">强度指标</th><th colspan="2">抗冻性指标</th></tr>
<tr><th colspan="2">抗压强度/MPa</th><th colspan="2">抗折强度/MPa</th><th rowspan="2">冻后抗压强度平均值/MPa≥</th><th rowspan="2">单块砖干质量损失/%≤</th></tr>
<tr><th>平均值≥</th><th>单块值≥</th><th>平均值≥</th><th>单块值≥</th></tr>
<tr><td>MU25</td><td>25.0</td><td>20.0</td><td>5.0</td><td>4.0</td><td>20.0</td><td rowspan="4">2.0</td></tr>
<tr><td>MU20</td><td>20.0</td><td>16.0</td><td>4.0</td><td>3.2</td><td>16.0</td></tr>
<tr><td>MU15</td><td>15.0</td><td>12.0</td><td>3.3</td><td>2.6</td><td>12.0</td></tr>
<tr><td>MU10</td><td>10.0</td><td>8.0</td><td>2.5</td><td>2.0</td><td>8.0</td></tr>
</table>

蒸压灰砂砖是在高压下成型，又经过蒸压养护，砖体组织致密，强度高、大气稳定性好、干缩率小、尺寸偏差小、外形光滑，其应用上应注意以下几点：

(1) 蒸压灰砂砖主要用于工业与民用建筑的墙体和基础。其中，MU15、MU20 和 MU25 的灰砂砖可用于基础及其他建筑，MU10 的灰砂砖仅可用于防潮层以上的建筑部位。

(2) 蒸压灰砂砖不得用于长期受热 200℃以上、受急冷急热或有酸性介质侵蚀的环境，也不宜用于受流水冲刷的部位。灰砂砖表面光滑平整，使用时注意提高砖与砂浆之间的黏结力。

(3) 蒸压灰砂砖早期收缩值大，出釜后应至少放置一个月后再用，以防止砌体的早期开裂。

(4) 蒸压灰砂砖砌体干缩较大，墙体在干燥环境中容易开裂，故在砌筑时砖的含水率宜控制在 5%～8%。干燥天气下，蒸压灰砂砖应在砌筑前 1～2d 浇水。禁止使用干砖或含饱和水的砖砌筑墙体。不宜在雨天施工。

(5) 蒸压灰砂砖与砂浆的黏结力较弱，故宜采用高黏度性能的专用砌筑砂浆砌筑。

(6) 蒸压灰砂砖砌体应控制每天可砌高度，一般不超过1.5m为宜，且不宜与其他品种砖同层混砌。

特别提示

蒸压灰砂砖生产(出釜)以后由于温度、湿度降低和碳化作用，在使用过程中总的趋势是体积发生收缩，与烧结普通砖砌体比较，蒸压灰砂砖砌体的收缩值要大得多。因此，灰砂砖砌体在设计与施工中须采取相应的抗裂措施。

2. 蒸压(蒸养)粉煤灰砖

粉煤灰砖是以粉煤灰、石灰或水泥为主要原料，掺加适量石膏、外加剂、颜料和集料，经坯料制备、压制成型，高压或常压蒸汽养护而成的砖。

《粉煤灰砖》(JC 239—2001)规定：粉煤灰砖的公称尺寸为240mm×115mm×53mm，表观密度为1 500kg/m^3，按抗压强度和抗折强度分为MU30、MU25、MU20、MU15、MU10五个等级。按外观质量、强度、抗冻性和干燥收缩分为优等品(A)、一等品(B)、合格品(C)。粉煤灰砖的强度指标和抗冻性指标见表6-12。

表6-12 粉煤灰砖强度指标和抗冻性指标

强度等级	抗压强度/MPa		抗折强度/MPa		抗冻性指标	
	10块平均值≥	单块值≥	10块平均值≥	单块值≥	抗压强度/MPa 平均值≥	单块砖的干质量损失/(%)≤
MU30	30.0	24.0	6.2	5.0	24.0	
MU25	25.0	20.0	5.0	4.0	20.0	
MU20	20.0	16.0	4.0	3.2	16.0	2.0
MU15	15.0	12.0	3.3	2.6	12.0	
MU10	10.0	8.0	2.5	2.0	8.0	

蒸压粉煤灰砖可用于工业与民用建筑的基础和墙体，但应注意以下几点。

(1) 在用于基础或易受冻融和干湿交替的部位，必须使用优等品或一等品砖，对砖要进行抗冻性检验，并用水泥砂浆抹面或在建筑设计上采取其他适当措施，以提高建筑物的其耐久性。

(2) 用粉煤灰砖砌筑的建筑物，应适当增设圈梁及伸缩缝，或减少伸缩缝间距；窗台、门、洞口等部位，适当增设钢筋，以避免或减少收缩裂缝的产生。

(3) 粉煤灰砖出釜后应存放1～2周后再用，以减少相对伸缩值。

(4) 长期受热高于200℃，或受冷热交替作用，或有酸性侵蚀的建筑部位不得使用粉煤灰砖。

(5) 粉煤灰砖吸水迟缓，初始吸水较慢，后期吸水量大，故必须提前润水，不能随浇随砌。砖的含水率一般宜控制在10%左右，以保证砌筑质量。

(6) 粉煤灰砖与砂浆的黏结力较弱，砌体抗横向变形能力较差，故应尽量采用专用砌筑砂浆，以提高砖与砂浆的黏结力。

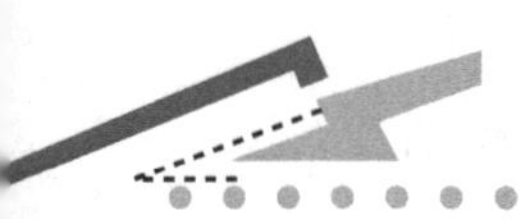

3. 蒸压炉渣砖

蒸压炉渣砖是以煤燃烧后的残渣为主要原料，配以一定数量的石灰和少量石膏，经加水搅拌混合、压制成型、蒸养或蒸压养护而制成的实心砖。

《炉渣砖》(JC/T 525—2007)规定：炉渣砖的公称尺寸同普通黏土砖 240mm×115mm×53mm。按抗压强度分为 MU25、MU20、MU15 三个等级。炉渣砖可用于一般工业与民用建筑的墙体和基础。炉渣砖的生产消耗大量工业废渣，属于环保型墙材。

4. 承重混凝土多孔砖

承重混凝土多孔砖是一种新型墙体材料，以水泥、砂、石等为主要集料，加水搅拌、压制成型、养护制成的一种用于承重结构的多排孔混凝土砖，代号 LPB。其制作工艺简单，施工方便。用混凝土多孔砖代替实心豁土砖、烧结多孔砖，可以不占耕地，节省豁土资源，且不用焙烧设备，节省能耗。

《承重混凝土多孔砖》(GB 25779—2010)规定：承重混凝土多孔砖的外形为直角六面体，产品的主要规格尺寸有为长度 360mm、290mm、240mm、190mm、140mm；宽度 240mm、190mm、115mm、90mm；高度 115mm、90mm。最小外壁厚不应小于 18mm，最小肋厚不应小于 15mm，典型规格如图 6.8 所示。为了减轻墙体自重及增加保温隔热功能，其孔洞率应不小于 25%且不大于 35%。按抗压强度分为 MU15、MU20、MU25 三个等级。

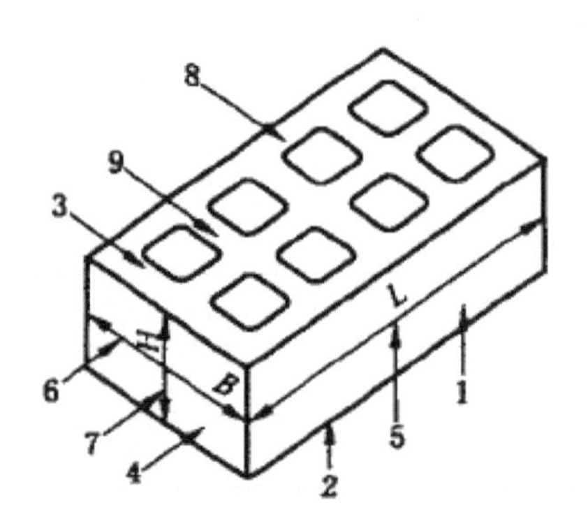

1—条面；2—坐浆面(外壁、肋厚度较小的面)；3—铺浆面(外壁、肋厚度较大的面)；
4—顶面；5—长度；6—宽度；7—高度；8—外壁；9—肋

图 6.8 混凝土多孔砖

承重混凝土多孔砖原料来源容易、生产工艺简单、成本低、保温隔热性能好、强度较高，且有较好的耐久性，多用于工业与民用建筑等承重结构。

特别提示

《砌体工程施工质量验收规范》(GB 50203—2011)规定，砖砌体工程抽检数量为：每一生产厂家。烧结普通砖、混凝土实心砖梅 15 万块，烧结多孔砖、混凝土多孔砖、蒸压灰砂砖及蒸压粉煤灰砖每 10 万块各为一验收批，不足上述数量时按 1 批计，抽检数量为 1 组。

6.2 砌 块

引 例

关于砌块墙体的裂纹和渗漏的案例分析

随着我国墙体材料改革工作的不断推进，作为新型墙体材料的主力军—砌块，正被越来越多地应用，因此砌块墙体存在的问题也越来越受人们的关注。砌块建筑存在的主要问题有三个方面：①建筑外墙隔热保温差；②室内二次整修不便；③建筑墙体裂缝。

某房屋，地处潮汕平原，使用两年后，出现多处墙体问题。在面向东西的墙体，窗口处有斜裂纹；在持续大雨的季节，有几处墙体有渗漏的现象出现；墙体有几处集中出现细裂纹。原因分析如下。

(1) 潮讪平原，处于亚热带，多雨，夏天气温高。夏天受日光照射强烈的墙体，内外墙温差较大，一般都在30℃以上，导致墙体出现剪应力，出现了具有“八”字形45° 斜裂纹。

(2) 对于墙体出现渗漏现象，可能与施工时砂浆不饱满有关，而更多在于所用的砌块材料不具备防水的功能。潮讪平原，多雨季节降雨量很大，持续时间也很长，因此在雨季出现墙体渗漏也就在所难免。

(3) 对于某几处墙体出现集中的细裂纹现象，是由于该处砌块含水过多干缩而引起细裂纹。施工时，砌块喷水过多，某些还泼了上去。由于砌块是成几堆堆放，泼水上去造成底部有积水现象，故下面砌块含水率变得特别高，因此在施工后用了底下的砌块的墙体干缩厉害，造成了裂纹。

砌块是比砖大的砌筑用人造石材，多为直角六面体，也有各种异形的。砌块系列中主规格尺寸的长度、宽度或高度，有一项或一项以上分别大于365mm、240mm、115mm，但高度不大于长度或宽度的6倍，长度不超过高度的3倍。

按产品主规格的尺寸，可分为大型砌块(高度大于980mm)、中型砌块(高度为380～980mm)和小型砌块(高度115～380mm)。按有无孔洞可分为实心砌块(无孔洞或空心率＜25%)和空心砌块(空心率≥25%)。

目前在国内推广应用较为普遍的有蒸压加气混凝土砌块、混凝土小型空心砌块、粉煤灰砌块、石膏砌块等。

6.2.1 蒸压加气混凝土砌块

蒸压加气混凝土砌块是钙质材料(水泥、石灰等)和硅质材料(矿渣和粉煤灰)加入铝粉(作加气剂)，经蒸压养护而成的多孔轻质块体材料，简称加气混凝土砌块，其代号为ACB。砌块示意图如图6.9所示。

图 6.9　蒸压加气混凝土砌块

1. 技术要求

1) 尺寸规定

《蒸压加气混凝土砌块》(GB/T 11968—2006)规定，长度：600mm；高度：200mm、240mm、250mm、300mm；宽度：100mm、120mm、125mm、150mm、180mm、200mm、240mm、250mm、300mm，如需要其他规格，可由供需双方协商解决。

2) 强度等级

按抗压强度可分为七个等级 A1.0、A2.0、A2.5、A3.5、A5.0、A7.5、A10.0，见表 6-13。

表 6-13　加气混凝土砌块各等级抗压强度

强度等级		A1.0	A2.0	A2.5	A3.5	A5.0	A7.5	A10.0
立方体抗压强度/MPa	平均值≥	1.0	2.0	2.5	3.5	5.0	7.5	10.0
	单块最小值≥	0.8	1.6	2.0	2.8	4.0	6.0	8.0

3) 密度等级

按干表观密度可分为 B03、B04、B05、B06、B07、B08 六个等级。

4) 质量等级

按尺寸偏差与外观质量、干密度、抗压强度和抗冻性等分为优等品(A)、合格品(B)。各强度级别的相关性能见表 6-14。

表 6-14　加气混凝土砌块的强度级别、干密度、干燥收缩、抗冻性、导热系数

干密度级别		B03	B04	B05	B06	B07	B08
强度级别	优等品	A1.0	A2.0	A3.5	A5.0	A7.5	A10.0
	合格品			A2.5	A3.5	A5.0	A7.5
干表观密度/(kg/m^3)	优等品	300	400	500	600	700	800
	合格品	350	425	525	625	725	825
干燥收缩值/(mm/m)	标准法	0.50					
	快测法	0.80					

续表

<table>
<tr><th colspan="3">干密度级别</th><th>B03</th><th>B04</th><th>B05</th><th>B06</th><th>B07</th><th>B08</th></tr>
<tr><td rowspan="3">抗冻性</td><td colspan="2">质量损失/(%)≤</td><td colspan="6">5.0</td></tr>
<tr><td rowspan="2">冻后强度/MPa</td><td>优等品</td><td rowspan="2">0.8</td><td rowspan="2">1.6</td><td>2.8</td><td>4.0</td><td>6.0</td><td>8.0</td></tr>
<tr><td>合格品</td><td>2.0</td><td>2.8</td><td>4.0</td><td>6.0</td></tr>
<tr><td colspan="3">导热系数(干态)/[W/(m·K)]≤</td><td>0.10</td><td>0.12</td><td>0.14</td><td>0.16</td><td>0.18</td><td>0.20</td></tr>
</table>

5) 产品标识

蒸压加气混凝土砌块的产品标识由强度级别、干密度级别、等级、规格尺寸及标准编号五部分组成。如：强度级别为 A3.5、干密度级别为 B05、优等品、规格尺寸为 600mm×200mm×250mm 的蒸压加气混凝土砌块，其标记为：ACB A3.5 B05 600×200×250A GB 11968。

2. 应用

蒸压加气混凝土砌块常用品种有加气粉煤灰砌块、蒸压矿渣砂加气混凝土砌块。具有表观密度小、保温及耐火性好、易加工、抗震性好、施工方便的特点，适用于低层建筑的承重墙、多层建筑和高层建筑的隔离墙、填充墙及工业建筑物的维护墙体和绝热墙体。建筑的基础，处于浸水、高湿和化学侵蚀环境，承重制品表面温度高于 80℃的部位，均不得采用加气混凝土砌块。加气混凝土外墙面，应做饰面防护措施。

蒸压加气混凝土砌块应存放 5d 以上方可出厂。加气混凝土砌块本身强度较低，搬运和堆放过程要尽量减少损坏。砌块储存堆放应做到场地平整，同品种、同规格、同等级做好标记，整齐稳妥，宜有防雨措施。产品运输时，宜成垛绑扎或有其他包装。绝热用产品必须捆扎加塑料薄膜封包。运输装卸宜用专用机具，严禁抛掷、倾倒翻卸。

6.2.2 混凝土小型空心砌块

混凝土小型空心砌块是以水泥为胶凝材料，砂、碎石或卵石、煤矸石、炉渣为集料，经加水搅拌、振动加压或冲压成型、养护而成的小型砌块。砌块示意图如图 6.10 所示。

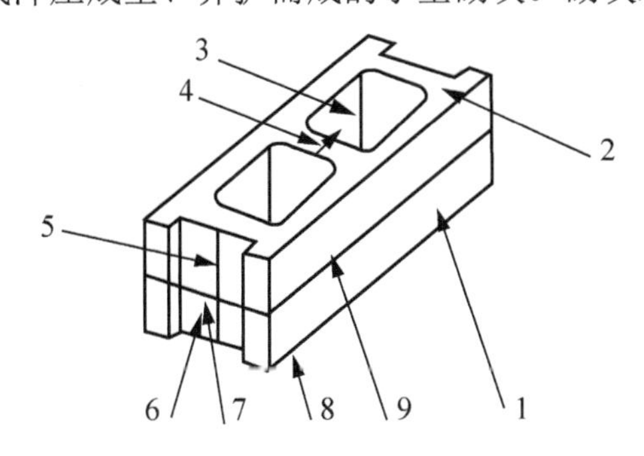

图 6.10 混凝土小型空心砌块

1—条面；2—坐浆面(肋厚较小的面)；3—壁；4—肋；
5—高度；6—顶面；7—宽度；8—铺浆面(肋厚较大的面)；9—长度

《普通混凝土小型空心砌块》(GB 8239—1997)规定：砌块主规格尺寸为 390mm×190mm×190mm，最小外壁厚不应小于 30mm，最小肋厚不应小于 25mm，空心率不应小于

25%。按抗压强度分为 MU3.5、MU5.0、MU7.5、MU10.0、MU15.0、MU20.0 六个等级，按其尺寸偏差，外观质量分为优等品(A)、一等品(B)、合格品(C)。

混凝土小型空心砌块建筑体系比较灵活，砌筑方便，主要适用于各种公用或民用住宅建筑以及工业厂房、仓库和农村建筑的内外墙体。为防止或避免小砌块因失水而产生的收缩导致墙体开裂，应特别注意：小砌块采用自然养护时，必须养护 28d 后方可上墙；出厂时小砌块的相对含水率必须严格控制；在施工现场堆放时，必须采用防雨措施；砌筑前，不允许浇水预湿；为防止墙体开裂，应根据建筑的情况设置伸缩缝，在必要的部位增加构造钢筋。

6.2.3 轻集料混凝土小型空心砌块

轻集料混凝土小型空心砌块是以陶粒、膨胀珍珠岩、浮石、火山渣、煤渣、自燃煤矸石等各种轻粗、细集料和水泥按一定比例配制，经搅拌、成型、养护而成的空心率大于或等于 25%、表观密度小于 1 400kg/m^3 的轻质混凝土小砌块，代号 LHB。轻集料混凝土小型空心砌块如图 6.11 所示。

图 6.11 轻集料混凝土小型空心砌块

《轻集料混凝土小型空心砌块》(GB/T 15229—2011)规定：砌块的主规格为 390mm×190mm×190mm，强度等级为 MU1.5、MU2.5、MU3.5、MU5.0、MU7.5 和 MU10.0 六个等级，密度等级为 500、600、700、800、900、1 000、1 200、1 400 八个等级(实心砌块的密度等级不应大于 800)。与普通混凝土小型空心砌块相比，这种砌块重量更轻、保温隔热性能更佳、抗冻性更好，主要用于非承重结构的围护和框架结构的填充墙，也可用于既承重又保温或专门保温的墙体。

6.2.4 烧结多孔砌块

烧结多孔砌块经焙烧而成，孔洞率≥33%，孔的尺寸小而数量多。主要用于建筑物承重部位。

《烧结多孔砖和多孔砌块》(GB 13544—2011)规定：烧结多孔砌块按主要原料砖分为黏土砌块(N)、页岩砌块(Y)、煤矸石砌块(M)、粉煤灰砌块(F)、淤泥砌块(U)和固体废弃物砌块(G)。砌块为直角六面体，在与砂浆的接合面上应设有增加结合力的粉刷槽(设在条面或顶面上深度不小于 2mm 的沟或类似结构)和砌筑砂浆槽(设在条面或顶面上深度大于 15mm 的凹槽)。规格尺寸为：490mm、440mm、390mm、340mm、290mm、240mm、190mm、180mm、

140mm、115mm、90mm，如图 6.12 所示。强度等级分为 MU30、MU25、MU20、MU15、MU10 五个等级。密度等级分为 900、1 000、1 100、1 200 四个等级。

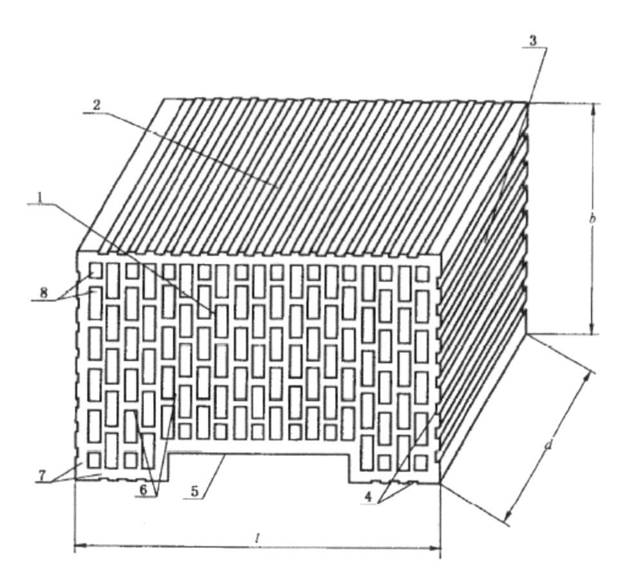

1—大面(坐浆面)；2—条面；3—顶面；4—粉刷沟槽；
5—砂浆槽；6—肋；7—外壁；8—孔洞；l—长度；b—宽度；d—高度

图 6.12　烧结多孔砌块

6.2.5　粉煤灰砌块

粉煤灰砌块可分为密实粉煤灰砌块和空心粉煤灰砌块，以粉煤灰混凝土小型空心砌块应用较为广泛。粉煤灰混凝土小型空心砌块是以粉煤灰、水泥、集料、水为主要组分(也可加入外加剂等)制成，代号 FHB。

《粉煤灰混凝土小型空心砌块》(JC/T 862—2008)规定：砌块主规格尺寸为 390mm×190mm×190mm。强度等级分为 MU3.5、MU5、MU7.5、MU10、MU15、MU20 六个等级。密度等级分为 600、700、800、900、1 000、1 200、1 400 七个等级。

粉煤灰砌块属于轻混凝土的范畴，适用于一般建筑的墙体和基础。不适用于有酸性侵蚀介质，密封性要求高、易受较大震动的建筑物以及受高温和受潮的承重墙。

6.2.6　石膏砌块

石膏砌块以建筑石膏为主要原料而生产。石膏砌块墙体能有效减轻建筑物自重，降低基础造价，提高抗震能力，并增加建筑的有效使用面积，因此是理想的轻质节能新型墙体材料。石膏砌块有实心、空心和夹芯砌块三种，如图 6.13 所示。其中空心石膏砌块体积密度小，绝热性能较好，应用较多。采用聚苯乙烯泡沫塑料为芯层可制成夹芯石膏砌块。石膏砌块轻质、绝热吸声、不燃、可锯可钉、生产工艺简单、成本低，多作非承重内隔墙，即可用作一般的分室隔墙，也可采取复合结构，用于隔声要求较高的隔墙。

图6.13　石膏砌块

特别提示

(1) 《砌体工程施工质量验收规范》(GB 50203—2011)规定，填充墙砌体砌筑前块材(指空心砖、轻集料混凝土小型空心砌块、加气混凝土砌块等砌材)应提前1～2d浇(喷)水湿润。蒸压加气混凝土砌块砌筑时，应在砌筑当天对砌块砌筑面喷水润湿。

(2) 空心砖施工时的适宜相对含水率为60%~70%；轻集料混凝土小型空心砌块、加气混凝土砌块施工时的适宜相对含水率为40%~50%。

6.3　墙用板材

墙用板材改变了墙体砌筑的传统工艺，通过黏结、组合等方法进行墙体施工，加快了建筑施工的速度。墙用板材除轻质外，还具有保温、隔热、隔声、防水及自承重的性能，有的轻型墙板还具有高强、绝热性能，目前在工程中应用十分广泛。

墙用板材的种类很多，主要包括加气混凝土板、石膏板、玻璃纤维增强水泥板、轻质隔热夹芯板等类型。

6.3.1　水泥类墙板

水泥类墙用板材具有较好的力学性能和耐久性，生产技术成熟，产品质量可靠，主要用于承重墙、外墙和复合外墙的外层面，但其表观密度大，抗拉强度低，体型较大的板材在施工中易受损。为减轻自重，同时增加保温隔热性，生产时可制成空心板材，也可加入一些纤维材料制成增强型板材，还可在水泥板材上制作具有装饰效果的表面层。

1. 预应力混凝土空心板

预应力混凝土空心板是以高强度的预应力钢绞线用先张法制成。可根据需要增设保温层、防水层、外饰面层等。《预应力混凝土空心板》(GB/T 14040—2007)规定，规格尺寸：高度宜为120mm、180mm、240mm、300mm、360mm，宽度宜为900mm、1 200mm，长度不宜大于高度的40倍，混凝土强度等级不应低于C30，如用轻骨料混凝土浇筑，轻骨料混凝土强度等级不应低于LC30。预应力混凝土空心板可用于承重或非承重的内外墙板、楼面板、屋面板、阳台板、雨篷等，如图6.14所示。

图 6.14 预应力混凝土空心板

特别提示

注意区分预应力混凝土空心板和预应力混凝土屋面板。

2. 玻璃纤维增强水泥(GRC)轻质多孔墙板

GRC 轻质多孔墙板是用抗碱玻璃纤维作增强材料，以水泥砂浆为胶结材料，经成型、养护而成的一种复合材料，GRC 是"Glass Fiber Reinforced Cement(玻璃纤维增强水泥)"的缩写。GRC 轻质多孔墙板具有重量轻、强度高、隔热、隔声、不燃、加工方便、价格适中、施工简便等优点，可用于一般建筑物的内隔墙和复合墙体的外墙面，如图 6.15 所示。

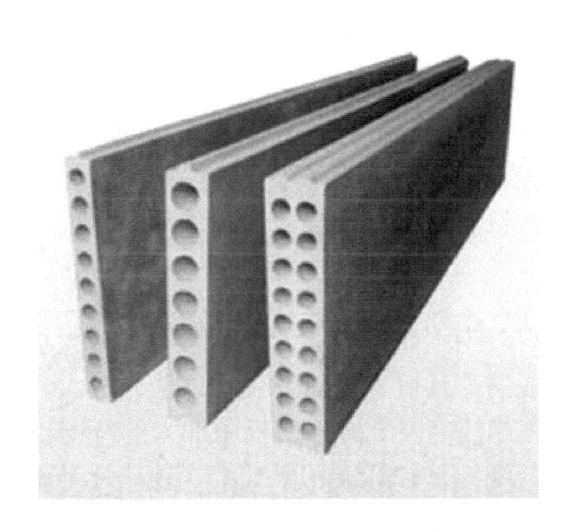

图 6.15 GRC 轻质多孔墙板

3. 蒸压加气混凝土条板

蒸压加气混凝土条板是以水泥、石灰和硅质材料为基本原料，以铝粉为发气剂，配以钢筋网片，经过配料、搅拌、成型和蒸压养护等工艺制成的轻质板材。加气混凝土条板具有密度小，保温性能好，良好的防火及抗震性能，可钉、可锯、容易加工等特点，主要用于工业与民用建筑的外墙和内隔墙。由于蒸压加气混凝土板材中含有大量微小的非连通气孔，孔隙率达 70%～80%，因而具有自重轻、绝热性好、隔声吸声等优点，施工时不需吊装，人工即可安装，施工速度快，该板还具有较好的耐火性与一定的承载能力，被广泛应用于工业与民用建筑的各种非承重隔墙。

【参考图文】

6.3.2 石膏类墙板

石膏板主要有纸面石膏板、纤维石膏板及石膏空心条板3类。

1. 纸面石膏板

纸面石膏板是以建筑石膏为主要原料，并掺入某些纤维和外加剂所组成的芯材，和与芯材牢固地结合在一起的护面纸所组成的建筑板材，如图6.16所示。纸面石膏板主要包括普通纸面石膏板、耐水纸面石膏板、耐火纸面石膏板、耐水耐火纸面石膏板。

图6.16 纸面石膏板

【参考视频】

纸面石膏板具有轻质、高强、绝热、防火、防水、吸声、可加工、施工方便等特点。普通纸面石膏板适用于建筑物的围护墙、内隔墙和吊顶。在厨房、厕所以及空气相对湿度大于70%的潮湿环境使用时，必须采用相应防潮措施。耐火纸面石膏板主要用于对防火要求较高的建筑工程，如档案室、楼梯间、易燃厂房和库房的墙面和顶棚。耐水纸面石膏板主要用于相对湿度大于75%的浴室、厕所、盥洗室等潮湿环境下的吊顶和隔墙。

2. 纤维石膏板

纤维石膏板是以建筑石膏为主要原料，加入适量有机或无机纤维和外加剂，经打浆、铺浆脱水、成型、干燥而成的一种板材。石膏硬化体脆性较大，且强度不高。加入纤维材料可使板材的韧性增加，强度提高。纤维石膏板中加入的纤维较多，一般在10%左右，常用纤维类型多为纸纤维、木纤维、甘纤维、草纤维、玻璃纤维等。纤维石膏板具有质轻、高强、隔声、阻燃、韧性好、抗冲击力强、抗裂防震性能好等特点，可锯、钉、刨、粘，施工简便，主要用于非承重内隔墙、天花板、内墙贴面等。

3. 石膏空心板

石膏空心板是以石膏为胶凝材料，加入适量轻质材料(如膨胀珍珠岩等)和改性材料(如水泥、石灰、粉煤灰、外加剂等)，经搅拌、成型、抽芯、干燥等工序制成的空心条板。加工性好、自重轻、颜色洁白、表面平整光滑，可在板面喷刷或粘贴各种饰面材料，空心部位可预埋电线和管件，施工安装时不用龙骨，施工简单且效率高，主要用于非承重内隔墙。

6.3.3 复合墙板

复合墙板是将不同功能的材料分层复合而制成的墙板。一般由外层、中间层和内层组成。外层用防水或装饰材料做成，主要起防水或装饰作用；中间层为减轻自重而掺入的各种填充性材料，有保温、隔热、隔声作用；内层为饰面层。内外层之间多用龙骨或板勒连接，以增加承载力。目前，建筑工程中已广泛使用各种复合板材。

1. 钢丝网夹芯复合板材

钢丝网夹芯复合板材是将聚苯乙烯泡沫塑料、岩棉、玻璃棉等轻质芯材夹在中间，两片钢丝网之间用“之”字形钢丝相互连接，形成稳定的三维网架结构，然后用水泥砂浆在两侧抹面，或进行其他饰面装饰。

钢丝网夹芯复合板材商品名称众多，包括泰柏板、钢丝网架夹芯板、GY板等，但其基本结构相近，如图6.17所示。

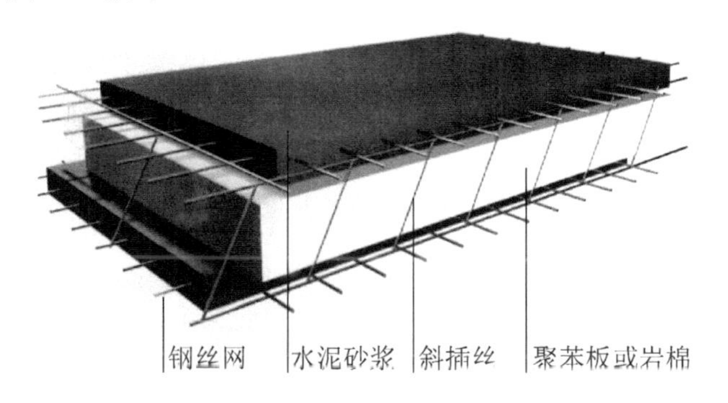

图6.17 钢丝网夹芯板材构造示意图

钢丝网夹芯复合板材自重轻，约为3.9～4.0kg/m^2，其热阻约为240mm厚普通砖墙的两倍，具有良好的保温隔热性，另外还具有隔声性好、防火性、抗湿、冻性能好、抗震能力强、耐久性好等特点，板材运输方便、损耗极低，施工方便，与砖墙相比，可有效提高建筑使用面积。可用作墙板、屋面板和各种保温板。

2. 金属面夹芯板

金属面夹芯板是以阻燃型聚苯乙烯泡沫塑料、聚氨酯泡沫塑料或岩棉、矿渣棉为芯材，两侧粘上彩色压型(或平面)镀锌板材复合形成，如图6.18所示。外露的彩色钢板表面一般涂以高级彩色塑料涂层，使其具有良好的抗腐性和耐气候性。

图6.18 金属面夹芯板

金属面夹芯板重量为10～25kg/m^2，质轻、高强、绝热性好，保温、隔热性好，防水性好，可加工性能好，且具有较好的抗弯、抗剪等力学性能，施工方便，安装灵活快捷，经久耐用，可多次拆装和重复使用，适用于各类墙体和屋面。

本任务小结

合理选用墙体材料对建筑物的功能、造价及安全等有重要意义。本任务主要讲述了各类墙砖、砌块的规格、性能及应用，并介绍了新型节能利废的墙体材料。

砌墙砖分烧结砖和非烧结砖两大类。烧结砖有烧结普通砖、烧结多孔砖和烧结空心砖。烧结砖有强度高、耐久性好、取材方便、生产工艺简单。价格低廉等优势，但生产率低，且要消耗大量土地资源，逐步会被禁止或限制生产和使用；非烧结砖种类很多，常用的有灰砂砖、粉煤灰砖和炉渣砖。这些砖强度高，完全可取代普通烧结砖用于一般的工业与民用建筑，但在受急冷急热或有腐蚀性介质的环境使用时应慎用。

常用的砌块有普通混凝土小型砌块、加气混凝土砌块和粉煤灰砌块等。其中，加气混凝土砌块以其质量轻、保温隔热性能好、施工方便等优点，广泛用于各类非承重隔墙。

墙用板材有石膏类板材、水泥类板材和复合墙板。随着建筑业的发展，复合类板材应用越来越广泛，它以轻质高强、耐久性好、施工效率高，集保温、隔热、吸声、防水、装饰于一体等诸多优点而发展前景广阔。

习题

一、填空题

1．目前所用的墙体材料有__________、__________和__________3大类。
2．烧结普通砖具有__________、__________、__________和__________等缺点。
3．常用的墙用板材__________、__________和__________3大类。
4．烧结普通砖的外形为直角六面体，其标准尺寸为__________。

二、选择题

1．下面哪些不是加气混凝土砌块的特点(　　)。
　A．轻质　　　　　　　　B．保温隔热
　C．加工性能好　　　　　D．韧性好
2．利用煤矸石和粉煤灰等工业废渣烧砖，可以(　　)。
　A．减少环境污染　　　　B．节约大片良田黏土
　C．节省大量燃料煤　　　D．大幅提高产量
3．普通黏土砖评定强度等级的依据是(　　)。
　A、抗压强度的平均值　　B．抗折强度的平均值
　C．抗压强度的单块最小值　D．抗折强度的单块最小值

三、简答题

1．砌墙砖有几类？是怎样划分的？
2．未烧透的欠火砖为何不宜用于地下？
3．烧结普通砖、多孔砖强度等级是怎样确定的？

4. 有烧结多孔砖一批，经抽样检测抗压强度，其结果见表6-15。试确定该砖强度等级。

表6-15 简答题4图

砖编号	1	2	3	4	5	6	7	8	9	10
破坏荷载/kN	254	270	218	183	238	259	151	280	220	254

5. 常用的砌块有哪几种？

6. 加气混凝土砌块砌筑的墙抹砂浆层，采用与砌筑烧结普通砖的办法往墙上浇水后即抹，一般的砂浆往往易被加气混凝土吸去水分而容易干裂或空鼓，请分析原因。

7. 在各类墙用板材中，哪些不宜长期用于潮湿的环境中？哪些不宜长期用于大于200℃的环境中？

8. 通过搜集相关资料，列出本省(市、地区)禁止或限制使用烧结黏土砖、推广新型墙体材料的具体措施。

【参考答案】

学习任务7

建筑钢材

学习目标

本任务介绍了建筑钢材的分类、性质、技术标准及选用原则。通过学习应了解钢的冶炼和分类，了解钢材的加工性质，掌握建筑钢材的主要力学性能和工艺性能，掌握建筑用钢材的标准和应用，了解钢材防锈和防火的做法，熟悉钢材验收和储运的基本要求。

学习要求

能力目标	知识要点	权重
了解钢的冶炼和分类	钢的冶炼和分类	10%
掌握建筑钢材的主要力学性能和工艺性能	建筑钢材的主要力学性能和工艺性能	30%
了解钢材的加工性质	钢材的冷加工、热处理	10%
掌握建筑用钢材的标准和应用	钢结构和混凝土用钢材的标准和应用	35%
了解钢材防锈和防火的做法	钢材防锈机理及做法、防火措施	5%
熟悉钢材验收和储运的基本要求	钢材验收要求、储运规定	10%

任务导读

建筑钢材是建筑用黑色和有色金属材料以及它们与其他材料所组成的复合材料的统称，如图7.1所示。建筑用金属材料是构成土木工程物质基础的四大类材料(钢材、水泥混凝土、木材、塑料)之一。在钢铁流通行业，建筑钢材如无特殊说明，一般指建筑类钢材中使用量最大的线材及螺纹钢。建筑业主要采用黑色金属材料中的钢材，铸铁主要用作铸铁制品(如压力管等)。中国建筑用钢多数是采用平炉和氧气顶吹转炉冶炼的低碳钢(碳含量小于 0.25%)、中碳钢(碳含量0.25%～0.60%)及低合金钢，并以沸腾钢或镇静钢工艺生产，其中沸腾钢因冲击、时效、冷脆性能较镇静钢差，使用时在某些结构中有所限制，如铁路桥梁、重级工作制吊车梁等。半镇静钢机械性能优于沸腾钢而接近镇静钢，其成品收得率却接近沸腾钢，在中国已被推广使用。

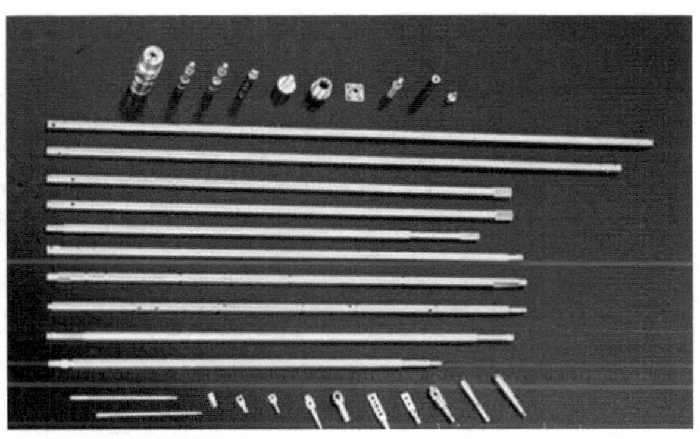

(a) 建筑钢材

(b) 螺纹钢

(c) 建筑物中的建筑钢材

图7.1 建筑钢材图例

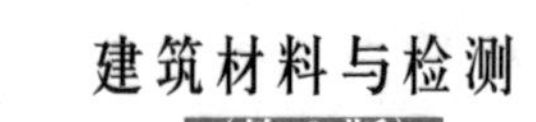

知识点滴

建筑钢材的发展

17世纪70年代，人类开始大量应用生铁作建筑材料，到19世纪初期发展到用熟铁建造桥梁、房屋等。这些材料因强度低、综合性能差，在使用上受到限制，但已是人们采用钢铁结构的开始。中期以后，钢材的规格品种日益增多，强度不断提高，相应的连接等工艺技术也得到发展，为建筑结构向大跨重载方向发展奠定了基础，带来了土木工程的一次飞跃。

19世纪50年代出现了新型的复合建筑材料——钢筋混凝土。至20世纪30年代，高强钢材的出现又推动了预应力混凝土的发展，开创了钢筋混凝土和预应力混凝土占统治地位的新的历史时期，使土木工程发生了新的飞跃。

与此同时，各国先后推广具有低碳、低合金(加入5%以下合金元素)、高强度、良好的韧性和可焊性以及耐腐蚀性等综合性能的低合金钢。随着桥梁大型化，建筑物和构筑物向大跨、高层、高耸发展以及能源和海洋平台的开发，低合金钢的产量在近30年来已大幅度增长，其在主要产钢国的产量已占钢材总产量的7%～10%，个别国家达20%以上，其中35%～50%用于房屋建筑和土木工程，主要为钢筋、钢结构用型材、板材，而且土木工程钢结构用低合金钢的比例已从10%提高到30%以上。近年来，各国大力发展不同于普通钢材品种的各种高效钢材，其中包括低合金钢材、热强化钢材、冷加工钢材、经济断面钢材，以及镀层、涂层、复合、表面处理钢材等，经在建筑业中使用，已取得明显的经济效益。

引 例

2009年6月27日清晨5时30分许，上海闵行区莲花南路罗阳路附近在建的“莲花河畔景苑”小区工地内，13层高的7号楼向南整体倾倒，致使一名工人死亡，如图7.2所示。事件发生后，该楼奇异的倒塌方式和对在建楼房工程质量的质疑被社会各界所关注。在专家组出动鉴定事故原因的同时，住房和城乡建设部下发紧急通知，要求全国各省、自治区、直辖市房屋建设主管部门，对在建住宅工程质量进行检查，并由此引发了建筑钢材市场的强烈震动。

图7.2 上海楼房倒塌现场

在专家组调查过程中，各界对倒塌原因的最普遍猜测，是工程使用了劣质钢筋，期间有网友通过倒塌现场图片论证，裸露在外的钢筋数量屈指可数，且质地较细软，更多网友则以地基中混凝土管中少见钢筋为由断定地基施工系豆腐渣工程，钢筋质量再度成为关注焦点。

实际上由于钢筋质量问题导致的建筑工程事故，在过往中已经屡见不鲜。从1999年1月，重庆綦江彩虹桥由于使用了劣质钢材，在建成3年后轰然倒塌，致40人死于非命。到2007年5月，通辽市村民在建房时使用劣质钢材，房屋突然发生坍塌，造成45人伤亡，其中16人死亡。在此期间使用劣质钢筋的惨痛教训并没有使得不合格钢筋数量有所减少，相反，在利益的驱动下，近些年专注生产建筑用螺纹线材的小厂如雨后春笋在全国各地快速蔓延。各种型号材质不一的品牌不计其数，甚至在一些重点市场，假冒伪劣的地条钢也卖得十分红火，这着实为建筑工程质量埋下了极大隐患。各地政府质检机构对此也多次进行查处，上海工商部门 2008年曾对52个批次的钢筋产品进行了抽查，共涉及三家钢材批发市场和15个在建工程。经检测，有25个批次的钢筋质量合格，抽查合格率为48%左右。其中，在建工程使用的钢筋质量合格率仅为44.7%。但由于涉及地方财政收入，对于此类不合格产品的处罚力度并不十分强硬。

2008年7月，上海虹口区局曾对中建三局建设工程股份有限公司在上海骏丰国际财富广场建筑工地上使用的钢筋实施了抽样检查。经检验，上述规格钢筋均不符合国家强制性标准，被判为不合格，并经查证属实，产品质量证明书均系伪造。当时涉案钢筋共计数量130余吨，货值金额60万余元，虹口区局对钢筋供应商做出了没收违法产品、没收违法所得和处货值金额等值的行政处罚。但并没有对钢筋生产厂家，以及市面上所流通的其他类似产品进行追查清剿，因此，在华东一代市场质检抽查一过，工厂照样开工，商家依旧经营，不合格产品始终在市场流通旺盛。

然而，这次的楼房倒塌事件给建筑钢材市场带来的冲击却不容轻视，上海当地市场对事件的反应同以往相比也有所不同。鉴于塌楼事件影响极大，住房和城乡建设部下发紧急通知，要求全国各省、自治区、直辖市房屋建设主管部门，对在建住宅工程质量进行检查。涉及结构安全重大隐患的，要立即停工整改，隐患消除前不得复工。而此次检查力度相对以往较强，涉及范围包括保障性住房和商品住房等各类在建住宅工程。主要是检查工程实体质量情况，特别是工程地基基础和主体结构的勘察、设计及施工质量。对建设、勘察、设计、施工、监理等责任主体和施工图审查、质量检测等有关单位及项目经理、总监理工程师等执业人员执行国家法律、法规和工程建设强制性标准的情况都要进行检查。

虽说在7月3日，已经对外公布了倒塌楼房的调查结果——“两侧压力差是主因”。但在住房和城乡建设部通知要求下，全国范围内的质检行动已经开展起来，尤其是华东一带市场，对建筑钢材质量的检查并没有因为“压力差”而有所松懈。在此影响下，不少工地主动向钢贸商打招呼要求停供钢筋；也有从事劣质钢筋销售的货主主动撤柜并向钢厂要求退货；据说还有些长年坚持超标生产且绝不整改的小钢厂现在主动按国标生产合格品。

通过类似措施的实行，一方面使得不合格建材市场大范围压缩；另一方面鼓励了国标材的生产流通，为合格名单上的商家扩大了销路。目前华东一带市场，国标材销量有所增加，江浙一些小厂，集体检修或停产，国标材市价有所上扬。

此次事件的影响深远，全国范围内对工程质量的检查均得到大力加强。大连甘井子区建筑安全监督站站长马宗堂表示，“小的隐患也容易引发重大事故。这次上海倒塌事故，对我们是一个深刻教训”。区建筑工程质量监督站工作人员则对在建楼盘结构安全进行重点检查，钢筋是检

查的“第一关”。使用钢筋定位仪等先进探测设备，可以通过脉冲感应到单位面积中钢筋个数，不但可以知道钢筋保护层的厚度，还能判断钢筋分布是否合理，在混凝土内具体位置是不是和设计一致。

上海塌楼事件已经引发了一次建筑钢材市场的地震波，局部市场建筑钢材资源结构已经悄然发生变化，而这种变化是否能演变成一场变革，建筑钢材的市场秩序能否得到有效改善，建筑工程用钢的质量能否从此得到保障，只能抱有一个好的希望，拭目以待。

7.1　钢材冶炼与分类

建筑钢材是指用于工程建设的各种钢材，现代建筑工程中大量使用的钢材主要有两大类：一类是钢筋混凝土用钢材，与混凝土共同构成受力构件；另一类则是钢结构用钢材，充分利用其轻质高强的优点，用于建造大跨度、大空间或超高层建筑。此外，还包括用作门窗和建筑五金等钢材。

建筑钢材强度高、品质均匀，具有一定的弹性和塑性变形能力，能承受冲击振动荷载。钢材还具有很好的加工性能，可以铸造、锻压、焊接、铆接和切割，装配施工方便。建筑钢材广泛用于大跨度结构、多层及高层建筑、受动力荷载结构和重型工业厂房结构、钢筋混凝土之中，是最重要的建筑结构材料之一。但钢材也存在能耗大、成本高、容易生锈、维护费用大、耐火性差等缺点。

7.1.1　钢材的冶炼

钢和铁的主要成分都是铁和碳，用含碳量的多少加以区分，含碳量大于 2.06%的铁碳合金为生铁，小于2.06%的铁碳合金为钢，钢是由生铁冶炼而成。生铁是由铁矿石、焦炭和少量石灰石等在高温作用下进行还原反应和其他化学反应，铁矿石中的氧化铁形成金属铁，然后再吸收碳而成生铁。生铁的主要成分是铁，但含有较多的碳及硫、磷、硅、锰等杂质，杂质使得生铁的性质硬而脆，塑性很差，抗拉强度很低，使用受到很大的限制。炼钢的目的就是通过冶炼将生铁中的含碳量降至2.06%以下，其他杂质含量降至一定的范围内，以显著改善其技术性能，提高质量。

钢的冶炼方法主要有氧气转炉法、电炉法和平炉法 3 种，不同的冶炼方法对钢材的质量有着不同的影响，见表 7-1。目前，氧气转炉法已成为现代炼钢的主要方法，而平炉法则已基本被淘汰。

表 7-1　炼钢方法的特点和应用

炉　　种	原　　料	特　　点	生产钢种
氧气转炉	铁水、废钢	冶炼速度快，生产效率高，钢质较好	碳素钢、低合金钢
电炉	废钢	容积小，耗电大，控制严格，钢质好，但成本高	合金钢、优质碳素钢
平炉	生铁、废钢	容量大，冶炼时间长，钢质较好且稳定，成本较高	碳素钢、低合金钢

7.1.2　钢的分类

【参考图文】

钢的分类方法很多，其基本分类方法见表 7-2。

表 7-2　钢的分类

分类方法	类　别		特　性	应　用
按化学成分分类	碳素钢	低碳钢	含碳量＜0.25%	在建筑工程中主要用的是低碳钢和中碳钢
		中碳钢	含碳量 0.25%～0.60%	
		高碳钢	含碳量＞0.60%	
	合金钢	低合金钢	合金元素总含量＜5%	建筑上常用低合金钢
		中合金钢	合金元素总含量 5%～10%	
		高合金钢	合金元素总含量＞10%	
按脱氧程度分类	沸腾钢		脱氧不完全，硫、磷等杂质偏析较严重，代号为“F”	但其生产成本低、产量高、可广泛用于一般的建筑工程
	镇静钢		脱氧完全，同时去硫，代号为“Z”	适用于承受冲击荷载、预应力混凝土等重要结构工程
	半镇静钢		脱氧程度介于沸腾钢和镇静钢之间，代号为“B”	为质量较好的钢
	特殊镇静钢		比镇静钢脱氧程度还要充分彻底，代号为“TZ”	适用于特别重要的结构工程
按质量分类	普通钢		含硫量≤0.055%～0.065%，含磷量≤0.045%～0.085%	建筑中常用普通钢，有时也用优质钢
	优质钢		含硫量≤0.03%～0.045%，含磷量≤0.035%～0.045%	
	高级优质钢		含硫量≤0.02%～0.03%，含磷量≤0.027～0.035%	
	特级优质钢		硫含量≤0.025%，磷含量≤0.015%	
按用途分类	结构钢		工程结构构件用钢、机械制造用钢	建筑上常用的是结构钢
	工具钢		主要用作各种量具、刀具及模具的钢	
	特殊钢		具有特殊物理、化学或机械性能的钢，如不锈钢、耐酸钢和耐热钢等	

特别提示

(1) 目前在建筑工程中常用的钢种是普通碳素结构钢中的低碳钢和低合金钢中的高强度结构钢。

(2) 沸腾钢的产量已逐渐下降并被镇静钢所取代。

知识链接

1. 偏析

在铸锭冷却过程中，由于钢内某些元素在铁的液相中的溶解度大于固相，这些元素便向凝固较迟的钢锭中心集中，导致化学成分在钢锭中分布不均匀，这种现象称为化学偏析，其中以硫、磷偏析最为严重。偏析会严重降低钢材的质量。

2. 脱氧

在冶炼钢的过程中，由于氧化作用使部分铁被氧化成 FeO，使钢的质量降低，因而在炼钢后期精炼时，需在炉内或钢包中加入锰铁、硅铁或铝锭等脱氧剂进行脱氧，脱氧剂与 FeO 反应生成 MnO_2、SiO_2 或 Al_2O_3 等氧化物，它们成为钢渣而被除去。若脱氧不完全，钢水浇入锭模时，会有大量的 CO 气体从钢水中逸出，引起钢水呈沸腾状，产生所谓沸腾钢。沸腾钢组织不够致密，成分不太均匀，硫、磷等杂质偏析较严重，故钢材的质量差。

7.2 钢材的主要技术性能

钢材的性能主要包括力学性能、工艺性能和化学性能等。只有了解、掌握钢材的各种性能，才能做到正确、经济、合理地选择和使用钢材。

7.2.1 钢材的力学性能

1. 拉伸性能

拉伸是建筑钢材的主要受力形式，所以拉伸性能是表示钢材性能和选用钢材的重要指标。将低碳钢(软钢)制成一定规格的试件，放在材料试验机上进行拉伸试验，就可以绘出图 7.3 所示的应力-应变关系曲线。从图中可以看出，低碳钢受拉至拉断，经历了 4 个阶段：弹性阶段(*O*—*A*)、屈服阶段(*A*—*B*)、强化阶段(*B*—*C*)和缩颈阶段(*C*—*D*)。

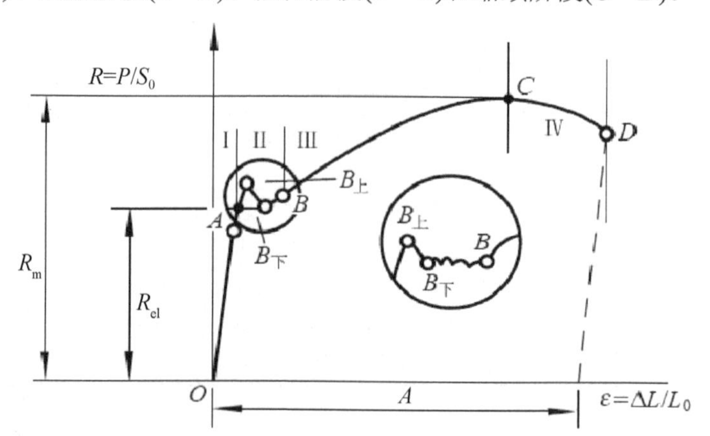

图 7.3 低碳钢受拉的应力-应变图

1) 弹性阶段

曲线中 *O*—*A* 段是一条直线，应力与应变成正比。如卸去外力，试件能恢复原来的形状，这种性质即为弹性，此阶段的变形为弹性变形，与 *A* 点对应的应力称为弹性极限。在弹性受力范围内，应力与应变的比值为常数，*E* 的单位为 MPa，例如 Q235 钢的 $E=0.21\times 10^6$MPa，25MnSi 钢的 $E=0.2\times 10^6$MPa。弹性模量反映钢材抵抗弹性变形的能力，是钢材在受力条件下计算结构变形的重要指标。

2) 屈服阶段

应力超过 *A* 点后，应力、应变不再成正比关系，开始出现塑性变形。应力的增长滞后于应变的增长，当应力达 $B_{上}$点后(屈服上限)，瞬时下降至 $B_{下}$点(屈服下限)，变形迅速增加，而此时外力则大致在恒定的位置上波动，直到 B 点，这就是所谓的“屈服现象”，似乎钢材不能承受外力而屈服，所以 A—B 段称为屈服阶段。与 $B_{下}$点(此点较稳定、易测定)对应的应力称为屈服点(屈服强度)，用 R_{el} 表示。常用碳素结构钢 Q235 的屈服极限 R_{el} 不应低于235MPa。

中碳钢与高碳钢(硬钢)的拉伸曲线与低碳钢不同，屈服现象不明显，难以测定屈服点，则规定产生残余变形为原标距长度的 0.2%时所对应的应力值作为硬钢的屈服强度，也称条件屈服强度，用 $R_{p0.2}$ 表示，如图 7.4 所示。

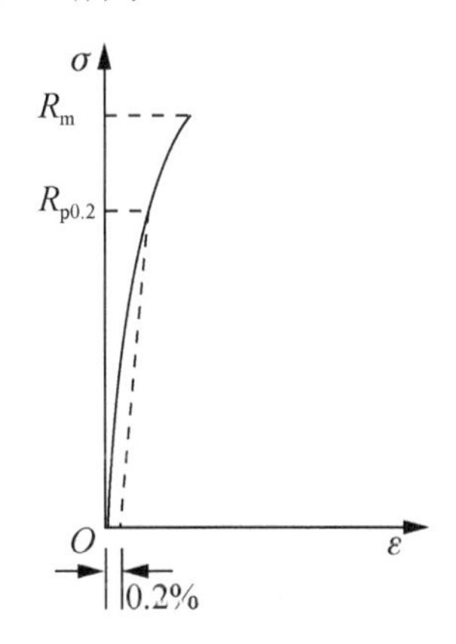

图 7.4　中、高碳钢的应力-应变图

3) 强化阶段

应力超过屈服点后，由于钢材内部组织中的晶格发生了畸变，阻止了晶格进一步滑移，钢材得到强化，所以钢材抵抗塑性变形的能力又重新提高，B—C 段呈上升曲线，称为强化阶段。对应于最高点 C 的应力值(R_m)称为极限抗拉强度，简称抗拉强度。显然，R_m 是钢材受拉时所能承受的最大应力值，Q235 钢约为 380MPa。钢材受力大于屈服点后，会出现较大的塑性变形，已不能满足使用要求，因此屈服强度是设计钢材强度取值的依据，是工程结构计算中非常重要的一个参数。屈服强度和抗拉强度之比(即屈强比＝R_{el}/R_m)能反映钢材的利用率和结构安全可靠程度。屈强比越小，其结构的安全可靠程度越高，但屈强比过小，又说明钢材强度的利用率偏低，造成钢材浪费。建筑结构钢合理的屈强比一般为0.60～0.75。

4) 缩颈阶段

试件受力达到最高点 C 点后，其抵抗变形的能力明显降低，变形迅速发展，应力逐渐下降，试件被拉长，在有杂质或缺陷处，断面急剧缩小直到断裂，故 C—D 段称为缩颈阶段。

建筑钢材应具有很好的塑性。钢材的塑性通常用断后伸长率和断面收缩率表示。将拉断后的试件拼合起来，测定出标距范围内的长度 L_u(mm)，其与试件原标距 L_0(mm)之差称为塑性变形值，塑性变形值与 L_0 之比称为断后伸长率(A)，如图 7.5 所示。试件断面处面积收缩量与原面积之比称为断面收缩率(Z)。伸长率(A)、断面收缩率(Z)计算公式如下：

$$A=\frac{L_u-L_0}{L_0}\times 100\% \tag{7-1}$$

$$Z = \frac{S_0 - S_u}{S_0} \times 100\% \tag{7-2}$$

断后伸长率是衡量钢材塑性的一个重要指标，A 越大说明钢材的塑性越好，而一定的塑性变形能力可保证应力重新分布，避免应力集中，从而使钢材用于结构的安全性越大。

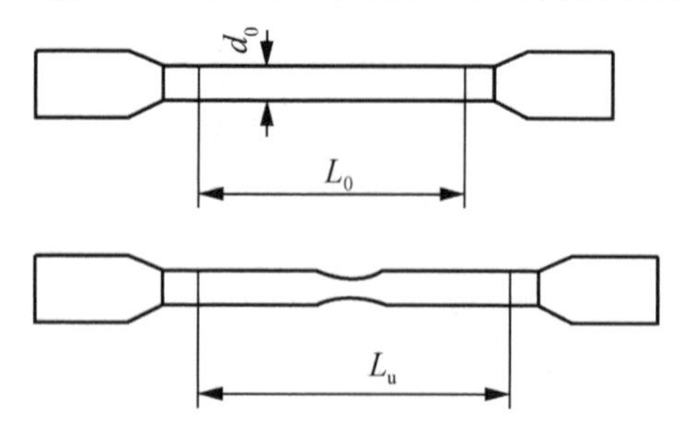

图 7.5　钢材的伸长率

塑性变形在试件标距内的分布是不均匀的，缩颈处的变形最大，离缩颈部位越远其变形越小，所以原标距与直径之比越小，则缩颈处伸长值在整个伸长值中的比重越大，计算出来的 A 值就大。A 和 Z 都是表示钢材塑性大小的指标。

钢材在拉伸试验中得到的屈服点强度 R_{el}、抗拉强度 R_m、伸长率 A 是确定钢材牌号或等级的主要技术指标。

2. 冲击韧度

与抵抗冲击作用有关的钢材性能是韧性，韧性是钢材断裂时吸收机械能能力的量度。吸收较多能量才断裂的钢材是韧性好的钢材。在实际工作中，用冲击韧度衡量钢材抗脆断的性能，因为实际结构中脆性断裂并不发生在单向受拉的地方，而总是发生在有缺口高峰应力的地方，在缺口高峰应力的地方常呈三向受拉的应力状态。因此，最有代表性的是钢材的缺口冲击韧度(简称冲击韧度或冲击功)，它是以试件冲断时缺口处单位面积上所消耗的功(J/cm^2)来表示，其符号为 a_k。试验时将试件放置在固定支座上，然后以摆锤冲击试件刻槽的背面，使试件承受冲击弯曲而断裂，如图 7.6 所示。显然，a_k 值越大，钢材的冲击韧度越好。

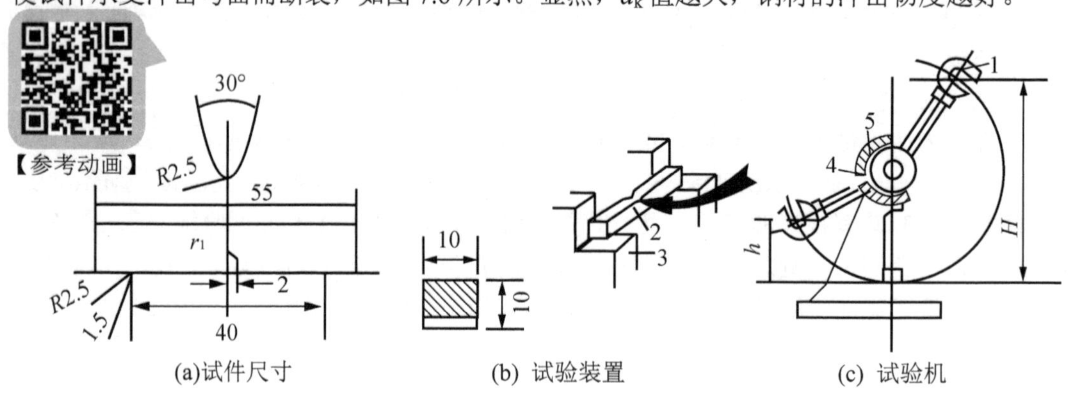

图 7.6　冲击韧度试验图

1—摆锤；2—试件；3—试验台；4—刻度盘；5—指针

影响钢材冲击韧度的因素很多，如化学成分、冶炼质量、冷作及时效、环境温度等。当钢材内硫、磷的含量高，存在化学偏析，含有非金属夹杂物及焊接形成的微裂纹时，都会使冲击韧度显著降低。同时环境温度对钢材的冲击功影响也很大。试验表明，冲击韧度随温度的降低而下降，开始时下降缓和，当达到一定温度范围时，突然下降很多而呈脆性，这种性质称为钢材的冷脆性。这时的温度称为脆性临界温度，它的数值越低，钢材的低温冲击性能越好。

3. 耐疲劳性

受交变荷载反复作用，钢材在应力低于其屈服强度的情况下突然发生脆性断裂破坏的现象，称为疲劳破坏。钢材的疲劳破坏一般是由拉应力引起的，首先在局部开始形成细小断裂，随后由于微裂纹尖端的应力集中而使其逐渐扩大，直至突然发生瞬时疲劳断裂。疲劳破坏是在低应力状态下突然发生的，所以危害极大，往往造成灾难性的事故。

在一定条件下，钢材疲劳破坏的应力值随应力循环次数的增加而降低，如图7.7所示。钢材在无穷次交变荷载作用下而不致引起断裂的最大循环应力值，称为疲劳强度极限，实际测量时常以 2×10^6 次应力循环为基准。钢材的疲劳强度与很多因素有关，如组织结构、表面状态、合金成分、夹杂物和应力集中几种情况。一般来说，钢材的抗拉强度高，其疲劳极限也高。

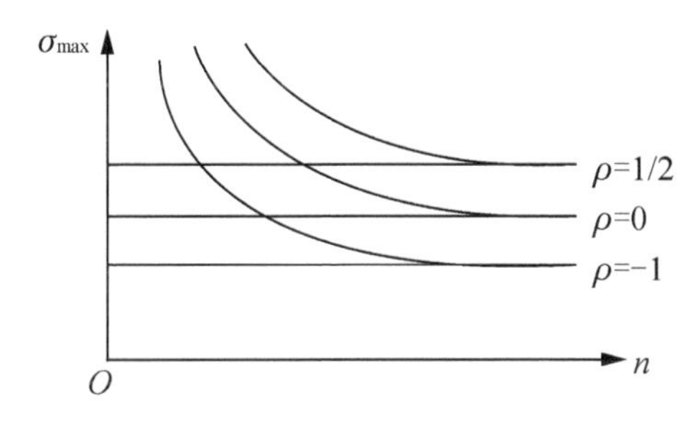

图7.7 疲劳曲线

4. 硬度

钢材的硬度是指其表面抵抗硬物压入产生局部变形的能力。测定钢材硬度的方法有布氏法、洛氏法和维氏法等。建筑钢材常用布氏硬度表示，其代号为*HB*。

布氏法的测定原理是利用直径为*D*(mm)的淬火钢球，以荷载*P*(N)将其压入试件表面，经规定的持续时间后卸去荷载，得直径为*d*(mm)的压痕，以压痕表面积*A*(mm^2)除荷载*P*，即得布氏硬度(*HB*)值，此值无量纲。布氏硬度的测定，如图7.8所示。

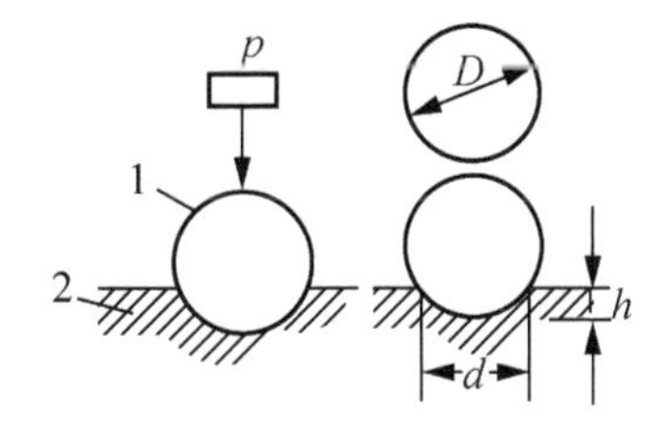

图7.8 布氏硬度的测定

1—淬火钢球；2—试件

知识链接

材料的硬度是材料弹性、塑性、强度等性能的综合反映。实验证明，碳素钢的 HB 值与其抗拉强度 σ_b 之间存在较好的相关关系，当 HB＜175 时，$R_m \approx 3.6HB$；当 HB＞175 时，$R_m \approx 3.5HB$。根据这些关系，可以在钢结构原位上测出钢材的 HB 值来估算钢材的抗拉强度。

7.2.2 钢材的工艺性能

1. 冷弯性能

冷弯性能是指钢材在常温下承受弯曲变形的能力。冷弯是通过检验试件经规定的弯曲程度后，弯曲处外面及侧面有无裂纹、起层、鳞落和断裂等情况进行评定的，其测试方法如图 7.9 所示。一般用弯曲角度以及弯心直径与钢材的厚度或直径的比值来表示。弯曲角度 a 越大，而弯心直径 d 与钢材的厚度或直径的比值越小，表明钢材的冷弯性能越好。

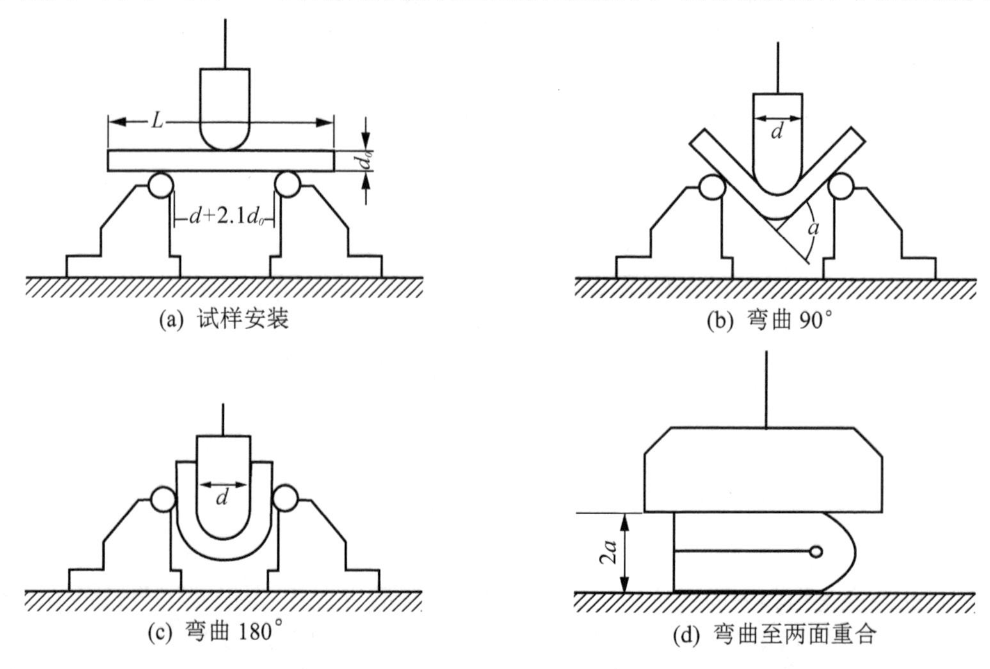

图 7.9 钢筋冷弯

冷弯也是检验钢材塑性的一种方法，并与断后伸长率存在有机联系，断后伸长率大的钢材，其冷弯性能必然好，但冷弯检验对钢材塑性的评定比拉伸试验更严格、更敏感。钢材的冷弯不仅是评定塑性、加工性能的要求，而且也是评定焊接质量的重要指标之一。对于重要结构和弯曲成形的钢材，冷弯必须合格。

2. 可焊性

可焊性是指钢材是否适应通常的焊接方法与工艺的性能。在焊接过程中，高温和焊接后的急剧冷却作用，会使焊缝及附近的过热区发生晶体组织及结构的变化，产生局部变形、内应力和局部硬脆，降低了焊接质量。可焊性好的钢材，易于用一般的焊接方法和工艺施焊，焊接时不易形成裂纹、气孔、夹渣等缺陷，焊接后，接头强度与母材相近。

钢的可焊性主要与钢的化学成分及其含量有关。当含碳量超过0.3%时，钢的可焊性变差，特别是硫含量过高时，会使焊接处产生热裂纹并硬脆(热脆性)，其他杂质含量多也会降低钢材的可焊性。

采取焊前预热以及焊后热处理的方法，可使可焊性较差的钢材的焊接质量有所提高。施工中正确选用焊条及正确的操作均能防止夹入焊渣、气孔、裂纹等缺陷，提高其焊接质量。

3. 钢材的成分对性能的影响

钢是含碳量小于2%的铁碳合金，碳大于2%时则为铸铁。碳素结构钢由纯铁、碳及杂质元素组成，其中纯铁约占99%，碳及杂质元素约占1%。低合金结构钢中，除上述元素外还加入合金元素，其总量通常不超过3%。除铁、碳外，钢材在冶炼过程中会从原料、燃料中引入一些其他元素。

钢材的成分对性能有着重要的影响，这些成分可分为两类：一类是能改善优化钢材的性能，称为合金元素，主要有Si、Mn、Ti、V、Nb等；另一类是能劣化钢材的性能，属钢材的杂质，主要有氧、硫、氮、磷等。化学元素对钢材性能的影响，见表7-3。

表7-3 化学元素对钢材性能的影响

化学元素	强 度	硬 度	塑 性	韧 性	可焊性	其 他
碳(C)＜1% ↑	↑	↑	↓	↓	↓	冷脆性↑
硅(Si)＞1%↑	—	—	↓	↓↓	↓	冷脆性↑
锰(Mn)↑	↑	↑	—	↑	—	脱氧、硫剂
钛(Ti)↑	↑↑	—	↓	↑	—	强脱氧剂
钒(V)↑	↑	—	—	—	—	时效↓
磷(P)↑	↑	—	↓	↓	↓	偏析、冷脆↑↑
氮(N)↑	↑	—	↓	↓↓	↓	冷脆性↑
硫(S)↑	↓	—	—	—	↓	热脆性↑
氧(O)↑	↓	—	—	—	↓	热脆性↑

注：符号“↑”表示上升；“↓”表示下降。

英国皇家邮船泰坦尼克号是当时世界上最大的豪华客轮，被称为是“永不沉没的船”或是“梦幻之船”。1912年4月10日，泰坦尼克号从英国南安普敦出发，开始了这艘“梦幻客轮”的处女航。4月14日晚11点40分，泰坦尼克号在北大西洋撞上冰山，两小时四十分钟后，4

月15日凌晨2点20分沉没，由于缺少足够的救生艇，1 500人葬生海底，造成了当时在和平时期最严重的一次航海事故，也是迄今为止最著名的一次海难。

案例解析：原因一，钢材在低温下会变脆，在极低温度下经不起冲击和振动。钢材的韧性也是随温度的降低而降低的。在某一个温度范围内，钢材会由塑性破坏很快变为脆性破坏。在这一温度范围内，钢材对裂纹的存在很敏感，在受力不大的情况下，便会导致裂纹迅速扩展造成断裂事故。原因二，钢材中所含的化学成分也是导致事故的因素。因为冰山撞击了船体，导致船底的铆钉承受不了撞击因而毁坏，当初制造时也有考虑铆钉的材质使用较脆弱，而在铆钉制造过程中加入了矿渣，但矿渣分布过密，使铆钉变得脆弱而无法承受撞击。泰坦尼克号折成3截后沉没。当时的炼钢技术并不十分成熟，炼出的钢铁在现代的标准根本不能造船。泰坦尼克号上所使用的钢板含有许多化学杂质硫化锌，加上长期浸泡在冰冷的海水中，使得钢板更加脆弱。

7.3 钢材的加工

7.3.1 钢材的冷加工

将钢材于常温下进行冷拉、冷拔、冷压、冷轧使其产生塑性变形，从而提高屈服强度，降低塑性和韧性，这个过程称为冷加工，即钢材的冷加工。

1. 常见冷加工方法

1) 冷拉

将热轧钢筋用冷拉设备进行张拉，拉伸至产生一定的塑性变形后卸去荷载。冷拉参数的控制直接关系到冷拉效果和钢材质量。一般钢筋冷拉仅控制冷拉率，称为单控；对用作预应力的钢筋，须采用双控，既控制冷拉应力又控制冷拉率。冷拉时当拉至控制应力时可以未达控制冷拉率，反之钢筋则应降级使用。钢筋冷拉后，屈服强度可提高20%～30%，可节约钢材10%～20%，钢材经冷拉后屈服阶段缩短，伸长率降低，材质变硬。

【参考图文】

2) 冷拔

将直径为6.5～8mm的碳素结构钢的Q235(或Q215)盘条，通过拔丝机中钨合金做成的比钢筋直径小0.5～1.0mm的冷拔模孔，冷拔成比原直径小的钢丝，称为冷拔低碳钢丝。如果经过多次冷拔，就可得到规格更小的钢丝。冷拔作用比纯拉伸的作用强烈，钢筋不仅受拉，而且同时受到挤压作用。经过一次或多次冷拔后得到的冷拔低碳钢丝，其屈服点可提高40%～60%，但会失去软钢的塑性和韧性，因而具有硬质钢材的特点。

【参考图文】

3) 冷轧

冷轧是将圆钢在轧钢机上轧成断面形状规则的钢筋，可以提高其强度及与混凝土的黏结力。钢筋在冷轧时，纵向与横向同时产生变形，因而能较好地保持其塑性和内部结构的均匀性。

建筑工程中大量使用的钢筋采用冷加工强化，具有明显的经济效益。冷拔钢丝的屈服点可提高 40%～60%，由此可适当减小钢筋混凝土结构设计截面，或减小混凝土中配筋数量，从而达到节约钢材的目的。

2. 冷加工时效

【参考图文】

将钢材于常温下进行冷拉、冷拔或冷轧，使之产生塑性变形，从而提高强度，但钢材的塑性和韧性会降低，这个过程称为冷加工强化处理。冷加工后的钢材，随着时间的延长，钢材的屈服强度、抗拉强度与硬度还会进一步提高，且塑性、韧性继续降低的现象称为时效。时效是一个十分缓慢的过程，有些钢材即使未经过冷加工，长期搁置后也会出现时效，但不如冷加工后表现明显。钢材冷加工后，由于产生塑性变形，使时效大大加快。

钢材冷加工的时效处理有以下两种方法。

(1) 自然时效。将经过冷拉的钢筋在常温下存放 15～20d，称为自然时效。它适用于强度较低的钢材。

(2) 人工时效。对强度较高的钢材，自然时效效果不明显，可将经冷加工的钢材加热到 100～200℃并保持 2～3h，则钢筋强度将进一步提高，这个过程称为人工时效。它适用于强度较高的钢筋。

钢材经时效处理后，其应力与应变关系如图 7.10 所示。

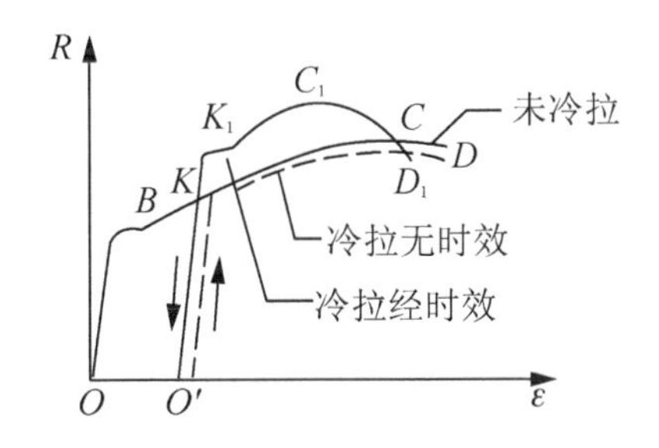

图 7.10　钢筋经冷拉时效后应力-应变图的变化

7.3.2　钢材的热处理

将钢材按一定规则加热、保温和冷却处理以改变其组织，得到所需性能的一种工艺过程，称为钢材的热处理。钢材热处理的方法有以下几种。

1. 退火

退火是将钢材加热到一定温度，保温后缓慢冷却(随炉冷却)的一种热处理工艺，有低温退火和完全退火之分。退火的目的是细化晶粒，改善组织，减少加工中产生的缺陷，减轻晶格畸变，消除内应力，防止变形、开裂。

2. 正火

正火是退火的一种特例。正火在空气中冷却，两者仅冷却速度不同。与退火相比，正火后钢材的硬度、强度较高，而塑性减小。

3. 淬火

淬火是将钢材加热到基本组织转变温度以上(一般为 900℃以上)，保温使组织完全转变，即放入水或油等冷却介质中快速冷却，使之转变为不稳定组织的一种热处理操作。其目的是得到高强度、高硬度的组织。淬火会使钢材的塑性和韧性显著降低。

4. 回火

回火是将钢材加热到基本组织转变温度以下(150～650℃内选定)，保温后在空气中冷却的一种热处理工艺，通常和淬火是两道相连的热处理过程。其目的是促进不稳定组织转变为需要的组织，消除淬火产生的内应力，改善机械性能等。

特别提示

建筑工程所用钢材一般在生产厂家进行热处理并以热处理状态供应。在施工现场，有时需对焊接件进行热处理。

7.4 建筑钢材的标准与选用

7.4.1 建筑常用钢种

1. 普通碳素结构钢

普通碳素结构钢简称碳素钢、碳钢，包括一般结构钢和工程用热轧用型钢、钢板、钢带。

1) 牌号表示方法

根据《碳素结构钢》(GB/T 700—2006)标准，普通碳素结构钢的牌号由代表屈服点的字母(Q)、屈服强度数值(MPa)、质量等级符号(A、B、C、D)、脱氧程度符号(F、B、Z、TZ)这 4 个部分按顺序组成。

屈服强度用符号“Q”表示，有 195MPa、215MPa、235MPa、275MPa 这 4 种；质量等级是按钢中硫、磷含量由多至少划分的，有 A、B、C、D 这 4 个质量等级；按脱氧程度不同分为：沸腾钢(F)、半镇静钢(B)，当为镇静钢或特殊镇静钢时，则牌号表示“Z”与“TZ”符号可予以省略。按标准规定，我国碳素结构钢分 4 个牌号，即 Q195、Q215、Q235 和 Q275。例如 Q235—A·F，它表示：屈服点为 235N/mm ^{2} 的平炉或氧气转炉冶炼的 A 级沸腾碳素结构钢。

特别提示

普通碳素结构钢质量等级中，品质最佳是 D 级，最差是 A 级。

2) 普通碳素结构钢的技术要求

碳素结构钢的技术要求包括化学成分、力学性能、冶炼方法、交货状态、表面质量等 5 个方面。各牌号碳素结构钢的化学成分及力学性能见表 7-4 和表 7-5，其冷弯性能指标见表 7-6。

表7-4 碳素结构钢的牌号、等级和化学成分(GB/T 700—2006)

牌号	同一数字代号①	等级	厚度(或直径)/mm	脱氧方法	化学成分(质量分数)(%)，不大于				
					C	Si	Mn	P	S
Q195	U11952	—	—	F、Z	0.12	0.30	0.50	0.035	0.050
Q215	U12152	A	—	F、Z	0.15	0.35	1.20	0.045	0.050
	U12155	B							0.045
Q235	U12352	A	—	F、Z	0.22	0.35	1.40	0.045	0.050
	U11952	B			0.20②				0.045
	U12358	C		Z	0.17			0.040	0.040
	U12359	D		TZ				0.035	0.035
Q275	U12752	A	—	F、Z	0.24	0.35	1.50	0.045	0.050
	U12755	B	≤40	Z	0.21			0.045	0.045
			>40		0.22				
	U12758	C	—	Z	0.20			0.040	0.040
	U12759	D		TZ				0.035	0.035

注：①表中为镇静钢、特殊镇静钢牌号的统一数字，沸腾钢牌号的统一数字代号为：Q195F—U11950；Q215AF—U12150，Q215BF—U12153；Q235AF—U12350，Q235BF—U12353；Q275AF—U12353。

②经双方同意，Q235B的碳含量可不大于0.22%。

表7-5 碳素结构钢的拉伸和冲击力学性能(GB/T 700—2006)

牌号	等级	拉伸试验													冲击试验(V形缺口)	
		屈服强度① R_{eH}/(N/mm^2)，不小于						抗拉强度② R_m/(N/mm^2)	断后伸长率(%)，不小于					温度/°C	冲击吸收功(纵向)/J，不小于	
		厚度(或直径)/mm							厚度(直径)/mm							
		≤16	>16~40	>40~60	>60~100	>100~150	>150~200		≤40	>40~60	>60~100	>100~150	>150~200			
Q195	—	195	185	—	—	—	—	315~430	33	—	—	—	—	—	—	
Q215	A	215	205	195	185	175	165	335~450	31	30	29	27	26	—	—	
	B													20	27	
Q235	A	235	225	215	215	195	185	370~500	26	25	24	23	22	—	—	
	B													20		
	C													0	27③	
	D													-20		

续表

<table>
<tr><th rowspan="4">牌号</th><th rowspan="4">等级</th><th colspan="12">拉伸试验</th><th colspan="2">冲击试验
(V 形缺口)</th></tr>
<tr><th colspan="6">屈服强度[①] R_{eH}/(N/mm²)，不小于</th><th rowspan="3">抗拉强度[②]
R_m/(N/mm²)</th><th colspan="5">断后伸长率/(%)，不小于</th><th rowspan="3">温度
/℃</th><th rowspan="3">冲击吸收功
(纵向)/J，
不小于</th></tr>
<tr><th colspan="6">厚度(或直径)/mm</th><th colspan="5">厚度(直径)/mm</th></tr>
<tr><th>≤16</th><th>>16
～40</th><th>>40
～60</th><th>>60
～100</th><th>>100
～150</th><th>>150
～200</th><th>≤40</th><th>>40
～60</th><th>>60
～100</th><th>>100
～150</th><th>>150
～200</th></tr>
<tr><td rowspan="4">Q275</td><td>A</td><td rowspan="4">275</td><td rowspan="4">265</td><td rowspan="4">255</td><td rowspan="4">245</td><td rowspan="4">225</td><td rowspan="4">215</td><td rowspan="4">410～540</td><td rowspan="4">22</td><td rowspan="4">21</td><td rowspan="4">20</td><td rowspan="4">18</td><td rowspan="4">17</td><td>—</td><td>—</td></tr>
<tr><td>B</td><td>20</td><td rowspan="3">27</td></tr>
<tr><td>C</td><td>0</td></tr>
<tr><td>D</td><td>-20</td></tr>
</table>

注：①Q195 的屈服强度值仅供参考，不作交货条件。

②厚度大于 100mm 的钢材，抗拉强度下限允许降低 20N/mm。宽带钢(包括剪切钢板)抗拉强度上限不作交货条件。

③厚度小于 25mm 的 Q235B 级钢材，如供方能保证吸收功值合格，经需方同意，可做检验。

表 7-6　碳素结构钢的冷弯性能指标(GB 700—2006)

<table>
<tr><th rowspan="4">牌　　号</th><th rowspan="4">试样方向</th><th colspan="2">冷弯试验 180°，$B=2a$[①]</th></tr>
<tr><th colspan="2">钢材厚度(或直径)[②]/mm</th></tr>
<tr><th>≤60</th><th>>60～100</th></tr>
<tr><th colspan="2">弯心直径 d</th></tr>
<tr><td rowspan="2">Q195</td><td>纵</td><td>0</td><td rowspan="2"></td></tr>
<tr><td>横</td><td>0.5a</td></tr>
<tr><td rowspan="2">Q215</td><td>纵</td><td>0.5a</td><td>1.5a</td></tr>
<tr><td>横</td><td>a</td><td>2a</td></tr>
<tr><td rowspan="2">Q235</td><td>纵</td><td>a</td><td>2a</td></tr>
<tr><td>横</td><td>1.5a</td><td>2.5a</td></tr>
<tr><td rowspan="2">Q275</td><td>纵</td><td>1.5a</td><td>2.5a</td></tr>
<tr><td>横</td><td>2a</td><td>3a</td></tr>
</table>

注：①B 为试样宽度，a 为钢材厚度(或直径)。

②钢材厚度(或直径)大于 100mm 时，弯曲实验由双方协商确定。

3) 普通碳素结构钢的性能和用途

碳素结构钢的牌号顺序随含碳量的增加逐渐增加，屈服强度和抗拉强度也不断增加，伸长率和冷弯性能则不断下降。碳素结构钢的质量等级取决于钢内有害元素硫(S)和磷(P)的含量，硫、磷含量越低，钢的质量越好，其可焊性和低温抗冲击性能越强。碳素结构钢常用于建筑工程，其性能和用途见表 7-7。

表 7-7 常用碳素钢的性能与用途

牌　　号	性　　能	用　　途
Q195	强度低，塑性、韧性、加工性能与焊接性能较好	主要用于轧制薄板和盘条等
Q215	强度高，塑性、韧性、加工性能与焊接性能较好	大量用做管坯、螺栓等
Q235	强度适中，有良好的承载性，又具有较好的塑性和韧性，可焊性和可加工性也较好，是钢结构常用的牌号	一般用于只承受静荷载作用的钢结构 适用于承受动荷载焊接的普通钢结构 适用于承受动荷载焊接的重要钢结构 适用于低温环境使用的承受动荷载焊接的重要钢结构
Q275	强度高，塑性和韧性稍差，不易冷弯加工，可焊性较差，强度、硬度较高，耐磨性较好，但塑性、冲击韧度和可焊性差	主要用做铆接或拴接结构，以及钢筋混凝土的配筋。不宜在建筑结构中使用，主要用于制造轴类、农具、耐磨零件和垫板等

2. 优质碳素结构钢

按国家标准的规定，优质碳素结构钢根据锰含量的不同可分为普通锰含量钢(锰含量＜0.8%)和较高锰含量钢(锰含量在 0.7%～1.2%)两组。优质碳素结构钢的钢材一般以热轧状态供应，硫、磷等杂质含量比普通碳素钢少，其含量均不得超过 0.035%。其质量稳定，综合性能好，但成本较高。

优质碳素结构钢的牌号用两位数字表示，它表示钢中平均含碳量的万分数，如 45 号钢表示钢中平均含碳量为 0.45%。数字后若有“锰”字或“Mn”，则表示属较高锰含量的钢，否则为普通锰含量钢，如 35Mn 表示平均含碳量为 0.35%，含锰量为 0.7%～1.0%。如是沸腾钢或半镇静钢，还应在牌号后面加“沸”(或 F)或“半”(或 b)。

优质碳素钢的性能主要取决于含碳量。含碳量高，则强度高，但塑性和韧性降低。在建筑工程中，30～45 号钢主要用于重要结构的钢铸件和高强度螺栓等，45 号钢用作预应力混凝土锚具，65～80 号钢用于生产预应力混凝土用的钢丝和钢绞线。

3. 低合金高强度结构钢

低合金高强度结构钢是一种在碳素钢的基础上添加总量小于 5%合金元素的钢材，具有强度高、塑性和低温冲击韧度好、耐锈蚀等特点。低合金高强度结构钢的牌号的表示方法为：屈服强度－质量等级。它以屈服强度划分成 8 个等级，即 Q345、Q390、Q420、Q460、Q500、Q550、Q620、Q690；质量也分为 5 个等级，即 E、D、C、B、A。

《低合金高强度结构钢》(GB/T 1591—2008)规定了各牌号低合金高强度结构钢的化学成分，见表 7-8，力学性能见表 7-9。由于合金元素的强化作用，使低合金结构钢不但具有较高的强度，且具有较好的塑性、韧性和可焊性。低合金高强度结构钢广泛应用于钢结构和钢筋混凝土结构中，特别是大型结构、重型结构、大跨度结构、高层建筑、桥梁工程、承受动力荷载和冲击荷载的结构。

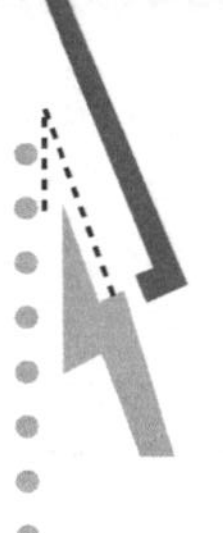

表 7-8　低合金高强度结构钢的牌号及化学成分(GB/T 1591—2008)

牌号	质量等级	化学成分①②，%													
		C	Si	Mn	P	S	Nb	V	Ti	Cr	Ni	Cu	N	Mo	B	Als
					不大于											不小于
Q345	A	≤0.20	≤0.50	≤1.70	0.035	0.035	0.07	0.15	0.20	0.30	0.50	0.30	0.012	0.10	—	—
	B				0.035	0.035										
	C				0.030	0.030										0.015
	D	≤0.18			0.030	0.025										
	E				0.025	0.020										
Q390	A	≤0.20	≤0.50	≤1.70	0.035	0.035	0.07	0.20	0.20	0.30	0.50	0.30	0.015	0.10	—	—
	B				0.035	0.035										
	C				0.030	0.030										0.015
	D				0.030	0.025										
	E				0.025	0.020										
Q420	A	≤0.20	≤0.50	≤1.70	0.035	0.035	0.07	0.20	0.20	0.30	0.80	0.30	0.015	0.20	—	—
	B				0.035	0.035										
	C				0.030	0.030										0.015
	D				0.030	0.025										
	E				0.025	0.020										
Q460	C	≤0.20	≤0.50	≤1.80	0.030	0.030	0.11	0.20	0.20	0.30	0.80	0.55	0.015	0.20	0.004	0.015
	D				0.030	0.025										
	E				0.025	0.020										
Q500	C	≤0.18	≤0.60	≤1.80	0.030	0.030	0.11	0.12	0.20	0.60	0.80	0.55	0.015	0.20	0.004	0.015
	D				0.030	0.025										
	E				0.025	0.020										
Q550	C	≤0.18	≤0.60	≤2.00	0.030	0.030	0.11	0.12	0.20	0.80	0.80	0.80	0.015	0.30	0.004	0.015
	D				0.030	0.025										
	E				0.025	0.020										
Q620	C	≤0.18	≤0.60	≤2.00	0.030	0.030	0.11	0.12	0.20	1.00	0.80	0.80	0.015	0.30	0.004	0.015
	D				0.030	0.025										
	E				0.025	0.020										
Q690	C	≤0.18	≤0.60	≤2.00	0.030	0.030	0.11	0.12	0.20	1.00	0.80	0.80	0.015	0.30	0.004	0.015
	D				0.030	0.025										
	E				0.025	0.020										

注：①型材及棒材 P、S 含量可提高 0.000 5%，其中 A 级钢上限可为 0.045%。
②当细化晶粒元素组合加入时，20(Nb + V + Ti)≤0.22%，20(M_o+C_r)≤0.30%。

表 7-9 低合金高强度结构钢的拉伸性能 GB/T 1591—2008)

牌号	质量等级	拉伸试验①②③																					
		以下公称厚度(直径，边长)下屈服强度(R_{eL})/MPa									以下公称厚度(直径，边长)下屈服强度(R_m)/MPa							断后伸长率(A)/(%) 公称厚度(直径，边长)					
		≤16 mm	>16 mm～40mm	>40 mm～63mm	>63 mm～80mm	>80 mm～100mm	>100 mm～150mm	>150 mm～200mm	>200 mm～250mm	>250 mm～400mm	≤ 40mm	>40 mm～63mm	>63 mm～80mm	>80 mm～100mm	>100 mm～150mm	>150 mm～250mm	>250 mm～400mm	≤ 40mm	>40 mm～63mm	>63 mm～100mm	>100 mm～150mm	>150 mm～250mm	>250 mm～400mm
Q345	A B C	≥345	≥335	≥325	≥315	≥305	≥285	≥275	≥265	—	470～630	470～630	470～630	470～630	450～600	450～600	—	≥20	≥19	≥19	≥18	≥17	—
	D E									≥265							450～600	≥20	≥21	≥20	≥19	≥18	≥17
Q390	A B C D E	≥390	≥370	≥350	≥330	≥330	≥310	—	—	—	490～650	490～650	490～650	490～650	470～620	—	—	≥20	≥19	≥19	≥18	—	—
Q420	A B C D E	≥420	≥400	≥380	≥360	≥360	≥340	—	—	—	520～680	520～680	520～680	520～680	500～650	—	—	≥19	≥18	≥18	≥18	—	—
Q460	C D E	≥460	≥440	≥420	≥400	≥400	≥380	—	—	—	550～720	550～720	550～720	550～720	530～700	—	—	≥17	≥16	≥16	≥16	—	—
500	C D E	≥500	≥480	≥470	≥450	≥440	—	—	—	—	610～770	600～760	590～750	540～730	—	—	—	≥17	≥17	≥17	—	—	—
Q550	C D E	≥550	≥530	≥520	≥500	≥490	—	—	—	—	670～830	620～810	600～790	590～780	—	—	—	≥16	≥16	≥16	—	—	—
Q620	C D E	≥620	≥600	≥590	≥570	—	—	—	—	—	710～880	690～880	670～860	—	—	—	—	≥15	≥15	≥15	—	—	—
Q690	C D E	≥690	≥670	≥660	≥640	—	—	—	—	—	770～940	750～920	730～900	—	—	—	—	≥14	≥14	≥14	—	—	—

注：①当屈服不明显时，可测量 $R_{p0.2}$ 代替下屈服强度。
②宽度不小于 600mm 扁平材，拉伸试验取横向试样；宽度小于 600mm 的扁平材、型材及棒材取纵向试样，断后伸长率最小值相应提高 1%(绝对值)。
③厚度>250mm～400mm 的数值适用于扁平材。

7.4.2 钢结构用钢

钢结构用钢主要是热轧成形的钢板和型钢等，薄壁轻型钢结构中主要采用薄壁型钢、圆钢和小角钢。钢材所用的母材主要是普通碳素结构钢和低合金高强度结构钢。

1. 热轧型钢

钢结构常用的型钢有：工字钢、H 型钢、T 型钢、槽钢、等边角钢、不等边型钢等，如图 7.11 所示。型钢由于截面形式合理，材料在截面上分布对受力最为有利，且构件间连接方便，所以它是钢结构中采用的主要钢种。型钢的规格通常以反映其断面形状的主要轮廓尺寸来表示。

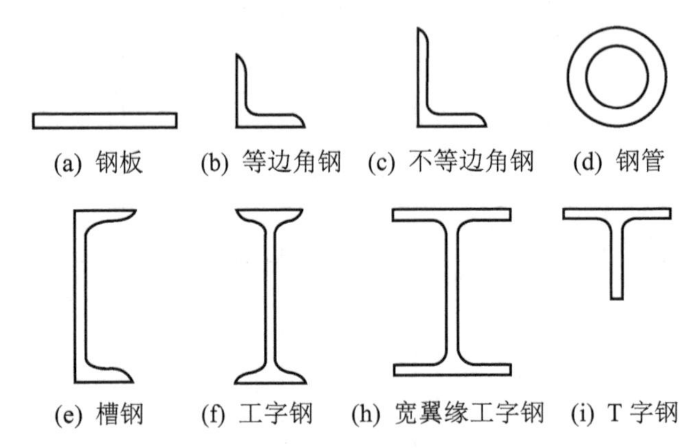

图 7.11 热轧型钢截面

1) 热轧普通工字钢

工字钢是截面为工字型、腿部内侧有 1∶6 斜度的长条钢材。工字钢广泛应用于各种建筑结构和桥梁中，主要用于承受横向弯曲(腹板平面内受弯)的杆件，但不宜单独用作轴心受压构件或双向弯曲的构件。

2) 热轧 H 形钢和 T 形钢

H 形钢由工字钢发展而来，优化了截面的分布。H 形钢截面形状经济合理，力学性能好，常用于要求承载力大、截面稳定性好的大型建筑(如高层建筑)。T 形钢是由 H 形钢对半剖分而成。

3) 热轧普通槽钢

槽钢是截面为凹槽形、腿部内侧有 1∶10 斜度的长条钢材。规格以“腰高度(mm)×腿宽度(mm)×腰厚度(mm)”或“腰高度#(cm)”表示。槽钢的规格范围为 5#～40#。槽钢可用作承受轴向力的杆件、承受横向弯曲的梁以及联系杆件，主要用于建筑钢结构、车辆制造等。

4) 热轧角钢

热轧角钢由两个互相垂直的肢组成，若两肢长度相等，称为等边角钢，若不等则为不等边角钢。角钢的代号为 L，其规格用代号和“长肢宽度(mm)×短肢宽度(mm)×肢厚度(mm)”表示。角钢的规格有 L20×20×3～L200×200×24，L25×16×3～L200×125×18 等。

2. 冷弯薄壁钢板

包括结构用冷弯空心型钢和通用冷弯开口型钢两大类。

3. 棒材、钢管和板材

1) 棒材

常用的棒材有六角钢、八角钢、扁钢、圆钢和方钢。建筑钢结构的螺栓常以热轧六角钢和八角钢为坯材。扁钢在建筑上用作房架构件、扶梯、桥梁和栅栏等。

2) 钢管

钢结构中常用热轧无缝钢管和焊接钢管。钢管在相同截面积下刚度较大，因而是中心受压杆的理想截面；流线型的表面使其承受风压小，用于高耸结构十分有利。在建筑结构上钢管多用于制作桁架、塔桅等构件，也可用于制作钢管混凝土。钢管混凝土是指在钢管内浇筑混凝土而形成的构件，可使构件承载力大大提高，且具有良好的塑性和韧性。钢管混凝土可用于厂房柱、构架柱、地铁站台柱、塔柱和高层建筑等。

3) 板材

钢板材包括钢板、花纹钢板、建筑用压型钢板和彩色涂层钢板等。钢板按轧制方式分为热轧钢板和冷轧钢板。钢板规格表示方法为宽度(mm)×厚度(mm)×长度(mm)。钢板分厚板(厚度＞4mm)和薄板(厚度≤4mm)两种。厚板主要用于结构，薄板主要用于屋面板、楼板和墙板等。在钢结构中，单块钢板不能独立工作，必须用几块板组合成工字形、箱形等结构来承受荷。

知识链接

北京奥运会主体育场——国家体育场“鸟巢”是目前国内外体育场馆中用钢量最多、规模最大、施工难度特别大的工程之一。尤其是巢结构受力最大的柱脚部位，母材的质量、焊接质量的高低直接影响到整个工程的安全性。为了能够有效地支撑整体结构，设计中采用了高强度的 Q460 钢材，但此种钢材此前一直依靠国外进口，国内在建筑领域从未使用过，可是如果依赖进口，不仅价格贵而且进货周期长，无法保证工程的正常进行。于是，工程技术人员和河南舞阳特种钢厂的科研人员共同努力，最终用国产的 Q460 撑起了“鸟巢”的铁骨钢筋。

整个体育场建筑呈椭圆的马鞍形，体育场内部为上、中、下三层碗状看台，观众座席下有 5~7 层混凝土框架结构。如何将“鸟巢”按主次结构编制起来，在设计理论方面已是个突破。此外设计时，这个时代的各种计算软件都不能满足鸟巢这个工程的需要。因此，承建方甚至自己针对问题研制开发出一些软件，才满足了鸟巢的计算工作。作为北京奥运会的主体育场，“鸟巢”可容纳近 10 万人，如此大的容量自然也对其纵切面门架的跨度要求非常高，按照设计，“鸟巢”的钢结构屋盖呈双曲面马鞍形，是目前世界最大跨度钢结构工程。用一般的钢材很难完成，经过多方筛选后，Q460E 型钢材最终荣幸地承担起了搭建“鸟巢”的职责。Q460E 钢材是国内钢厂为了“鸟巢”专门研制的，在国家标准中，Q460 系列的钢最大厚度只是 100mm，但根据实际情况所需，“鸟巢”使用的钢板厚度史无前例地达到 110mm。据施工方技术人员介绍，鸟巢肩部弯度建起来以后，受力是最复杂的部位，如果不用 Q460E 这种高强度、高性能的钢，而采用别的钢，可能会更浪费，甚至可能会引起其他方面的问题。作为世界最大的钢结构工程，“鸟巢”外部钢结构的钢材用量为 4.2 万吨，整个工程包括混凝土中的钢材、螺纹钢等，总用钢量达到了 11 万吨，全部为国产钢。

7.4.3 混凝土结构用钢

混凝土具有较高的抗压强度，但抗拉强度很低。用钢筋增强混凝土，可大大扩展混凝土的应用范围，而混凝土又对钢筋起保护作用。钢筋混凝土结构的钢筋，主要由碳素结构钢和低合金高强度结构钢加工而成。钢筋直径一般都相差2mm及2mm以上。一般把直径3～5mm的称为钢丝，直径6～12mm的称为细钢筋，直径大于12mm的称为粗钢筋。主要品种有热轧钢筋、热处理钢筋、冷拉钢筋、冷轧带肋钢筋、冷轧扭钢筋、冷拔低碳钢丝及钢绞线等。

1. 热轧钢筋

热轧钢筋按轧制的外形分为热轧光圆钢筋和热轧带肋钢筋。

1) 热轧光圆钢筋

热轧光圆钢筋是经热轧成型，横截面通常为圆形，表面光滑的成品钢筋。《钢筋混凝土用钢　第1部分：热轧光圆钢筋》(GB 1499.1—2008)规定，热轧光圆钢筋公称直径范围为6～22mm，推荐钢筋直径为6mm、8mm、10mm、12mm、16mm、20mm。热轧光圆钢筋按屈服强度特征值分为HPB235、HPB300级，钢筋牌号的构成和含义见表7-10。

表7-10　热轧光圆钢筋牌号的构成和含义

产品名称	牌号	牌号组成	英文字母含义	光圆钢筋的截面形状(*d*为钢筋直径)
热轧光圆钢筋	HPB235	由HPB+屈服强度特征值构成	HPB—热轧光圆钢筋(Hot Rolled Plain Bars)	d
	HPB300			

热轧光圆钢筋化学成分(熔炼分析)、力学性能及工艺性能见表7-11。

表7-11　热轧光圆钢筋的化学成分、力学性能及工艺应性能(GB 1499.1—2008)

牌号	化学成分(质量分数)(%)，≥					R_{eL}/MPa	R_m/MPa	A/(%)	A_{gt}/(%)	冷弯实验180°，d=弯芯直径，a=钢筋公称直径
	C	Si	Mn	P	S	≥				
HPB235	0.22	0.30	0.65	0.045	0.050	235	370	25.0	10.0	$d=a$
HPB300	0.25	0.55	1.50			300	420			

2) 热轧带肋钢筋

根据《钢筋混凝土用钢　第2部分：热轧带肋钢筋》(GB 1499.2—2007)规定，热轧钢筋分普通热轧钢筋和热轧后带有控制冷却并自回火处理带肋钢筋。按屈服强度特征值分为HRB335、HRB400、HRB500级。钢筋的牌号构成及含义见表7-12。热轧带肋钢筋的化学成分见表7-13。普通热轧带肋钢筋的相关力学指标要求见表7-14。按表7-15规定的弯芯直径弯曲180º后，钢筋受弯曲部位表面不得产生裂纹。

表 7-12 热轧带肋钢筋牌号的构成及含义(GB 1499.2—2007)

类别	牌号	牌号构成	英文字母含义
普通热轧钢筋	HRB335	由 HRB+屈服强度特征值构成	HRB——热轧带肋钢筋的英文(Hot Rolled Ribbed Bars)的缩写
	HRB400		
	HRB500		
细晶粒热轧钢筋	HRBF335	由 HRBF+屈服强度特征值构成	HRBF——在热轧带肋钢筋的英文缩写后加“细”的英文(Fine)首位字母
	HRBF400		
	HRBF500		

表 7-13 热轧带肋钢筋化学成分(GB 1499.2—2007)

牌号	化学成分(质量分数)(%)，≤					
	C	Si	Mn	P	S	Ceq
HRB335 HRBF335	0.25	0.80	1.60	0.045	0.045	0.52
HRB400 HRBF400						0.54
HRB500 HRBF500						0.55

表 7-14 钢筋混凝土用热轧带肋钢筋的力学性能(GB 1499.2—2007)

牌号	R_{eL}/ MPa	R_m/MPa	A(%)	A_{gt}(%)
HRB335 HRBF335	335 400	455 540	17	≥7.5
HRB400 HRBF400	500 335	630 390	16	
HRB500 HRBF500	400 500	460 575	15	

注：R_{eL}是钢筋的屈服强度特征值；R_m是钢筋的抗拉强度特征值；A是钢筋的伸长率；A_{gt}是钢筋在最大力下的总伸长率。

表 7-15 钢筋混凝土用热轧带肋钢筋的工艺性能(GB 1499.2—2007)

牌号	公称直径 d	弯芯直径
HRB335 HRBF335	6～25	$3d$
	28～40	$4d$
	＞40～50	$5d$

续表

牌　号	公称直径 *d*	弯芯直径
HRB400 HRBF400	6～25	4*d*
	28～40	5*d*
	＞40～50	6*d*
HRB500 HRBF500	6～25 28～40 ＞40～50	6*d*
		7*d*
		8*d*

按照 GB 1499.2—2007 规定，热轧带肋钢筋在进行交货检验时的检验项目包括：①尺寸、外形、重量及允许偏差检验；②表面质量检验；③拉伸性能检验；④冷弯性能检验；⑤反复弯曲性能检验；⑥化学成分检验；⑦供需双方经协议，也可进行疲劳试验。

热轧带肋钢筋在进行进场检验时的常规检验项目主要包括以上前四项的检验内容。

热轧带肋抗震钢筋(标记符号为在热轧带肋牌号后加 E，如 HRB400E)力学指标除满足表 7-14 规定外，还应满足：实测抗拉强度与实测屈服强度之比应不小于 1.25；实测屈服强度与表 7-14 规定的屈服强度特征值之比不大于 1.3；钢筋最大力下总伸长率不小于 9%。

根据 GB 1499.2—2007 规定，钢筋的标志就是热轧带肋钢筋在生产时轧制的标志符号。钢筋牌号以阿拉伯数字加英文字母表示，如 HRB335、HRB400、HRB500 分别以 3、4、5 表示，RRB335、RRB400、RRB500 分别以 C3、C4、C5 表示。厂名以汉语拼音字头表示，直径毫米数以阿拉伯数字表示。牌号 HRB335E，HRB400E 的抗震钢筋，应另在包装及质量证明书上明示。

2. 冷轧带肋钢筋

冷轧带肋钢筋是用热轧盘条经冷轧后，在其表面带有延长度方向均匀分布的三面或两面横肋的钢筋。冷轧带肋钢筋的牌号由 CRB 和钢筋的抗拉强度最小值构成。冷扎带肋钢筋分为 CRB550、CRB650、CRB800、CRB970 四个牌号。CRB550 钢筋的公称直径范围为 4～12mm。CRB650 及以上牌号钢筋的公称直径为 4mm、5mm、6mm。钢筋的力学性能和工艺性能应符合表 7-16 的规定。当进行弯曲试验时，受弯曲部位表面不得产生裂纹。反复弯曲试验的弯曲半径应符合表 7-17 的规定。

表 7-16　冷拉带肋钢筋力学、工艺性能(GB 13788—2008)

牌号	$R_{p0.2}$ /MPa ≥	R_m /MPa ≥	伸长率(%)，≥		弯曲试验 180°	反复弯曲次数	应力松弛 初始应力相当于公称抗拉强度的 70%
			$A_{11.3}$	A_{100}			1 000h 松弛率(%)，≤
CRB550	500	550	8.0	—	D=3d	—	—
CRB650	585	650	—	4.0	—	3	8

续表

牌号	$R_{p0.2}$ /MPa ≥	R_m /MPa ≥	伸长率(%)，≥		弯曲试验 180°	反复弯曲次数	应力松弛 初始应力相当于公称抗拉强度的 70%
			$A_{11.3}$	A_{100}			1 000h 松弛率(%)，≤
CRB800	720	800	—	4.0	—	3	8
CRB970	875	970	—	4.0	—	3	8

注：表中 D 为弯心直径，d 为钢筋公称直径。

表 7-17　反复弯曲试验的弯曲半径

单位：mm

钢筋公称直径	4	5	6
弯曲半径	10	15	15

注：(1)钢筋的屈强比 $R_m / R_{p0.2}$ 比值应不小于 1.03，经供需双方协议可用 A_{gt} ≥2.0%代替 A。

(2)供方在保证 1 000h 松弛率合格基础上，允许使用推算法确定 1 000h 松弛。

冷轧带肋钢筋与冷拔低碳钢丝相比，冷轧带肋钢筋具有强度高、塑性好、质量稳定、与混凝土黏结牢固等优点，是一种新型的建筑用钢材。CRB550 为普通钢筋混凝土用钢筋，其他牌号为预应力混凝土用钢筋。

3. 冷拔低碳钢丝

指采用 6.5mm 及 8mm 的碳素结构钢盘条，在常温下经冷拔而制成的 3mm、4mm、5mm 的圆截面的钢丝。用于小型预应力构件焊接或绑扎骨架、网片或箍筋。

4. 预应力钢丝、刻痕钢丝、钢绞线

预应力钢丝以优质高碳钢盘条经等温淬火拔制而成，直径为 2.5～5mm，抗拉强度为 1 500～1 900MPa。

为增加与混凝土的黏结力，若将预应力钢丝经辊压压出规律性的凹痕，即成为刻痕钢筋。为满足后张法预应力混凝土施工，有多根高强度钢丝捻制在一起经过低温回火处理消除内应力后而制成钢绞线，分为 1×2、1×3、1×7 三种，以适应不同的钢筋混凝土工程。

预应力钢丝和钢绞线强度高，并具有较好的柔韧性，质量稳定，施工简便，使用时可根据要求的长度切断，主要适用于大荷载、大跨度、曲线配筋的预应力钢筋混凝土结构。

7.4.4 钢材的选用原则

钢材的选用一般遵循下列原则。

1. 荷载性质

对于经常承受动力和振动荷载的结构，容易产生应力集中，从而引起疲劳破坏，需要选用材质高的钢材。

2. 使用温度

对于经常处于低温状态的结构，钢材容易发生冷脆断裂，特别是焊接结构，冷脆倾向更加显著，因而要求钢材具有良好的塑形和低温冲击韧性。

3. 连接方式

焊接结构当温度变化和受力性质改变时，易导致焊缝附近的母材金属出现冷、热裂纹，促进结构早期破坏，所以，焊接结构对钢材的化学成分和机械性能要求更应严格。

4. 钢材厚度

钢材力学性能一般随厚度增大而降低，钢材经多次轧制后，钢内部结晶组织更为紧密，强度更高，质量更好。故一般结构的钢材厚度不宜超过40mm。

5. 结构重要性

选择钢材要考虑结构使用的重要性，如大跨度和重要的建筑物，需相应选择质量更好的钢材。

7.5 钢材的防锈与防火

7.5.1 建筑钢材的锈蚀与防护

1. 钢材锈蚀的机理

钢材的锈蚀是指钢材表面与周围介质发生作用而引起破坏的现象。根据钢材与环境介质作用的机理，锈蚀可分为化学锈蚀和电化学锈蚀。

1) 化学锈蚀

化学锈蚀是指钢材与周围介质(如氧气、二氧化碳、二氧化硫和水等)发生化学反应，生成疏松的氧化物而产生的锈蚀。一般情况下，是钢材表面FeO保护膜被氧化成黑色的Fe_3O_4。在常温下，钢材表面能形成FeO保护膜，可以防止钢材进一步锈蚀。在干燥环境中化学锈蚀速度缓慢，但当温度和湿度较大时，这种锈蚀速度会加快。

2) 电化学锈蚀

电化学锈蚀是指钢材与电解溶液接触而产生电流，形成原电池而引起的锈蚀。电化学锈蚀是建筑钢材在存放和使用中发生锈蚀的主要形式。

2. 钢筋混凝土中的钢筋锈蚀

普通混凝土为强碱性环境，使之对埋入其中的钢筋形成碱性保护。在碱性环境中，阴极过程难以进行。即使有原电池反应存在，生成的$Fe(OH)_2$也能稳定存在，并成为钢筋的保护膜。所以，用普通混凝土制作的钢筋混凝土，只要混凝土表面没有缺陷，里面的钢筋是不会锈蚀的。但是，普通混凝土制作的钢筋混凝土有时也发生钢筋锈蚀现象。

3. 钢材锈蚀的防止

1) 表面刷漆

表面刷漆是钢结构防止锈蚀的常用方法。刷漆通常有底漆、中间漆和面漆三道。底漆要求有较好的附着力和防锈能力，常用的有红丹、环氧富锌漆、云母氧化铁和铁红环氧底漆等。

2) 表面镀金属

用耐腐蚀性好的金属，以电镀或喷镀的方法覆盖在钢材的表面，提高钢材的耐腐蚀能力。常用的方法有镀锌(如白铁皮)、镀锡(如马口铁)、镀铜和镀铬等。

3) 采用耐候钢

耐候钢是在碳素钢和低合金钢中加入少量的铜、铬、镍、钼等合金元素而制成的。耐候钢既有致密的表面防腐保护，又有良好的焊接性能，其强度级别与常用碳素钢和低合金钢一致，且技术指标相近。

7.5.2 钢材的防火

钢是不燃性材料，但这并不表明钢材能够抵抗火灾。无保护层时钢柱和钢屋架的耐火极限只有 15 min，而裸露 Q235 钢梁的耐火极限仅为 27min。温度在 200℃以内，可以认为钢材的性能基本不变；当温度超过 300℃以后，钢材的弹性模量、屈服点和极限强度均开始显著下降，而塑性伸长率急剧增大，钢材产生徐变；温度超过 400℃时，强度和弹性模量都急剧降低；温度到达 600℃时，弹性模量、屈服点和极限强度均接近于零，已失去承载能力。所以，没有防火保护层的钢结构是不耐火的。

钢结构防火保护的基本原理是采用绝热或吸热材料，阻隔火焰和热量，推迟钢结构的升温速率。防火方法以包覆法为主，即以防火涂料、不燃性板材或混凝土和砂浆将钢构件包裹起来。

1) 防火涂料包裹法

此方法是采用防火涂料，紧贴钢结构的外露表面，将钢构件包裹起来，是目前最为流行的做法。

2) 不燃性板材包裹法

常用的不燃性板材有防火板、石膏板、硅酸钙板、蛭石板、珍珠岩板和矿棉板等，可通过黏结剂或钢钉、钢箍等固定在钢构件上，将其包裹起来。

3) 实心包裹法

一般做法是将钢结构浇注在混凝土中。

应用案例 7-2

纽约世界贸易中心大楼位于曼哈顿闹市区南端，雄踞纽约海港旁，是美国纽约市最高、楼层最多的摩天大楼。大楼于 1966 年开工，历时 7 年，1973 年竣工以后，以 411m 的高度作为 110 层的摩天巨人而载入史册。它是由 5 幢建筑物组成的综合体。其主楼呈双塔形，塔柱边宽 63.5m。大楼采用钢结构，用钢 78 000t，楼的外围有密置的钢柱，墙面由铝板和玻璃窗组成，素有“世界之窗”之称。2001年9月11日，“基地”恐怖分子劫持客机撞向美国世贸大楼，导致纽约标志性建筑世贸双塔轰然倒塌。

英国科学家表示，世贸双塔之所以倒塌，主要是因为建塔的钢铁在高温燃烧下其磁性发生了变化，进而软化发生倒塌。在室温下，铁原子之间的磁场仍然保持相对稳定。但是，随着温度的升高，这些磁场不断发生不规则改变，原子之间的运动和碰撞加速，这种变化导致了钢的性能变化。千百年来铁匠一直在利用钢铁的这种性能来谋生。在比熔点低得多的温度下，钢铁开始变得柔软易折，铁匠可以将其打造成任何形状。从大约500℃时钢铁就已经开始变软，而一般的建筑物大火则经常可以达到这种温度。在9·11恐怖袭击事件中，纽约世贸中心双塔被劫持的飞机撞击后，其钢架构表面的保护层绝缘面板随之脱落。双塔的钢架构因此完全暴露于大火之中，当时大火的温度已接近500℃的钢软化点。

7.6 建筑钢材的验收与储运

1. 钢材的验收

钢材的验收按批次检查验收。钢材验收的主要内容如下。

(1) 钢材的数量和品种是否与订货单符合。

(2) 钢材表面质量的检验。钢材表面不允许有结疤、裂纹、折叠和分层、油污等缺陷。

(3) 钢材的质量保证书是否与钢材上打印的记号相符合。每批钢材必须具备生产厂家提供的材质证明书，写明钢材的炉号、钢号、化学成分和机械性能等，根据国家技术标准核对钢材的各项指标。

(4) 根据国家标准按批次抽取试样检测钢材的力学性能。同一级别、种类，同一规格、批号、批次不大于60t为一检验批(不足60t也为一检验批)，取样方法应符合国家标准规定。

2. 钢材的储运

1) 运输

钢材在运输中要求不同钢号、炉号、规格的钢材分别装卸，以免混乱。装卸中钢材不许摔掷，以免破坏。在运输过程中，其一端不能悬空及伸出车身的外边。另外，装车时要注意荷重限制，不许超过规定，并须注意装载负荷的均衡。

2) 堆放

钢材的堆放要减少钢材的变形和锈蚀，节约用地，且便于提取钢材。

(1) 钢材应按不同的钢号、炉号、规格、长度等分别堆放。

(2) 堆放在有顶棚的仓库时，可直接堆放在草坪上(下垫楞木)，对小钢材也可放在架子上，堆与堆之间应留出走道；堆放时每隔5～6层放置楞木。其间距以不引起钢材明显的弯曲变形为宜。楞木要上下对齐，并在同一垂直平面内。

(3) 露天堆放时，应加上简易的篷盖，或选择较高的堆放场地，四周有排水沟。堆放时尽量使钢材截面的背面向上或向外，以免积雪、积水。

(4) 为增加堆放钢材的稳定性，可使钢材互相勾连，或采用其他措施。标牌应标明钢材的规格、钢号、数量和材质验收证明书号，并在钢材端部根据其钢号涂以不同颜色的油漆。

(5) 钢材的标牌应定期检查。选用钢材时，要按顺序寻找，不准乱翻。

(6) 完整的钢材与已有锈蚀的钢材应分别堆放。凡是已经锈蚀的钢材，应捡出另放，并进行适当的处理。

本任务小结

钢材是建筑工程中最重要的材料之一。

钢材具有强度高、塑性及韧性好、可焊可铆、易于加工、便于装配等优点，被广泛应用于工业各领域。

建筑钢材的技术性能主要包括力学性能和工艺性能。力学性能有抗拉冲击韧性、疲劳强度和硬度等；工艺性能有钢材冷弯、冷加工及时效处理和钢材的焊接。低碳钢的拉伸破坏过程分为弹性、屈服、强化和缩颈4个阶段。延伸率和冷弯性是衡量钢材塑性的指标，钢材通过冷加工时效处理，可提高钢材的强度，但塑性和韧性下降。

建筑用钢材可分为结构用型钢和钢筋混凝土用钢筋、钢丝。钢结构用钢材包括碳素结构钢、低合金高强度结构钢和各种类型的型钢等；钢筋混凝土用钢材包括热轧钢筋、预应力混凝土用热处理钢筋、冷轧带肋钢筋、预应力混凝土用钢丝和钢绞线等。在工程实践中，应根据荷载性质、结构重要性、使用环境等因素合理选用钢材规格和品种。

钢材最大的缺点是易生锈和耐高温性能不佳，要根据环境特点合理选择钢材的防锈和防火措施。

钢材验收与储运应严格按照相应标准要求执行。

习题

一、填空题

1．结构设计时，软钢以__________作为设计计算取值的依据。

2．牌号为Q235—B.b 的钢，其性能__________于牌号为Q235—A.F的钢。

3．钢中磷的主要危害是__________，硫的主要危害是__________。

4．建筑工地和混凝土构件厂，常利用冷拉、冷拔及时效处理的方法，达到提高钢材的__________，降低__________和__________钢材的目的。

5．含硫的钢材在焊接时易产生__________。

6．与Q235—A·Z比较，Q235—C·Z的杂质含量__________。

7. 低碳钢的受拉破坏过程，可分为__________、__________、__________和__________4个阶段。

8．建筑工程中常用的钢种是__________和__________。

9．普通碳素钢分为__________个牌号，随着牌号的增大，其__________和__________提高，其__________、__________降低。

二、选择题

1．普通碳素钢按屈服点、质量等级及脱氧方法划分为若干个牌号。随牌号提高，钢材(　　)。

A．强度提高，伸长率提高　　B．强度降低，伸长率降低
C．强度提高，伸长率降低　　D．强度降低，伸长率提高

2．热轧钢筋级别提高，则其(　　)。

A．R_{el}、R_m 提高　　B．R_{el} 与 R_m 提高，A 下降
C．A 提高，R_m 下降　　D．R_{el}、R_m 及冷弯性能

3．提高含(　　)高的钢材，产生热脆性。

A．硫　　B．磷　　C．氧　　D．氮

4．建筑中主要应用的是(　　)。

A．Q195　　B．Q215d　　C．Q235　　D．Q275

5．钢材随时间延长而表现出强度提高，塑性和冲击韧度下降，这种现象称为(　　)。

A．钢的强化　　B．时效
C．时效敏感性　　D．钢的冷脆

三、简答题

1．钢号为15MnV和45Si2MnTi的钢属何种钢？钢号的含义是什么？

2．钢材的冷加工强化有何作用和意义？

3．简述钢材的化学成分对钢材性能的影响。

4．为什么屈服强度、抗拉强度和断后伸长率是建筑用钢材的重要技术性能指标？

四、案例题

1．某一钢材试件，直径为25mm，原标距为125mm，做拉伸试验，当屈服点荷载为201.0kN时，达到最大荷载为250.3kN，拉断后测得的标距长为138mm。试求该钢筋的屈服强度、抗拉强度及断后伸长率。

2．某建筑工地有一批热轧钢筋，其标签上牌号字迹模糊，为了确定其牌号，截取两根钢筋做拉伸试验，测得结果如下：屈服点荷载分别为33.0kN、32.0kN；抗拉极限荷载分别为61.0kN、60.5KN。钢筋实测直径为12mm，标距为60mm，拉断后长度分别为72.0mm、74mm。试计算该钢筋的屈服强度、抗拉强度及伸长率，并判断这批钢筋的牌号。

【参考答案】

学习任务 8

建筑功能材料

学习目标

通过对防水材料、绝热材料、吸声与隔声材料、建筑塑料和常见建筑装饰材料的学习，了解石油沥青的组分；掌握石油沥青及典型防水卷材的主要技术性质、分类标准和选用；了解绝热材料、吸声材料和隔声材料的概念、主要性能指标、材料特性及主要用途；了解塑料的组成与种类，掌握典型建筑塑料的特性与应用；了解各类装饰材料的组成，掌握它们的性质与应用。

学习要求

能力目标	知识要点	权重
掌握石油沥青的技术性质	沥青的黏性、塑性、温度敏感性等	10%
了解石油沥青的改性	改性石油沥青的特点	5%
掌握防水卷材的品种、性能及应用	SBS、APP、三元乙丙橡胶防水卷材等典型品种	15%
了解常见的防水涂料	常见防水涂料的名称和特点	5%
熟悉防水材料的选用	根据工程的特点不同进行选用	5%
了解导热系数和常见绝热材料	导热系数，常见的绝热材料	15%
了解吸声系数，吸声材料和隔声材料的区别	吸声系数，吸声材料和隔声材料的特点	5%
了解塑料的概念、种类及应用	各类建筑塑料的特性与应用	15%
了解陶瓷类材料的种类及应用	各陶瓷类材料的特性与应用	5%
掌握天然与人造石材的种类及应用	大理石与花岗石、人造石材的特性及应用	5%
了解金属类装饰材料的种类、特性及应用	铝和铝合金、不锈钢等材料的特性及应用	5%
了解建筑玻璃的种类、特性及应用	装饰型、安全型、节能型玻璃特性及应用	5%
了解建筑装饰涂料的种类、特性及应用	各类装饰涂料的特性及应用	5%

任务导读

建筑功能材料主要是指担负某些功能的非承重材料，如防水材料、隔声吸声材料、绝热材料、装饰材料等(图8.1)，建筑功能材料为人类居住生活提供了更优质的服务。

近年来，建筑功能材料发展迅速，且在三方面有较大的发展：一是注重环境协调性，注重健康、环保；二是复合多功能；三是智能化。

(a) 防水卷材

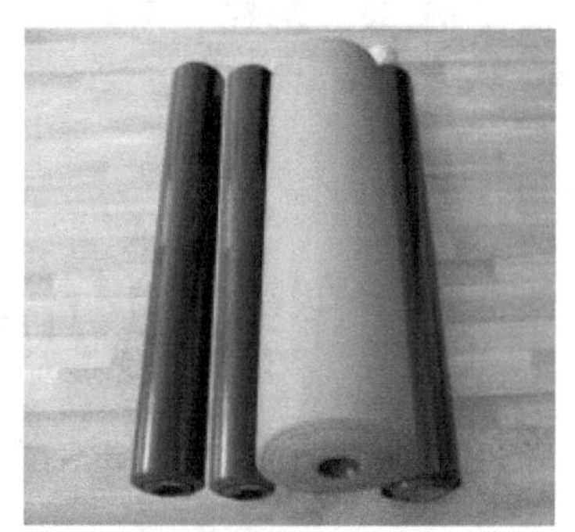

(b) 土工膜防水卷材

(c) 隔声材料

(d) 金字塔型吸声材料

(e) 摩天大厦中的玻璃幕墙

图8.1　建筑功能材料图例

玻璃的发展历史

玻璃最初由火山喷出的酸性岩凝固而得。约公元前3700年前，古埃及人已制出玻璃装饰品和简单玻璃器皿，当时只有有色玻璃；约公元前1000年前，中国制造出了无色玻璃。12世纪，就出现了商品玻璃，并开始成为工业材料；18世纪，为适应研制望远镜的需要，制出光学玻璃；1873年，比利时首先制出平板玻璃；1906年，美国制出平板玻璃引上机。此后，随着玻璃生产的工业化和规模化，各种用途和各种性能的玻璃相继问世。在现代，玻璃已成为日常生活、生产和科学技术领域的重要材料。

3 000多年前，一艘欧洲腓尼基人的商船，满载着晶体矿物“天然苏打”，航行在地中海沿岸的贝鲁斯河上。由于海水落潮，商船搁浅了。于是船员们纷纷登上沙滩，有的船员还抬来大锅，搬来木柴，并用几块“天然苏打”作为大锅的支架，在沙滩上做起饭来。船员们吃完饭，潮水开始上涨了。他们正准备收拾一下登船继续航行时，突然有人高喊：“大家快来看啊，锅下面的沙地上有一些晶莹明亮、闪闪发光的东西！”船员们把这些闪烁光芒的东西，带到船上仔细研究起来。他们发现，这些亮晶晶的东西上黏有一些石英砂和融化的“天然苏打”。原来，这些闪光的东西是他们做饭时用作锅的支架的“天然苏打”，在火焰的作用下，与沙滩上的石英砂发生化学反应而产生的晶体，这就是最早的玻璃。后来腓尼基人把石英砂和“天然苏打”和在一起，然后用一种特制的炉子熔化，制成玻璃球，使腓尼基人发了一笔大财。

4世纪，罗马人开始把玻璃应用在门窗上。直到1291年，意大利的玻璃制造技术已经非常发达。1688年，一个名叫纳夫的人发明了制作大块玻璃的工艺，从此，玻璃成了普通的物品。

人们现在使用的玻璃是由石英砂、纯碱、长石及石灰石经高温制成的。

熔体在冷却过程中黏度逐渐增大而得利的不结晶的固体材料，性脆而透明，有石英玻璃、硅酸盐玻璃、钠钙玻璃、氟化物玻璃等。通常所指的硅酸盐玻璃是以石英砂、纯碱、长石及石灰石等为原料，经混合、高温熔融、匀化后，加工成形，再经退火而得的。广泛用于建筑、日用、医疗、化学、电子、仪表、核工程等领域。

8.1 防水材料

看看以下现象，并分析原因。

(1) 河北中部地区每到冬天的时候，附近的沥青路面总会出现一些裂缝，裂缝大多是横向的，且几乎为等间距的。

(2) 某住宅楼面于8月份施工，铺贴沥青防水卷材全是白天施工，之后卷材出现鼓化、渗漏的现身。

(3) 某石砌水池因砂缝不饱满，之后以一种水泥基粉状刚性防水涂料整体涂履，效果良好，长时间不渗透。但同样使用此防水涂料用于一因基础下陷不均而开裂的地下室防水，效果却不佳。

8.1.1 石油沥青

沥青是一种有机胶凝材料，它是复杂的大分子碳氢化合物及非金属(氧、硫、氮等)衍生物的混合物。在常温下为黑色或黑褐色液体、固体或半固体，具有明显的树脂特性，能溶于二硫化碳、四氯化碳、苯及其他有机溶剂。沥青与许多材料表面都有良好的黏结力，它不仅能黏附于矿物材料表面，而且能黏附在木材、钢铁等材料表面；沥青是一种憎水性材料，几乎不溶于水，而且构造密实，是建筑工程中应用最广泛的一种防水材料；沥青能抵抗一般酸、碱、盐等侵蚀性液体和气体的侵蚀，故广泛应用于防水、防潮、防腐材料。

石油沥青是由石油原油经蒸馏等炼制工艺提炼出各种轻质油(汽油、煤油、柴油等)和润滑油后的残余物，经再加工后的产物。石油沥青的化学成分很复杂，很难把其中的化合物逐个分离出来，且化学组成与技术性质间没有直接的关系，因此，为了便于研究，通常将其中的化合物按化学成分和物理性质是否比较接近，划分为若干组分(又称组丛)。这些组分包括：油分，占约40%～60%，含量越高，沥青的软化点越低，沥青流动性越大，但温度稳定性差；树脂，占约15%～30%，使石油沥青具有良好的塑性和黏结性；地沥青质，占约10%～30%，是决定石油沥青热稳定性和黏性的重要组分，含量越多，软化点越高，也越硬、脆。石油沥青的性质与各组分之间的比例密切相关。液体沥青中油分、树脂多质，流动性好；而固体沥青中树脂、地沥青质多，特别是地沥青多，所以热稳定性和黏结性好。

特别提示

石油沥青中往往还含有一定量的固体石蜡，它是沥青中的有害物质，会使沥青的黏结性、塑性、耐热性和稳定性变坏。

石油沥青中这几个组分的比例并不是固定不变的，在热、阳光、空气和水等外界因素的作用下，组分在不断改变，即由油分向树脂、树脂向地沥青质转变，油分、树脂逐渐减少，而地沥青质逐渐增多，使沥青流动性、塑性逐渐变小，脆性增加直至脆裂。这种现象称为沥青材料的老化。

1. 石油沥青的主要技术性质

1) 黏滞性

黏滞性是指石油沥青在外力作用下抵抗变形的性能。黏滞性的大小，反映了胶团之间吸引力的大小，即反映了胶体结构的致密程度。当地沥青质含量较高，有适量树脂，但油分含量较少时，黏滞性较大。在一定温度范围内，当温度升高时，黏滞性随之降低，反之则增大。

表征液体沥青黏滞性的指标是黏滞度，如图 8.2 所示。表征半固体沥青、固体沥青黏滞性的指标是针入度，如图 8.3 所示。

2) 塑性

塑性是指石油沥青在外力作用时产生变形而不破坏的性能，沥青之所以能被制成性能良好的柔性防水材料，在很大程度上取决于这种性质。石油沥青中树脂含量大，其他组分含量适当，则塑性较高。温度及沥青膜层厚度也影响塑性，温度升高，则塑性增大；膜层增厚，则塑性也增大。在常温下，沥青的塑性较好，对振动和冲击作用有一定承受能力，因此常将沥青铺作路面。

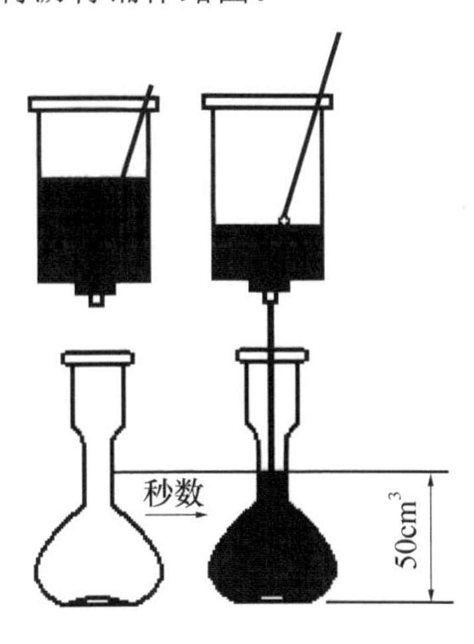

图 8.2 黏滞度测量

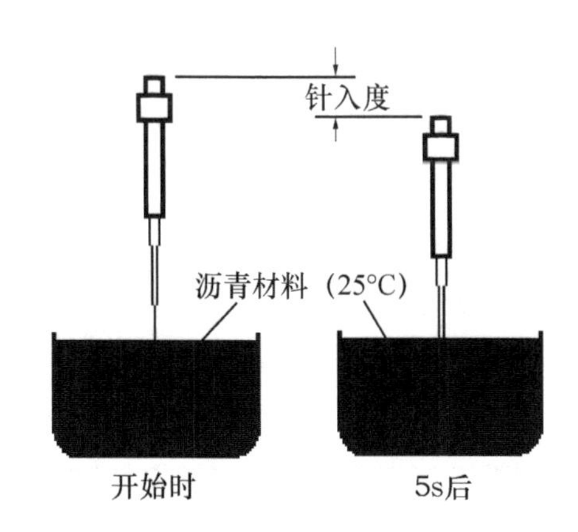

图 8.3 针入度测量

沥青的塑性用延度(延伸度)表示，如图 8.4 所示。

3) 温度敏感性(温度稳定性)

温度敏感性是指石油沥青的黏滞性和塑性随温度升降而变化的性质。温度敏感性越大，则沥青的温度稳定性越低。温度敏感性大的沥青，在温度降低时很快变成脆硬的物体，受外力作用极易产生裂缝以致破坏；而当温度升高时即成为液体流淌，而失去防水能力。因此，温度敏感性是评价沥青质量的重要性质。

沥青的温度敏感性通常用“软化点”表示。软化点是指沥青材料由固体状态转变为具有一定流动性膏体的温度。软化点可通过“环球法”试验测定，如图 8.5 所示。

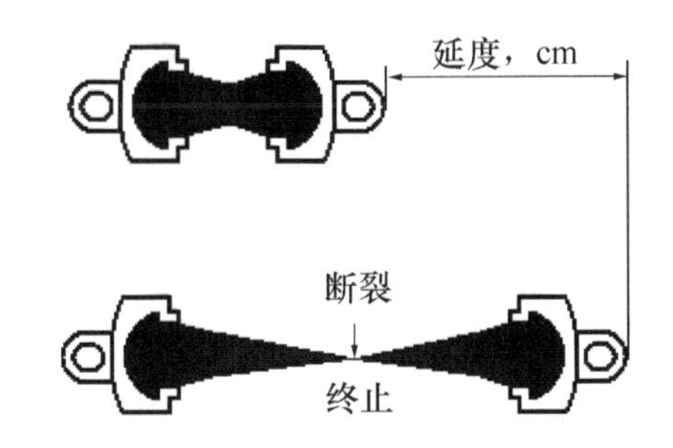

图 8.4 延度测量

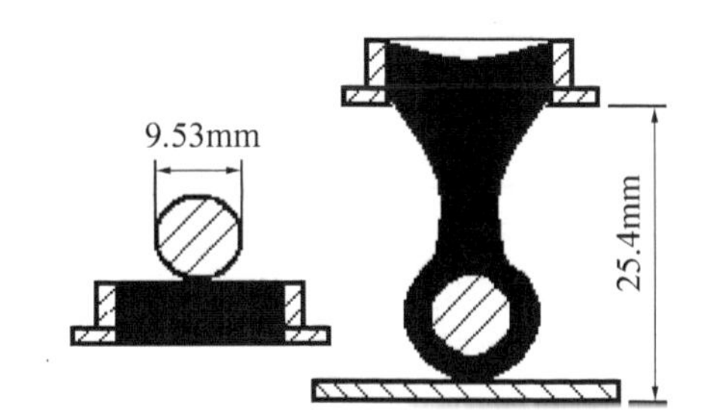

图 8.5 温度稳定性

不同的沥青软化点不同，大致在 25～100℃。软化点高，说明沥青的耐热性好，但软化点过高，又不易加工；软化点低的沥青，夏季易产生变形，甚至流淌。所以，在实际应用中，总希望沥青具有高软化点和低脆化点(当温度在非常低的范围时，整个沥青就好像玻璃一样脆硬，一般称为“玻璃态”，沥青由玻璃态向高弹态转变的温度即为沥青的脆化点)。为了提高沥青的耐寒性和耐热性，常对沥青进行改性，如在沥青中掺入增塑剂、橡胶、树脂和填料等。

4) 大气稳定性

大气稳定性是指石油沥青在热、阳光、水分和空气等大气因素作用下性能稳定的能力，即沥青的抗老化性能，是沥青材料的耐久性。在自然气候的作用下，沥青的化学组成和性能都会发生变化，低分子物质将逐渐转变为大分子物质，流动性和塑性逐渐减小，硬脆性逐渐增大，直至脆裂，甚至完全松散而失去黏结力。

石油沥青的大气稳定性常用蒸发损失和针入度变化等试验结果进行评定。

2. 石油沥青的分类及技术标准

根据现行标准，石油沥青按用途和性质分为道路石油沥青、建筑石油沥青和普通石油沥青三类，见表8-1。

表8-1 石油沥青技术标准

质量指标	道路石油沥青 (SHT 0522—2010)					建筑石油沥青 (GB 494—2010)			普通石油沥青 (SY 1665—1977)		
	200	180	140	100	60	10	30	40	75	65	55
针入度 (25℃,100g) (1/10 mm)	200～300	150～200	110～150	80～110	50～80	10～25	26～35	36～50	75	65	55
延度(25℃)，不小于/cm	20	100	100	90	70	1.5	2.5	3.5	2	1.5	1
软化点/℃	30～48	35～48	38～51	42～55	45～58	95	75	60	60	80	100
溶解度/(%)	99	99	99	99	99	99	99	99	98	98	98
质量变化率/(%)	1.3	1.3	1.3	1.2	1.0	1	1	1	—	—	—
蒸发后针入度比/(%)	—	—	—	—	—	65	65	65	—	—	—
闪点(开口/℃)	180	200	230	230	230	260	260	260	230	230	230

3. 石油沥青的应用

1) 石油沥青的选用

沥青在使用时，应根据当地气候条件、工程性质(房屋、道路、防腐)、使用部位(屋面、下)及施工方法具体选择沥青的品种和牌号。对一般温暖地区、受日晒或经常受热部位，为防止受热软化，应选择牌号较小的沥青；在寒冷地区，夏季暴晒、冬季受冻的部位，不仅要考虑受热软化，还要考虑低温脆裂，应选用中等牌号沥青；对一些不易受温度影响的部位，可选用牌号较大的沥青。当缺乏所需牌号的沥青时，可用不同牌号的沥青进行掺配。

道路石油沥青黏度低、塑性好，主要用于配制沥青混凝土和沥青砂浆，用于道路路面和工业厂房地面等工程。

特别提示

引例(1)的解答：裂缝原因主要由沥青材料老化及低温所致，从裂缝的形状来看，沥青老化低温引起的裂缝大多为横向，且裂缝几乎为等间距，这与该路面破损情况吻合。该路已修筑多年，沥青老化后变硬、变脆，延伸性下降，低温稳定性变差，容易产生裂缝、松散。在冬天，气温下降，沥青混合料受基层的约束而不能收缩，产生了应力，应力超过沥青混合料的极限抗拉强度，路面便产生开裂。因此冬天裂缝尤为明显。

建筑石油沥青黏性较大、耐热性较好、塑性较差，主要用于生产防水卷材、防水涂料、防水密封材料等，广泛应用于建筑防水工程及管道防腐工程。一般屋面用的沥青，软化点应比本地区屋面可能达到的最高温度高20～25℃，以避免夏季流淌。防水防潮石油沥青质地较软，温度敏感性较小，适于作卷材涂复层。普通石油沥青因含蜡量较高，性能较差，建筑工程中应用很少。

2) 石油沥青的掺配

沥青在实际使用时，某一牌号的沥青不一定能完全满足工程要求，需要用现有的、不同牌号的沥青进行掺配。掺配时注意，要掺配的石油沥青的软化点要在现有两种石油沥青的软化点之间，通常按下式进行掺配：

$$Q_1=\frac{T_2-T}{T_2-T_1}\times 100\% \tag{8-1}$$

$$Q_2=100-Q_1 \tag{8-2}$$

式中 Q_1——牌号较高沥青的掺量(%)；

Q_2——牌号较低沥青的掺量(%)；

T——掺配后所需的软化点(℃)；

T_1——牌号较高沥青的软化点(℃)；

T_2——牌号较低沥青的软化点(℃)。

8.1.2 防水卷材

【参考图文】

1. 改性沥青防水卷材

1) 改性沥青

沥青具有良好的塑性，能加工成良好的柔性防水材料。但沥青耐热性与耐寒性较差，即高温下强度低、低温下缺乏韧性，表现为高温易流淌、低温易脆裂，这是沥青防水屋面渗漏现象严重、使用寿命短的原因之一，因而传统的沥青油毡已在全国大范围禁止使用。如前所述，沥青是由分子量几百到几千的大分子化合物组成的复杂混合物，但分子量比通常高分子材料(几万到几百万或以上)小得多，而且其分子量最高(几千)的组分在沥青中的比例较小，决定了沥青材料的强度不高、弹性不好。为此，常添加高分子的聚合物对沥青进行改性。高分子的聚合物分子和沥青分子相互扩散、发生缠结，形成凝聚的网络混合结构，因而具有较高的强度和较好的弹性。按掺用高分子材料的不同，改性沥青可分为橡胶改性沥青、树脂改性沥青、橡胶树脂共混改性沥青3类。

(1) 橡胶改性沥青。在沥青中掺入适量橡胶后，可使沥青的高温变形性小，常温弹性较好，低温塑性较好。常用的橡胶有 SBS 橡胶、氯丁橡胶、废橡胶等。

(2) 树脂改性沥青。在沥青中掺入适量树脂后，可使沥青具有较好的耐高低温性、黏结性和不透气性。常用树脂有 APP(无规聚丙烯)、聚乙烯、聚丙烯等。

(3) 橡胶和树脂共混改性沥青。在沥青中掺入适量的橡胶和树脂后，沥青兼具橡胶和树脂的特性，常见的有氯化聚乙烯—橡胶共混改性沥青及聚氯乙烯-橡胶共混改性沥青等。

2) SBS 改性沥青防水卷材

SBS 改性沥青防水卷材是以聚酯纤维无纺布为胎体，以 SBS(苯乙烯-丁二烯-苯乙烯)弹性体改性沥青为浸渍涂盖层，以塑料薄膜或矿物细料为隔离层而制成的防水卷材。这类卷材具有较高的弹性、延伸率、耐疲劳性和低温柔性，主要用于屋面及地下室防水，尤其适用于寒冷地区。以冷法施工或热熔铺贴，适于单层铺设或复合使用。弹性体(SBS)防水卷材物理力学性能见表 8-2。

表 8-2　弹性体(SBS)防水卷材物理力学性能

序号	项　目	项　目	指标 I PY	指标 I G	指标 II PY	指标 II G	指标 II PYG
1	拉力	最大峰拉力/(N/50mm)≥	500	350	800	500	900
		次高峰拉力/(N/50mm)≥	—	—	—	—	800
		试验现象	拉伸过程中，试件中部无沥青涂改层开裂或与胎基分离现象				
2	延伸率	最大峰时延伸率/(%) ≥	30	—	40	—	—
		第二峰时延伸率/(%) ≥	—		—		15
3	不透水性 30min		0.3MPa	0.2MPa	0.3MPa		
4	低温柔性/℃		−20		−25		
5	耐热性	℃	90		105		
		≤mm	2				
		试验现象	无流淌、滴落				
6	钉杆撕裂强度/N ≥		—				300
7	接缝剥离强度/(N/mm) ≥		1.5				

3) APP 改性沥青防水卷材

APP 改性沥青防水卷材是以 APP(无规聚丙烯)树脂改性沥青浸涂玻璃纤维或聚酯纤维(布或毡)胎基，上表面撒以细矿物粒料，表 8-3 面覆以塑料薄膜制成的防水卷材。这类卷材弹塑性好，具有突出的热稳定性和抗强光辐射性，适用于高温和有强烈太阳辐射地区的屋面防水。单层铺设，可冷、热施工。塑性体(APP)防水卷材物理力学性能见表 8-3。

表 8-3 塑性体(APP)防水卷材物理力学性能

<table>
<tr><th rowspan="3">序号</th><th rowspan="3" colspan="2">项目</th><th colspan="5">指标</th></tr>
<tr><th colspan="2">I</th><th colspan="3">II</th></tr>
<tr><th>PY</th><th>G</th><th>PY</th><th>G</th><th>PYG</th></tr>
<tr><td rowspan="3">1</td><td rowspan="3">拉力</td><td>最大峰拉力/(N/50mm)≥</td><td>500</td><td>350</td><td>800</td><td>500</td><td>900</td></tr>
<tr><td>次高峰拉力/(N/50mm)≥</td><td>—</td><td>—</td><td>—</td><td>—</td><td>800</td></tr>
<tr><td>试验现象</td><td colspan="5">拉伸过程中，试件中部无沥青涂改层开裂或与胎基分离现象</td></tr>
<tr><td rowspan="2">2</td><td rowspan="2">延伸率</td><td>最大峰时延伸率/(%) ≥</td><td>25</td><td rowspan="2">—</td><td>40</td><td rowspan="2">—</td><td>—</td></tr>
<tr><td>第二峰时延伸率/(%) ≥</td><td>—</td><td>—</td><td>15</td></tr>
<tr><td>3</td><td colspan="2">不透水性 30min</td><td>0.3Mpa</td><td>0.2Mpa</td><td colspan="3">0.3Mpa</td></tr>
<tr><td>4</td><td colspan="2">低温柔性/℃</td><td colspan="2">−7</td><td colspan="3">−15</td></tr>
<tr><td rowspan="3">5</td><td rowspan="3">耐热性</td><td>℃</td><td colspan="2">110</td><td colspan="3">130</td></tr>
<tr><td>≤mm</td><td colspan="5">2</td></tr>
<tr><td>试验现象</td><td colspan="5">无流淌、滴落</td></tr>
<tr><td>6</td><td colspan="2">钉杆撕裂强度/N ≥</td><td colspan="4">—</td><td>300</td></tr>
<tr><td>7</td><td colspan="2">接缝剥离强度/(N/mm) ≥</td><td colspan="5">1.0</td></tr>
</table>

SBS 及 APP 防水卷材均属于高聚物改性沥青防水卷材，其外观质量要求见表 8-4。

表 8-4 高聚物改性沥青防水卷材外观质量要求

项 目	质量要求
孔洞、缺边、裂口	不允许
边缘不整齐	不超过 10mm
胎体露白、未浸透	不允许
撒布材料粒度、颜色	均匀
每卷卷材的接头	不超过 1 处，较短的一段不应小于 1 000mm，接头处应加长 150mm

4) 铝箔塑胶改性沥青防水卷材

铝箔塑胶改性沥青防水卷材是以玻璃纤维或聚酯纤维(布或毡)为胎基，用高分子(合成橡胶或树脂)改性沥青为浸渍涂盖层，以银白色铝箔为上表面反光保护层，以矿物粒料和塑料薄膜为底面隔离层而制成的防水卷材。

这种卷材对阳光的反射率高，具有一定的抗拉强度和延伸率，弹性好，低温柔性好，在−20～80℃温度范围内适应性较强，抗老化能力强，具有装饰功能，适用于外露防水面层并且价格较低，是一种中档的新型防水材料。

其他常见的改性沥青防水卷材还有再生橡胶改性沥青防水卷材、丁苯橡胶改性沥青防水卷材、PVC 改性煤焦油防水卷材等。

2. 合成高分子防水材料

合成高分子防水材料具有抗拉强度高、延伸率大、弹性强、高低温特性好、防水性能优异的特性。合成高分子防水材料中常用的高分子有三元乙丙橡胶、氯丁橡胶、有机硅橡胶、聚氨酯、丙烯酸酯、聚氯乙烯树脂等。

合成高分子防水卷材是以合成橡胶、合成树脂或它们两者的共混体为基材，加入适量的化学助剂、填充料等，经过塑炼、混炼、压延或挤出成型、硫化、定型、检验、分卷、包装等工序加工制成的无胎防水材料。具有抗拉强度高、断裂延伸率大、抗撕裂强度好、耐热耐低温性能优良、耐腐蚀、耐老化、单层施工及冷作业等优点。

特别提示

合成高分子卷材是继改性石油沥青防水卷材之后发展起来的性能更优的新型高档防水材料，显示出独特的优异性。在我国虽仅有十余年的发展史，但发展十分迅猛。现在可生产三元乙丙橡胶、丁基橡胶、氯丁橡胶、再生橡胶、聚氯乙烯、氯化聚乙烯、氯磺化聚乙烯等几十个品种。

合成高分子防水卷材外观质量见表8-5。

表8-5 合成高分子防水卷材外观质量

项　目	质量要求
折痕	每卷不超过2处，总长度不超过20mm
杂质	颗粒不允许大于0.5mm，每$1m^2$不超过$9mm^2$
胶块	每卷不超过6处，每处面积不大于$4mm^2$
凹痕	每卷不超过6处，深度不超过本身厚度的30%；树脂类深度不超过15%
每卷卷材的接头	橡胶类每20m不超过1处，较短的一段不应小于3 000mm，接头处应加长150mm；树脂类20m长度内不允许有接头

1) 三元乙丙橡胶防水卷材

三元乙丙橡胶防水卷材是以乙烯、丙烯和双环戊二烯3种单体共聚合成的三元乙丙橡胶为主体，掺入适量的丁基橡胶、硫化剂、促进剂、软化剂、补强剂和填充剂等，经密炼、拉片、过滤、挤出(或压延)成型、硫化、检验、分卷、包装等工序加工制成的高弹性防水材料三元乙丙橡胶防水卷材，与传统的沥青防水材料相比，具有防水性能优异、耐候性好、耐臭氧及耐化学腐蚀性强、弹性和抗拉强度高，对基层材料的伸缩或开裂变形适应性强，质量轻、使用温度范围宽(−60～+120℃)、使用年限长(30～50年)、可以冷施工、施工成本低等优点。适用于高级建筑防水，可单层使用，也可复合使用。施工用冷黏法或自黏法。

2) 聚氯乙烯(PVC)防水卷材

聚氯乙烯防水卷材是以聚氯乙烯树脂为主要原料，加入一定量的稳定剂、增塑剂、改性剂、抗氧剂及紫外线吸收剂等辅助材料，经捏合、混炼、造粒、挤出(或压延)等工序加工制成的防水卷材，是我国目前用量较大的一种卷材。这种卷材具有较高的拉伸和撕裂强度，延伸率较大，耐老化性能好，耐腐蚀性强。其原料丰富，价格便宜，容易黏结。适用于屋面、地下防水工程和防腐工程，单层或复合使用，冷黏法或热风焊接法施工。

聚氯乙烯防水卷材，根据基料的组分极其特性分为两种类型：S型和P型。S型是以煤焦油与聚氯乙烯树脂混溶料为基料的柔性卷材；P型是以增塑聚氯乙烯为基料的塑性卷材。S型防水卷材的厚度为：1.80mm、2.00mm、2.50mm；P型防水卷材的厚度为：1.20mm、1.50mm、2.00mm；卷材的宽度为：1 000mm、1 200mm、1 500mm、2 000mm。

3) 氯化聚乙烯防水卷材

氯化聚乙烯防水卷材是以含氯量为30%～40%的氯化聚乙烯树脂为主要原料，掺入适量的化学助剂和大量的填充材料，采用塑料(或橡胶)的加工工艺，经过捏合、塑炼、压延等工序加工而成，属于非硫化型高档防水卷材。

氯化聚乙烯防水卷材分为两种类型：Ⅰ型和Ⅱ型。Ⅰ型防水卷材是属于非增强型的；Ⅱ型是属于增强型的。其规格厚度可分为1.00mm、1.20mm、1.50mm，2.00mm；宽度为900mm、1 000mm、1 200mm、1 500mm。

知识链接

1. 氯化聚乙烯-橡胶共混防水卷材

氯化聚乙烯-橡胶共混防水卷材是以氯化聚乙烯树脂与合成橡胶为主体，加入硫化剂、促进剂、稳定剂、软化剂及填料等，经塑炼、混炼、过滤、压延(或挤出)成型及硫化等工序加工制成的防水卷材。

这类卷材既具有氯化聚乙烯的高强度和优异的耐久性，又具有橡胶的高弹性和高延伸性以及良好的耐低温性能。其性能与三元乙丙橡胶卷材相近，使用年限保证10年以上，但价格却低得多。与其配套的氯丁黏结剂，较好地解决了与基层黏结的问题。属中高档防水材料，可用于各种建筑、道路、桥梁、水利工程的防水，尤其是适用于寒冷地区或变形较大的屋面、单层或复合使用，冷黏法施工。

2. 氯磺化聚乙烯防水卷材

氯磺化聚乙烯防水卷材是以氯磺化聚乙烯橡胶为主，加入适量的软化剂、交联剂、填料、着色剂后，经混炼、压延(或挤出)、硫化等工序加工而成的弹性防水卷材。

氯磺化聚乙烯防水卷材的耐臭氧、耐老化、耐酸碱等性能突出，且拉伸强度高、耐高低温性好、断裂伸长率高，对防水基层伸缩和开裂变形的适应性强，使用寿命为15年以上，属于中高档防水卷材。氯磺化聚乙烯防水卷材可制成多种颜色，用这种彩色防水卷材作屋面外露防水层可起到美化环境的作用。氯磺化聚乙烯防水卷材特别适用于有腐蚀介质影响的部位做防水与防腐处理，也可用于其他防水工程。

8.1.3 防水涂料与密封材料

【参考图文】

1. 防水涂料

1) 溶剂型改性沥青防水涂料

溶剂型改性沥青防水涂料是以沥青、溶剂、改性材料、辅助材料所组成的，主要用于防水、防潮和防腐，其耐水性、耐化学侵蚀性均好，涂膜光亮平整，丰满度高。主要品种有：再生橡胶沥青防水涂料、氯丁橡胶沥青防水涂料、丁基橡胶沥青防水涂料等，均为较好的防水涂料。但由于使用有机溶剂，不仅在配制时易引起火灾，且施工时要求基层必须干燥；有机溶剂挥发时，还引起环境污染，加之目前溶剂市场价格不断上扬，因此，除特殊情况外，已较少使用。近年来，大力推广和应用的是水乳型沥青防水涂料。

2) 水乳型改性沥青防水涂料

(1) 水乳型氯丁橡胶沥青防水涂料是以氯丁橡胶胶乳为改性剂，及助剂的配合与沥青乳液混合所形成的稳定橡胶沥青乳状液。适用于民用及工业建筑的屋面工程、厕浴间、厨房防水；地下室、水池等防水、防潮工程，旧油毡屋面的维修。

(2) 水乳型再生橡胶沥青防水涂料是以再生橡胶的水分散体为改性剂，及助剂的配合与沥青乳液混合所形成的稳定再生橡胶沥青乳状液。适用于4级建筑的屋面工程、厕浴间、厨房防水，地下室防潮工程，旧油毡屋面的维修。

3) 聚氨酯防水涂料

聚氨酯防水涂料有单组分和双组分两类，目前主要应用双组分聚氨酯防水涂料。双组分聚氨酯防水涂料产品的甲组分是聚氨酯预聚体，乙组分是固化剂等多种改性剂组成的液体；它们按一定的比例混合均匀，经过固化反应，形成富有弹性的整体防水膜。

聚氨酯防水涂料形成的薄膜与混凝土、马赛克、大理石、木材、钢材、铝合金黏结良好，具有优异的耐候性、耐油性、耐碱性、耐臭氧性、耐海水侵蚀性，使用寿命为10～15年，而且强度高、弹性好、延伸率大(可达350%～500%)。

聚氨酯防水涂料又分为有焦油型和无焦油型。有焦油型是以焦油等填充剂、改性剂组成固化剂的。无焦油型聚氨酯防水涂料综合性能优于焦油型聚氨酯防水涂料。无焦油聚氨酯防水涂料色浅，可制成铁红、草绿、银灰等彩色涂料，涂膜反应速度易于控制，属于高档防水涂料，主要用于中高级建筑的屋面、外墙、地下室、卫生间、贮水池及屋顶花园等防水工程。焦油聚氨酯防水涂料，因固化剂中加入了煤焦油，使涂料黏度降低，易于施工，且价格相对较低，使用量超过无焦油聚氨酯防水涂料。但煤焦油对人体有害，不能用于冷库内壁和饮用水防水工程，其他适用范围同无焦油聚氨酯防水涂料。

知识链接

1. 丙烯酸酯防水涂料

丙烯酸酯防水涂料是以丙烯酸树脂乳液为主，加入适量的颜料、填料等配置而成的水乳型防水涂料。具有耐高低温性好、不透水性强、无毒、无味、无污染、操作简单等优点，可在各种复杂的基层表面上施工，并具有白色、多种浅色、黑色等，使用寿命10～15年。丙烯酸酯防水涂料广泛应用于外墙防水装饰及各种彩色防水层。丙烯酸酯涂料的缺点是延伸率较小，为此可加入合成橡胶乳液予以改性，使其形成橡胶状弹性涂膜。

2. 硅橡胶防水涂料

硅橡胶防水涂料是以硅橡胶乳液以及其他乳液的复合物为基料，掺入无机填料及各种助剂配制而成的乳液型防水涂料。该涂料兼有涂膜防水和渗透性防水材料的优良特性，具有良好的防水性、渗透性、成膜性、弹性、黏结性、延伸性、耐高低温性、抗裂性、耐氧化性和耐候性，并且无毒、无味、不燃、使用安全。适用于地下室、卫生间、屋面以及地上地下构筑物的防水防渗和渗漏水修补等工程。

硅橡胶防水涂料共有Ⅰ型涂料和Ⅱ型涂料两个品种。Ⅱ型涂料加入了一定量的改性剂以降低成本，但性能指标除低温韧性略有升高以外，其余指标与Ⅰ型涂料都相同。Ⅰ型涂料和Ⅱ型涂料均由1号涂料和2号涂料组成，涂布时进行复合使用，1号、2号均为单组分，1号涂布于底层和面层，2号涂布于中间加强层。

2. 密封材料

1) 改性沥青基嵌缝油膏

改性沥青基嵌缝油膏是以石油沥青为基料，加入废橡胶粉等改性材料、稀释剂及填充料等混合制成的冷用膏状材料；具有优良的防水防潮性能、黏结性好、延伸率高，能适应结构的适当伸缩变形，能自行结皮封膜；可用于嵌填建筑物的水平、垂直缝及各种构件的防水，使用很普遍。

2) 丙烯酸酯建筑密封膏

丙烯酸酯建筑密封膏是在丙烯酸乳液中掺入少量表面活性剂、增塑剂、改性剂及颜料、填料等配制而成的单组分水乳型建筑密封膏。这种密封膏具有优良的耐紫外线性能和耐油性、黏结性、延伸性、耐低温性、耐热性和耐老化性，并且以水为稀释剂，黏度较小，无污染、无毒、不燃，安全可靠，价格适中，可配成各种颜色，操作方便，干燥速度快，保存期长。但固化后有15%～20%的收缩率，应用时应予事先考虑。该密封膏应用范围非常广泛，可用于钢、铝、混凝土、玻璃和陶瓷等材料的嵌缝防水以及用作钢窗、铝合金窗的玻璃泥子等，还可用于各种预制墙板、屋面、门窗、卫生间等的接缝密封防水及裂缝修补。

3) 聚氨酯建筑密封膏

聚氨酯密封膏弹性高、延伸率大、黏结力强，耐油、耐磨、耐酸碱，抗疲劳性和低温柔性好，使用年限长；适用于各种装配式建筑的屋面板、楼地板、墙板、阳台、门窗框、卫生间等部位的接缝及施工密封，也可用于贮水池、引水渠等工程的接缝密封、伸缩缝的密封、混凝土修补等。

4) 有机硅密封膏

有机硅密封膏具有优良的耐热性、耐寒性和耐候性。硫化后的密封膏可在-20～250℃范围内长期保持高弹性和拉压循环性，并且黏结性能好，耐油性、耐水性和低温柔性优良，能适应基层较大的变形，外观装饰效果好。

8.1.4 防水材料的选用

选用防水材料是防水设计的重要一环，具有决定性的意义。现在材料品种繁多、形态不一、性能各异、价格高低悬殊，施工方式也各不相同。这就要求选定的防水材料必须适应工程要求，工程地质水文、结构类型、施工季节、当地气候、建筑使用功能以及特殊部位等，对防水材料都有具体要求。

1. 根据气候条件选材

(1) 我国地域辽阔，南北气温高低悬殊，江南地区夏季气温达四十余度，持续数日，暴露在屋面的防水层要经受长时间的暴晒，防水材料易于老化。选用的材料应耐紫外线能力强，软化点高，如APP改性沥青卷材、三元乙丙橡胶卷材、聚氯乙烯卷材等。

(2) 南方多雨，北方多雪，西部干旱。我国年降雨量在1 000mm以上的约有15个省市自治区，阴雨连绵的日子有200天，屋面始终是湿漉漉的，排水不畅而积水，一连数月不干，浸泡防水层。耐水性不好的涂料，易发生再乳化或水化还原反应；不耐水泡的黏结剂，黏结强度严重降低，使黏结合缝的高分子卷材开裂，特别是内排水的天沟，极易因长时间积水浸泡而渗漏。为此应选用耐水材料，如聚酯胎的改性沥青卷材或耐水的胶黏剂黏合高分子卷材。

(3) 干旱少雨的西北地区，蒸发量远大于降雨量，常常雨后不见屋檐水。这些地区显然对防水的程度有所降低，二级建筑做一道设防也能满足防水要求，如果作好保护层，能够达到耐用年限。

(4) 严寒多雪地区，有些防水材料经不住低温冻胀收缩的循环变化，过早老化断裂一年中有四五个月被积雪覆盖，雪水长久浸渍防水层，同时雪融又结冰，抗冻性不强、耐水不良胶黏剂都将失效。这些地区宜选用 SBS 改性沥青卷材或焊接合缝的高分子卷材，如果选用不耐低温的防水材料，应作倒置房屋面。

(5) 防水施工季节也是不能忽视的。在华北地区秋季气温亦很低，水溶性涂料不能使用，胶黏剂在 5℃时即会降低黏结性能，在零下的温度下更不能施工。冬季施工胶黏剂遇混凝土而冻凝，丧失黏合力，卷材合缝粘不牢，会致使施工失败。应注意了解选用材料的适应温度。防水层施工环境气温条件，见表 8-6。

表 8-6　防水层施工环境气温条件

防水层材料	施工环境气温
高聚物改性沥青防水卷材	冷黏法不低于 5℃，热熔法不低于-10℃
合成高分子防水卷材	冷黏法不低于 5℃，热风焊接法不低于-10℃
有机防水涂料	溶剂型-5～35℃，水溶型 5～35℃
无机防水涂料	5～35℃
防水混凝土、水泥砂浆	5～35℃

特别提示

引例(2)的解答：夏季中午炎热，屋顶受太阳辐射，温度较高。此时铺贴沥青防水卷材基层中的水汽会蒸发，集中于铺贴的卷材内表面，并会使卷材鼓泡。此外，高温时沥青防水卷材软化，卷材膨胀，当温度降低后卷材产生收缩，导致短裂。还需指出的是，沥青中还含有对人体有害的挥发物，在强烈阳光照射下，会使操作工人得皮炎等疾病，故铺贴沥青防水卷材应尽量避开炎热中午。

2. 根据建筑部位选材

【参考图文】

不同的建筑部位对防水材料的要求也不尽相同。每种材料都有各自的长处和短处，任何一种优质的防水材料也不能适应所有的防水场合，各种材料只能互补而不可取代。屋面防水和地下室防水，要求材料性能不同，而浴间的防水和墙面防水更有差别，坡屋面、外形复杂的屋面、金属板基层屋面也不相同，选材时均应当区别对待。

(1) 屋面防水层暴露在大自然中，受到狂风吹袭、雨雪侵蚀和严寒酷暑影响，昼夜温差的变化胀缩反复，没有优良的材料性能和良好的保护措施难以达到要求的耐久年限。所以应选择抗拉强度高、延伸率大、耐老化好的防水材料。如聚酯胎高聚物改性沥青卷材、三元乙丙橡胶卷材、P 型聚氯乙烯卷材(焊接合缝)、单组分聚氨酯涂料(加保护层)。

(2) 墙体渗漏大多由于墙体太薄，渗漏墙体多为轻型砌块砌筑，存在大量内外通缝，门窗樘与墙的结合处密封不严，雨水由缝中渗入。墙体防水不能用卷材，只能用涂料，而且要和外装修材料结合。窗樘安装缝用密封膏才能有效解决渗漏问题。

(3) 地下建筑防水选材。地下防水层长年浸泡在水中或十分潮湿的土壤中，防水材料必须耐水性好，不能用易腐烂的胎体制成的卷材，底板防水层应用厚质的并且有一定抵抗扎刺能力的防水材料，最好叠层 6～8mm 厚。如果选用合成高分子卷材，最宜热焊合接缝。使用胶黏剂合缝者，其胶必须耐水性优良。使用防水涂料应慎重，单独使用厚度要 2.5mm，与卷材复合使用厚度也要 2mm。

(4) 厕浴间的防水有 3 个特点：一是不受大自然气候的影响，温度变化不大，对材料的延伸率要求不高；二是面积小，阴阳角多，穿楼板管道多；三是墙面防水层上贴瓷砖，必须与黏结剂亲和性能好。根据以上 3 个特点，不能选用卷材，只有涂料合适，涂料中又以水泥基丙烯酸酯涂料最为合适，是由于能在上面牢固地粘贴瓷砖。

3. 根据工程条件要求选材

(1) 建筑等级是选择材料的首要条件。Ⅰ、Ⅱ级建筑必须选用优质防水材料，如聚酯胎高聚物改性沥青卷材、合成高分子卷材、复合使用的合成高分子涂料。Ⅲ、Ⅳ级建筑选材范围较宽。屋面防水等级和设防要求见表 8-7。

表 8-7 屋面防水等级和设防要求

项目		屋面防水等级			
		Ⅰ	Ⅱ	Ⅲ	Ⅳ
功能性质	建筑物类别	特别重要的民用建筑和对防水有特殊要求的工业建筑	重要的工业与民用建筑、高层建筑	一般工业与民用建筑	非永久性的建筑
	防水层耐用年限	25 年以上	15 年以上	10 年以上	5 年以上
防水措施选择	防水层选用材料	宜选用合成高分子防水卷材、高聚物改性沥青防水卷材、合成高分子防水涂料、细石防水混凝土等材料	宜选用高聚物改性沥青防水卷材、合成高分子防水卷材、高聚物改性沥青防水涂料、细石防水混凝土、平瓦等材料	宜选用三毡四油沥青防水卷材、高聚物改性沥青防水卷材、合成高分子防水卷材、高聚物改性沥青防水涂料、合成高分子防水涂料、沥青基防水涂料、刚性防水层、平瓦、油毡瓦等材料	可选用二毡三油沥青防水卷材、高聚物改性沥青防水涂料、沥青基防水涂料、波形瓦等材料
	设防要求	三道或三道以上防水设防，其中必须有一道合成高分子防水卷材，且只能有一道 2mm 以上厚的合成高分子防水涂膜	两道防水设防，其中必须有一道卷材，也可采用压型钢板进行一道设防	一道防水设防或两种防水材料复合使用	一道防水设防

(2) 坡屋面用瓦。黏土瓦、沥青油毡瓦、混凝土瓦、金属瓦、木瓦、石板瓦、竹瓦的下面必须另用柔性防水层。因有固定瓦钉穿过防水层，要求防水层有握钉能力，防止雨水沿钉渗入望板。最合适的卷材是 4mm 厚高聚物改性沥青卷材，而高分子卷材和涂料都不适宜。

(3) 振动较大的屋面，如近铁路、地震区、厂房内有天车锻锤、大跨度轻型屋架等。因振动较大，砂浆基层极易裂缝，满粘的卷材易被拉断。因此应选用高延伸率和高强度的卷材或涂料，如三元乙丙橡胶卷材、聚酯胎高聚物改性沥青卷材、聚氯乙烯卷材，且应昼空铺或点粘施工。

(4) 不能上人的陡坡屋面(多在60°以上)，因为坡度很大，防水层上无法作块体保护层，所以一般选带矿物粒料的卷材或者选用铝箔覆面的卷材、金属卷材。

4. 根据建筑功能要求选材

(1) 屋面作园林绿化，美化城区环境。防水层上覆盖种植土种植花木。植物根系穿刺力很强，防水层除了耐腐蚀耐浸泡之外，还要具备抗穿刺能力。选用聚乙烯土工膜(焊接接缝)、聚氯乙烯卷材(焊接接缝)。铅锡合金卷材、抗生根的改性沥青卷材。

(2) 屋面作娱乐活动和工业场地，如舞场、小球类运动场、茶社、晾晒场、观光台等。防水层上应铺设块材保护层，防水材料不必满粘。对卷材的延伸率要求不高，多种涂料都能用，也可作刚柔结合的复合防水。

(3) 倒置式屋面是保温层在上、防水层在下的做法。保温层保护防水层不受阳光照射，也免于暴雨狂风的袭击和严冬酷暑的折磨。选用的防水材料范围很宽，但是施工要特别精心细致，确保耐用年限内不漏。如果发生渗漏，防渗堵漏很困难，往往需要翻掉保温层和镇压层，维修成本很高。

(4) 屋面蓄水层底面。底面直接被水浸泡，但水深一般不超过25cm。防水层长年浸泡在水中，要求防水材料耐水性好。可选用聚氨酯涂料、硅橡胶涂料、全盛高分子卷材(热焊合缝)、聚乙烯土工膜、铅锡金属卷材，不宜使用用胶黏合的卷材。

8.2 绝热材料

引 例

让我们来看看以下现象，并思考问题。
许多新建房屋在墙体外侧覆盖一层白色的材料，这些材料起什么作用?

8.2.1 绝热材料的作用和基本要求

在建筑中，习惯上把用于控制室内热量外流的材料叫作保温材料；把防止室外热量进入室内的材料叫作隔热材料。保温、隔热材料统称为绝热材料。

1. 绝热材料的作用

建筑绝热保温材料是建筑节能的物质基础。性能优良的建筑绝热保温材料和良好的保温技术，在建筑和工业保温中往往可起到事半功倍的效果。统计表明，建筑中每使用1t矿物棉绝热制品，每年可节约1t燃油。同时，建筑使用功能的提高，使人们对建筑的吸声隔声性能的要求也越来越高。随着近年来人们对环境保护意识的增强，噪声污染对人们的健康和日常生活的危害日益为人们所重视，建筑的吸声功能在诸多建筑功能中的地位逐步增高。保温绝热材料由于其轻质及结构上的多孔特征，故具有良好的吸声性能。对于一般建筑物来说，吸声材料无须单独使用，其吸声功能是与保温绝热及装饰等其他新型建材相结合来实现的。因此在改善建筑物的吸声功能方面，新型建筑隔热保温材料起着其他材料所无法替代的作用。

2. 绝热材料的基本要求

导热性指材料传递热量的能力。材料的导热能力用导热系数λ表示。导热系数的物理意义为：在稳定传热条件下，当材料层单位厚度内的温差为1℃时，在1h内通过$1m^2$表面积的热量。材料导热系数越大，导热性能越好。工程上将导热系数λ＜0.23W/(m·K)的材料称为绝热材料。

影响材料导热系数的因素有以下几方面。

(1) 材料本身性质。材料的导热系数由大到小为，金属材料＞无机非金属材料＞有机材料。

(2) 微观结构。相同组成的材料，结晶结构的导热系数最大，微晶结构次之，玻璃体结构最小。为了获取导热系数较低的材料，可通过改变其微观结构的方法来实现，如水淬矿渣即是一种较好的绝热材料。

(3) 孔隙率。孔隙率越大，材料导热系数越小。

(4) 孔隙特征。在孔隙相同时，孔径越大，孔隙间连通越多，导热系数越大，这是由于孔中气体产生对流。纤维状材料存在一个最佳表观密度，即在该密度时导热系数最小。当表观密度低于这个最佳值时，其导热系数有增大趋势。

(5) 含水率。所有的保温材料都具有多孔结构，容易吸湿。当含水率大于5%～10%，材料吸水后水分占据了原被空气充满的部分气孔空间，由于水的导热系数λ=0.58W/(m·K)远大于空气，所以材料含水率增加后其导热系数将明显增加，若受冻[冰λ=2.33W/(m·K)]则导热能力更大。

(6) 热流方向。

导热系数与热流方向的关系，仅仅存在于各向异性的材料中，即在各个方向上构造不同的材料中。传热方向和纤维方向垂直时的绝热性能比传热方向和纤维方向平行时要好一些；同样，具有大量封闭气孔的材料的绝热性能也比具大量有开口气孔的要好一些。气孔质材料又进一步分成固体物质中有气泡和固体粒子相互轻微接触两种。纤维质材料从排列状态看，分为纤维方向与热流方向垂直和纤维方向与热流方向平行两种情况。一般情况下纤维保温材料的纤维排列是后者或接近后者，同样密度条件下，其导热系数要比其他形态的多孔质保温材料的导热系数小得多。

室内外之间的热交换除了通过材料的传导传热方式外，辐射传热也是一种重要的传热方式，铝箔等金属薄膜，由于具有很强的反射能力，具有隔绝辐射传热的作用，因而也是理想的绝热材料。

特别提示

绝热材料除应具有较小的导热系数外，还应具有适宜的或一定的强度、抗冻性、耐水性、防火性、耐热性和耐低温性、耐腐蚀性，有时还需具有较小的吸湿性或吸水性等。优良的绝热材料应是具有很高的孔隙率的，且以封闭、细小孔隙为主的，吸湿性和吸水性较小的有机或无机非金属材料。多数无机绝热材料的强度较低，吸湿性或吸水性较高，使用时应予以注意。

8.2.2 常用绝热材料

绝热材料按照它们的化学组成可以分为无机绝热材料和有机绝热材料。

1. 常用无机绝热材料

1) 多孔轻质类无机绝热材料

蛭石是一种有代表性的多孔轻质类无机绝热材料，它由云母类矿物经风化而成，具有层状结构，如图 8.6 所示。将天然蛭石经破碎、预热后快速通过煅烧带，可使蛭石膨胀 20～30 倍。膨胀蛭石的导热系数约为 0.046～0.070W/(m·K)，可在 1 000℃的高温下使用,主要用于建筑夹层，但需注意防潮。膨胀蛭石也可用水泥、水玻璃等胶结材胶结成板，用作板壁绝热，但其导热系数值比松散状要大，一般为 0.08～0.10W/(m·K)。

图 8.6　蛭石

2) 纤维状无机绝热材料

(1) 矿物棉。岩棉和矿渣棉统称矿物棉，由熔融的岩石经喷吹制成的纤维材料称为岩棉，如图 8.7 所示，由熔融矿渣经喷吹制成的纤维材料称为矿渣棉。将矿物棉与有机胶结剂结合可以制成矿棉板、毡、管壳等制品，其堆积密度约为 45～150kg/m^3，导热系数约为 0.044～0.049W/(m·K)。由于堆积密度低的矿物棉内空气可发生对流而导热，因而，其导热系数反而略高，最高使用温度约为 600℃。矿物棉也可制成粒状棉用作填充材料，其缺点是吸水性大、弹性小。

图 8.7　岩棉

(2) 玻璃纤维。玻璃纤维一般分为长纤维和短纤维。短纤维由于相互纵横交错在一起，构成了多孔结构的玻璃棉，常用作绝热材料，如图 8.8 所示。玻璃棉堆积密度约为 45～150kg/m^3，导热系数约为 0.035～0.041W/(m·K)。玻璃纤维制品的纤维直径对其导热系数有较大影响，导热系数随纤维直径的增大而增加。以玻璃纤维为主要原料的保温隔热制品主要有沥青玻璃棉毡和酚醛玻璃棉板以及各种玻璃毡、玻璃毯等，通常用于房屋建筑的墙体保温层。

图 8.8　玻璃纤维短切丝

3) 泡沫状无机绝热材料

(1) 泡沫玻璃。泡沫玻璃是用玻璃细粉和发泡剂(石灰石、碳化钙和焦炭)经粉磨、混合、装模、煅烧(800℃左右)而得到的多孔材料，如图 8.9 所示。泡沫玻璃导热系数小、抗压强度高、抗冻性好、耐久性好，并且对水分、水蒸气和其他气体具有不渗透性，还容易进行机械加工，可锯、钻、车及打钉等。表观密度为 150～200kg/m^3 的泡沫玻璃，其导热系数约为 0.042～0.048W/(m·K)，抗压强度达 0.16～0.55MPa。泡沫玻璃作为绝热材料在建筑上主要用于保温墙体、地板、天花板及屋顶保温，可用于寒冷地区建筑低层的建筑物。

图 8.9　泡沫玻璃

(2) 多孔混凝土。多孔混凝土是指具有大量均匀分布、直径小于 2mm 的封闭气孔的轻质混凝土，主要有泡沫混凝土和加气混凝土。随着表观密度的减小，多孔混凝土的绝热效果增加，但强度下降。

【参考图文】

2. 常用有机绝热材料

1) 泡沫塑料

泡沫塑料是以各种树脂为基料，加入各种辅助料经加热发泡制得的轻质保温材料。泡沫塑料目前广泛用作建筑上的保温隔声材料，其表观密度很小、隔热性能好、加工使用方便。常用的泡沫塑料有聚苯乙烯泡沫塑料、脲醛泡沫塑料、聚氨酯泡沫塑料、聚氯乙烯泡沫塑料、泡沫酚醛塑料等。

特别提示

引例的解答：新建房屋的外表面覆盖的白色材料多数为泡沫塑料，起到墙体保温作用，是改善建筑热环境的一个重要手段，起到了节约能源的作用。

2) 硬质泡沫橡胶

硬质泡沫橡胶用化学发泡法制成。特点是导热系数小而强度大。硬质泡沫橡胶的表观密度在0.064～0.12g/cm^3。表观密度越小，保温性能越好，但强度越低。硬质泡沫橡胶的抗碱和盐的侵蚀能力较强，但强无机酸及有机酸对它有侵蚀作用。它不溶于醇等弱溶剂，但易被某些强有机溶剂软化溶解。硬质泡沫橡胶为热塑性材料，耐热性不好，在65℃左右开始软化。硬质泡沫橡胶有良好的低温性能，低温下强度较高且有较好的体积稳定性，可用于冷冻库。

8.3 吸声与隔声材料

引 例

看看以下现象，并思考问题。

(1) 为什么影剧院或音乐厅的墙体表面覆盖了一层多孔材料？它起什么作用？

(2) 高级宾馆的地面铺了地毯，为什么会使走路声音变小？

8.3.1 吸声材料

吸声材料是一种能在较大程度上吸收由空气传递的声波能量的建筑材料。这类材料的结构中充满了许多微小的孔隙和连通的气泡，当声波入射到吸声材料内互相贯通的孔隙时，声波将引起微孔及空隙间的空气运动，使紧靠孔壁或纤维表面处的空气受到阻碍不易振动，促使声波削弱。同时还由于小孔隙中空气的黏滞性，使部分声能转变为热能，孔壁纤维的热传导使其热能散失或被吸收掉，从而声波逐渐衰弱、消失。所以在音乐厅、影剧院、大会堂等内部的墙面、地面、天棚等部位，适当采用吸声材料能改善声波在室内传播的质量，保持良好的音响效果。

1. 吸声材料的性能要求

吸声材料的吸声性能以吸声系数α表示。吸声系数的值在0～1，材料的吸声系数α越高，吸声效果越好。当需要吸收大量声能降低室内混响及噪声时，常常需要使用高吸声系数的材料，如离心玻璃棉、岩棉等，5cm 厚的 24 kg/m³ 的离心玻璃棉的吸声系数可达到 0.95。

125Hz、250Hz、500Hz、1 000Hz、2 000Hz、4 000Hz 这 6 个频率的平均吸声系数大于 0.2 的材料，称为吸声材料。常用材料吸声系数见表 8-8。为发挥吸声材料的作用，材料的气孔应是开放的，且应相互连通。气孔越多，吸声性能越好。大多数吸声材料强度较低，设置时要注意避免撞坏。多孔的吸声材料易于吸湿，安装时应考虑到胀缩的影响，还应考虑防火、防腐、防蛀等问题。

【参考图文】

表 8-8 常用材料的吸声系数

材料种类及名称		厚度/cm	各种频率/Hz 下的吸声系数						装置情况
			125	250	500	1 000	2 000	4 000	
无机材料	石膏板(有花纹)	—	0.03	0.05	0.06	0.09	0.04	0.06	贴实
	水泥蛭石板	4.0	—	0.14	0.46	0.78	0.50	0.60	贴实
	石膏砂浆(掺水泥玻璃纤维)	2.2	0.24	0.12	0.09	0.30	0.32	0.83	粉刷在墙上
	水泥膨胀珍珠岩板	5	0.16	0.46	0.64	0.48	0.56	0.56	贴实
	水泥砂浆	1.7	0.21	0.16	0.25	0.40	0.42	0.48	—
	砖(清水墙面)	—	0.02	0.03	0.04	0.04	0.05	0.05	—
有机材料	软木板	2.5	0.05	0.11	0.25	0.63	0.70	0.70	贴实
	木丝板	3.0	0.10	0.36	0.62	0.53	0.71	0.90	钉在木龙骨上，后留 10cm 空气层
	胶合板(三夹板)	0.3	0.21	0.73	0.21	0.19	0.08	0.12	钉在木龙骨上，后留 5cm 空气层
	穿孔五夹板	0.5	0.01	0.25	0.55	0.30	0.16	0.19	钉在木龙骨上，后留 5～15cm 空气层
	木花板	0.8	0.03	0.02	0.03	0.03	0.04	—	钉在木龙骨上，后留 5cm 空气层
	木制纤维板	1.1	0.06	0.15	0.28	0.30	0.33	0.31	钉在木龙骨上，后留 5cm 空气层
纤维材料	矿渣棉	3.13	0.10	0.21	0.60	0.95	0.85	0.72	贴实
	玻璃棉	5.0	0.06	0.08	0.18	0.44	0.72	0.82	贴实
	酚醛玻璃纤维板	8.0	0.25	0.55	0.80	0.92	0.98	0.95	贴实
	工业毛毡	3.0	0.10	0.28	0.55	0.60	0.60	0.56	紧贴于墙上
多孔材料	泡沫玻璃	4.4	0.11	0.32	0.52	0.44	0.52	0.33	贴实
	脲醛泡沫塑料	5.0	0.22	0.29	0.40	0.68	0.95	0.94	贴实
	泡沫水泥(外粉刷)	2.0	0.18	0.05	0.22	0.48	—	0.32	紧贴墙
	吸声蜂窝板	—	0.27	0.12	0.42	0.86	0.48	0.30	—
	泡沫塑料	1.0	0.03	0.06	0.12	0.41	0.85	0.67	—

2．吸声材料的种类及吸声结构

建筑上常用吸声材料及其吸声结构有如下几种。

1) 多孔吸声材料

这种材料内部有大量的微小孔隙或空腔，彼此沟通。这类多孔材料的吸声系数一般从低频到高频逐渐增大，故对中频和高频的声音吸收效果较好。材料中开放的、互相连通的、细致的气孔越多，其吸声性能越好。

引例(1)的解答：影剧院或音乐厅的墙体表面覆盖的多孔材料为吸声材料，其目的是为了减少声音的反射，造成“混响”，改善音质。

2) 薄板振动吸声结构

建筑中通常利用胶合板、石棉板、纤维板、薄木板等板材与墙面龙骨组成空腔，声腔作用于腔体形成共振，即构成薄板振动吸声结构。薄板振动吸声结构具有良好的低频吸声效果。

3) 共振吸声结构

共振吸声结构具有封闭的空腔和较小的开口，很像个瓶子。当瓶腔内空气受到外力激荡，会按一定的频率振动，因摩擦而消耗声能，这就是共振吸声器。为了获得较宽频带的吸声性能，常采用组合共振吸声结构。

4) 穿孔板组合共振吸声结构

穿孔板组合共振吸声结构与单独的共振吸声器相似，可看作是许多个单独共振器并联而成。这种吸声结构由穿孔的胶合板、硬质纤维板、石膏板、铝合板、薄钢板等，将周边固定在龙骨上，并在背后设置空气层而构成，在建筑中使用比较普遍。

5) 柔性吸声材料

柔性吸声材料是具有密闭气孔和一定弹性的材料，如聚氯乙烯泡沫塑料，表面似为多孔材料，但因具有密闭气孔，声波引起的空气振动不易直接传递至材料内部，只能相应的产生振动，在振动过程中由于克服材料内部的摩擦而消耗了声能。

6) 悬挂空间吸声体

悬挂于空间的吸声体，由于声波与吸声材料有两个或两个以上的表面接触，增加了有效的吸声面积，产生了边缘效应，加上声波的衍射作用，提高了实际吸声效果。实际使用时，可根据不同要求设计成各种形式的悬挂空间吸声体，有平板形、球形、圆锥形、棱锥形等多种形式。

7) 帘幕吸声体

帘吸声体是用具有通气性能的纺织品，安装在离墙面或窗洞一定距离处，背后设置空气层制成的。这类材料有灯芯绒、平绒、布材等，可用于中高频声波的吸收。帘幕的吸声效果沿与材料种类和褶纹有关。帘幕吸声体安装、拆卸方便，兼具装饰作用，应用价值较高。

8.3.2 隔声材料

建筑上把主要起隔绝声音作用的材料称为隔声材料。隔声材料主要用于外墙、门窗、隔墙以及楼板地面等处。声音可分为通过空气传播的空气声和通过撞击或振动传播的固体声，两者的隔声原理截然不同，对围护结构的要求也不相同。固体声的隔绝主要是吸收，这和吸声材料是一致的；而空气声的隔绝主要是反射，因此必须选择密实、沉重的材料(如黏土砖、钢板等)作为隔声材料。

对于隔绝固体声音最有效的措施是采用不连续结构处理。即在墙壁和承重梁之间、房屋的框架和墙壁及楼板之间加弹性衬垫，这些衬垫的材料大多可以采用上述吸声材料，如毛毡、软木等。

门窗是建筑物围护结构中隔声最薄弱的部分，其相对于墙来说单位质量小，周边的缝隙也是传声的主要途径。提高门隔声能力的关键在于对门扇及其周边缝隙的处理。隔声门应为面密度较大的复合构造，轻质的夹板门可以铺贴强吸声材料；门扇边缘可以用橡胶、泡沫塑料等的垫圈、门条进行密封处理。对于不开启的观察窗容易进行隔声处理，但很难提高可开启的窗户的隔声量。

改善楼板隔绝撞击声性能的主要措施有：在承重楼板上铺设用塑料橡胶布、地毯、地板等软质弹性材料制成的弹性面层，可减弱楼板所受的撞击，减弱结构层的振动；在承重楼板下加设石膏板等吊顶，可以改善楼板隔绝空气噪声和撞击噪声的性能。

引例(2)的解答：楼板铺上地毯后，会减弱楼板所受的撞击，减弱结构层的振动，即减小了噪声。

8.3.3 吸声材料和隔声材料的区别

吸声材料和隔声材料的区别在于：吸声材料着眼于入身声源一侧反射声能的大小，目标是反射声能要小；隔声材料着眼丁入射声源另一侧的透射声能的大小，目标是透射声能要小。吸声材料对入射声能的衰减吸收，一般只有十分之几，因此，其吸声能力即吸声系数用小数表示(0～1)；而隔声材料可使透射声能衰减到入射声能的 3/10～4/10 或更小，为方便表达，其隔声量用分贝的计量方法表示，即声音降低多少分贝。

这两种材料在材质上的差异是吸声材料对入射声能的反射很小，这意味着声能容易进入和透过这种材料。可以想象，这种材料的材质应该是多孔、疏松和透气的，这就是典型的多孔性吸声材料，它在工艺上通常用纤维状、颗粒状或发泡材料以形成多孔性结构。它的结构特征是：材料中具有大量的、互相贯通的、从表到里的微孔，也即具有 定的透气性。当声波入射到多孔材料表面时，引起微孔中的空气振动，由于摩擦阻力和空气的黏滞阻力以及热传导作用，将相当一部分声能转化为热能，从而起吸声作用。

对于隔声材料，要减弱透射声能，阻挡声音的传播，就不能如同吸声材料那样疏松、多孔、透气；相反，它的材质应该是重而密实的，如铅板、钢板等一类材料。隔声材料材质的要求是密实无孔隙或缝隙、有较大的重量。由于这类隔声材料密实，难于吸收和透过声能而反射性能强，所以它的吸声性能差。

8.4 建筑塑料

引例

日常电气照明用设备的零件、开关插座及电气绝缘零件等塑料的原料一般为热固性塑料，试分析原因。

塑料是以树脂(通常为合成树脂)为主要基料，与其他原料在一定条件下经混炼、塑化成型，在常温常压下能保持产品形状不变的材料。塑料在一定温度和压力下具有较大的塑性，容易做成所需要的各种形状尺寸的制品，而成型以后在常温下又能保持既得的形状和必需的强度。建筑塑料相对于传统的建筑材料而言，有着许多优点，在建筑上可作为装饰材料、绝热材料、吸声材料、防火材料、墙体材料、管道及卫生洁具等。

8.4.1 建筑塑料的基本组成及主要性质

1. 塑料的基本组成

塑料大多数都是以合成树脂为基本材料，再按一定比例加入填充料、增塑剂、固化剂、着色剂及其他助剂等加工而成的。

1) 合成树脂

合成树脂是塑料的主要组成材料，在塑料中起胶黏剂的作用，它不仅能自身胶结，还能将塑料中的其他组分牢固地胶结在一起成为一个整体，使其具有加工成型的性能。合成树脂在塑料中的含量约为30%～60%。塑料的名称常用其原料树脂的名称来命名，如聚氯乙烯、酚醛塑料等。

按生产时发生的化学反应不同，合成树脂分为聚合树脂和缩合树脂。按合成树脂受热时的性质不同，合成树脂分为热塑性树脂和热固性树脂。

(1) 热塑性树脂。可反复加热软化、熔融，冷却时硬化的树脂为热塑性树脂。全部聚合树脂和部分缩合树脂为热塑性树脂。这种树脂刚度较小，抗冲击韧性好，耐热性较差。由热塑性树脂制成的塑料为热塑性塑料。

(2) 热固性树脂。在第一次加热时软化、熔融而发生化学交联固化成型，以后再加热也不能软化、熔融或改变其形状，即只能塑制一次的树脂为热固性树脂。其耐热性好，刚度较大，但质地脆而硬。由热固性树脂制成的塑料为热固性塑料。

特别提示

热固性塑料的特点主要是表面硬度较高，耐热性好、耐电弧性能好，还具有耐矿物油、耐霉菌的作用。但耐水性较差，在水中长期浸泡后电气绝缘性能下降。

2) 填料

填料又称填充剂，是绝大多数塑料不可缺少的原料，通常占塑料组成材料的40%～70%。是为了改善塑料的某些性能而加入的，其作用是一方面可以降低塑料的成本，同时也可增强塑料的强度、硬度、韧性、耐热性、耐老化性、抗冲击性等。常用的有机填料有木粉、棉布和纸屑等；常用的无机填料有滑石粉、石墨粉、石棉、云母及玻璃纤维等。

3) 其他成分

包括增塑剂、固化剂、着色剂、润滑剂和稳定剂、发泡剂等其他助剂。

2. 塑料的主要性质

1) 塑料的特性

作为建筑材料，塑料的主要特性有以下几种。

(1) 质轻、比强度高。塑料的密度一般为0.9～2.2g/cm^3，约为混凝土密度的1/2～2/3，仅为钢材密度的1/8～1/4。而其比强度却远远超过水泥、混凝土，接近或超过钢材，是一种优良的轻质高强材料。

(2) 导热系数小，绝热性好。密实塑料的导热率一般为0.12～0.80W/(m·K)。泡沫塑料的导热系数接近于空气，是良好的隔热、保温材料。

(3) 电绝缘性好。塑料的导电性低，又因热导率低，所以是良好的电绝缘材料。

(4) 耐化学腐蚀性好。大多数塑料对酸、碱、盐等腐蚀性物质的作用具有较高的稳定性。热塑性塑料可能被某些有机溶剂溶解；热固性塑料则不能被溶解，仅可能出现一定的溶胀。

(5) 装饰性和功能性好。塑料制品色彩绚丽耐久，具有良好的装饰性能；可通过照相制版印刷，模仿天然材料的纹理；还可电镀、热压、烫金制成各种图案和花型，使其表面具有立体感和金属的质感；通过电镀技术，还可使塑料具有导电、耐磨和对电磁波的屏蔽作用等功能。

(6) 加工性能好。塑料可以采用各种方法制成具有各种断面形状的通用材或异型材，如塑料薄膜、薄板、管材、门窗型材等，且加工性能优良并可采用机械化大规模生产，生产效率高。

(7) 经济性。塑料建材无论是从生产时所消耗的能量还是在使用过程中的效果来看都有节能效果。

2) 塑料的缺点

除优特性外，塑料自身也存在一些缺点。

(1) 耐热性差、易燃。塑料的耐热性差，受到较高温度的作用时会产生热变形，甚至产生分解。建筑中常用的热塑性塑料的热变形温度为80～120℃，热固性塑料的热变形温度为150℃左右。塑料一般可燃，且燃烧时会产生大量的烟雾甚至有毒气体。所以在生产过程中一般掺入一定量的阻燃剂，以提高塑料的耐燃性。但在重要的建筑物场所或易产生火灾的部位，不宜采用塑料装饰制品。

(2) 易老化。塑料在热、空气、阳光及环境介质中的酸、碱、盐等作用下，分子结构会产生递变，增塑剂等组分挥发，使塑料性能变差，甚至产生硬脆、破坏等。塑料的耐老化性可通过添加外加剂的方法得到明显改善，如某些添加外加剂的塑料制品的使用年限可达50年左右甚至更长时间。

(3) 热膨胀性大。塑料的热膨胀系数较大，因此在温差变化较大的场所使用塑料时，尤其是与其他材料结合时，应当考虑变形因素，以保证制品的正常使用。

(4) 刚度小。塑料的刚度小，其弹性模量较低，仅为钢材的 1/10，同时还具有较明显的徐变特性，因而塑料受力时会产生较大的变形。

纯聚合物对生物是无害的，但合成聚合物的加工工艺受到破坏时，剩余的单体或低分子量产物以及加入塑料中的低分子物质等对健康是有害的。一般来说，液体聚合物基本上都是有毒的。

8.4.2 常用建筑塑料

【参考图文】

1. 聚氯乙烯(PVC)

聚氯乙烯是热塑性塑料，其耐化学腐蚀性和电绝缘性优良，力学性能较好，阻燃性好，但是耐热性差、脆性大，温度升高时易发生降解。聚氯乙烯是多种塑料装饰制品的原料，可以制成硬质聚氯乙烯塑料、软质聚氯乙烯塑料和轻质聚氯乙烯塑料。硬质聚氯乙烯塑料具有良好的耐候性和耐热性，常用作建筑装饰材料，如塑料地板、门窗、百叶窗、楼梯扶手、踢脚板、吊顶板、屋面采光板和密封条等。聚氯乙烯是一种应用最广泛的塑料。

2. 聚乙烯(PE)

聚乙烯是乙烯在一定压力下聚合的产物，属于热塑性塑料。根据聚合反应时压力的不同，聚乙烯分为高压聚乙烯和低压聚乙烯两种。高压聚乙烯又称为低密度聚乙烯，密度为 0.910～0.940 g/cm^3，具有较低的密度、分子量和结晶度，因此质地柔韧，适于制作薄膜等；低压聚乙烯又称为高密度聚乙烯，密度为 0.941～0.965 g/cm^3，具有较高的密度、分子量和结晶度，质地坚硬，能用于机械工业中的结构材料。聚乙烯易燃，会熔融滴落而导致火焰蔓延，所以聚乙烯制品中通常要加入阻燃剂以改善其耐燃性。聚乙烯的低温脆性小，耐低温性比聚氯乙烯好，适用于制作低温水箱或水管，但刚性差、耐热性差，易受热软化，故应在 100℃以下使用。

3. 聚丙烯(PP)

聚丙烯耐腐蚀性能优良，力学性能和硬度超过聚乙烯，耐疲劳和耐开裂性好，但耐候性差、低温脆性大、染色性差。它的燃烧性与聚乙烯相似，易燃并产生滴落，会造成猛烈的燃烧和火焰的迅速蔓延。聚丙烯用途广泛，主要用作薄膜、纤维、管道和装置，也可用于制作水箱、卫生洁具及建筑装饰配件等。

4. 聚苯乙烯(PS)

聚苯乙烯是一种无色透明的无定型热塑性塑料，其透光率可达 88%～92%。聚苯乙烯密度小，耐水、耐光、耐化学腐蚀性好，特别是有极好的电绝缘性和低吸湿性，而且易于加工和染色。但其脆性大、抗冲击性差、耐热性差，易燃且燃烧时会放出浓烟，离开火源后会继续燃烧。聚苯乙烯良好的透明性和着色性使其具有良好的装饰性，可以用于制作百叶窗和饰面板等。聚苯乙烯进行发泡处理可制成聚苯乙烯泡沫塑料，被广泛用于建筑的保温隔热，也用来制造灯具、平顶板等。

5. ABS塑料

ABS是由丙烯腈(A)、丁二烯(B)和苯乙烯(S)这3个单体共聚而成的热塑性塑料。ABS塑料具有韧、硬、刚相均衡的优良力学性能，电绝缘性与耐化学腐蚀性好，尺寸稳定性好，表面光泽性好，易涂装和着色，耐低温，抗冲击性好，耐热性比聚苯乙烯好。ABS塑料易燃，燃烧时呈黄色火焰，冒黑烟。ABS 塑料用于生产建筑五金和各种管材、模板、异形板等。

6. 聚甲基丙烯酸甲酯(PMMA)

聚甲基丙烯酸甲酯俗称有机玻璃，又称亚克力，是透光率最高的一种塑料，能透过92%的日光，并能透过 73.5%的紫外线，因此可代替无机玻璃使用。而且其质轻、不易破碎，在低温时还有较高的抗冲击能力，坚韧且有弹性，具有优良的耐水性和耐老化性，但它的耐磨性差、硬度低、表面易起毛，从而导致透明性和光泽度降低。可制成各种彩色有机玻璃，作为采光天窗、室内隔断；也可用于制作装饰板材、广告牌和管材等。

7. 聚碳酸酯(PC)

聚碳酸酯的透光率高，可达75%～89%，可制成透明的塑料制品。其具有较好的染色适应性，色泽鲜艳，装饰性好，同时聚碳酸酯还具有良好的耐久性，对多种腐蚀性介质、冷热作用、老化作用和荷载冲击等有良好的抵抗能力，其尺寸稳定性和自熄性好，是一种很好的装饰材料。

8. 不饱和聚酯(UP)

不饱和聚酯是一种热固性塑料。可在低压下固化成型，用玻璃纤维增强后具有优良的力学性能。具有加工方便，工艺性能优良，化学稳定性好、强度高、抗老化性及耐热性好，良好的耐化学腐蚀性和电绝缘性能等优点，主要用来生产玻璃纤维增强塑料(即玻璃钢制品)和聚酯装饰板材等。

9. 环氧树脂(EP)

环氧树脂也是一种热固性塑料。其黏结力和力学性能优良，耐化学药品性(尤其是耐碱性)良好，电绝缘性能好，固化收缩率低，加入固化剂后可在室温下或高温下固化。其最突出的优点是与各种材料都有很强的黏结力，所以环氧树脂在建筑上主要用来配制各种胶黏剂。

10. 氨基塑料

氨基塑料是由含有氨基的热固性树脂(三聚氰胺树脂和脲醛树脂等)制得的。三聚氰胺树脂质地坚硬，耐划伤，为无色半透明，常用作层压装饰板的面层材料或用作一些浅色模压件。三聚氰胺装饰板的表面可仿制成各种珍贵树种的木纹或图案，是一种很好的装饰板材。

11. 酚醛塑料(PF)

酚醛塑料由热固性酚醛树脂加工而得。其优点是电绝缘性能、力学性能良好，化学稳定性、黏附性好，耐光、耐热、耐腐蚀，主要用作生产各种层压板、玻璃钢制品、涂料、胶黏剂等。

8.4.3 建筑用塑料制品

1. 塑料装饰板材

塑料装饰板材是指以树脂为浸渍材料或以树脂为基材，采用一定的生产工艺制成的、具有装饰功能的普通或异型断面的板材。

塑料装饰板材按原材料的不同可分为塑料金属复合板、硬质 PVC 板、三聚氰胺层压板、玻璃钢板、聚碳酸酯采光板、有机玻璃装饰板等类型。按结构和断面形式可分为平板、波形板、实体异型断面板、中空异型断面板、格子板、夹芯板等类型。

塑料装饰板材具有重量轻、装饰性强、生产工艺简单、施工简便、易于保养、适于与其他材料复合等特点，主要用作护墙板、屋面板和平顶板，也可作复合夹芯板材。

2. 塑料门窗材

塑钢门窗是以聚氯乙烯(PVC)树脂为主要原料，加上一定比例的稳定剂、改性剂、填充剂、紫外线吸收剂等助剂，经挤出加工成型材，然后通过切割、焊接的方式制成门窗框、扇，配装上橡塑密封条、五金配件等附件而成。为增加型材的钢性，在型材窄腔内添加钢衬，所以称之为塑钢门窗。

塑钢门窗与普通钢、铝窗相比可节约能耗 30%～50%，塑钢门窗的社会经济效益显著，近年来受到广泛的欢迎。生产塑料门窗的能耗只有钢窗的 26%，1t 聚氯乙烯树脂所制成的门窗相当于 $10m^3$ 杉原木所制成的木门窗，并且塑料门窗的外观平整，色泽鲜艳，经久不褪，装饰效果好。其保温、隔热、隔声、耐潮湿、耐腐蚀等性能均高于木门窗、金属门窗，外表面不需涂装，能在-40～70℃的环境温度下使用 30 年以上。所以塑料门窗是理想的代钢、代木材料，也是国家积极推广发展的新型建筑材料。

3. 塑料地板

塑料地板是以高分子合成树脂为主要材料，加入其他辅助材料，经一定的制作工艺制成的预制块状、卷材状或现场铺涂整体状的地面装饰材料。塑料地板有许多优良性能，塑料地板通过印花、压花等制作工艺，表面可呈现丰富绚丽的图案。塑料地板的密度仅为 1.8～$2g/cm^3$，其单位面积的质量在所有铺地材料中是最轻的，可大大减小楼面荷载，且其坚韧耐磨，耐磨性完全能满足室内铺地材料的要求。塑料地板施工为干作业，可直接粘贴，施工、维修和保养方便。

4. 塑料管材

塑料管材代替铸铁管和镀锌锌管，具有重量轻、水流阻力小、不结垢、安装使用方便、耐腐蚀性好、使用寿命长等优点。“十五”规划确定：塑料管在全国各类管道中市场占有率达到 50%以上，其中建筑排水管道 70%采用塑料管，建筑雨水排水管道 50%采用塑料管，城市排水管道 20%采用塑料管，建筑给水、热水供应管道和供暖管道 60%采用塑料管，城市供水管道(*DN*400mm 以下)50%采用塑料管，村镇供水管道 60%采用塑料管，城市燃气管道中低压管 50%采用塑料管，建筑电线护套管 80%采用塑料管。塑料管被列为国家重点推广建材之一。

目前我国生产的塑料管材质，广泛用于房屋建筑的自来水供水系统配管，排水、排气和排污卫生管，地下排水管、雨水管以及电线安装配套用的电线电缆等。典型塑料管材主要包括硬质聚氯乙烯排水管(UPVC管，如图8.10所示)、聚乙烯排水管(PE管)、无规共聚聚丙烯管(PP-R管)和铝塑管(Al-PE-Al管)等。

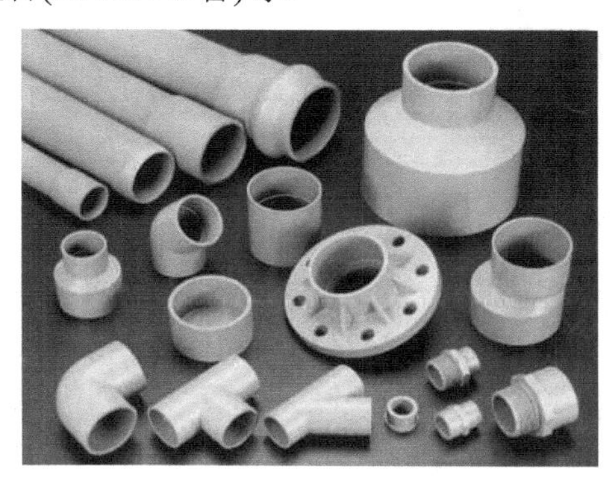

图8.10 UPVC塑料管件

5. 玻璃钢

玻璃钢(简称GRP，又名玻璃纤维增强塑料)，它是以玻璃纤维及其制品(玻璃布、玻璃纤维短切毡片、无捻玻璃粗纱等)为增强材料，以酚醛树脂、不饱和聚酯树脂和环氧树脂等为胶黏剂，经过一定的成型工艺制作而成的复合材料。玻璃钢的性能主要取决于合成树脂和玻璃纤维的性能、它们的相对含量以及它们间的黏结力。合成树脂和玻璃纤维的强度越高，特别是玻璃纤维的强度越高，则玻璃钢的强度越高。采用玻璃钢材料制成的门窗耐酸碱腐蚀、质轻、耐热、抗冻，成型简单，坚固耐用。适用于化工厂房及其他须耐化学腐蚀的门窗；采用玻璃钢材料制成的玻璃钢卫生洁具和家具壁薄质轻、强度高、耐水耐热、耐化学腐蚀、经久耐用、美观大方，广泛适用于各类公共场所。

6. 泡沫塑料

泡沫塑料是以各种树脂为基料，加入稳定剂，催化剂等加热发泡等工序而制成的多孔塑料制品，具有相对密度轻、导热系数低，不吸水、不燃烧，保温隔热、吸声、防震的优良特性。泡沫塑料的孔隙率高达95%～98%，且孔隙尺寸小于1.0mm，根据孔隙的构造特征，有开口和闭口两种，前者适用于建筑工程上的吸声、保温和隔热，后者适用于防震。建筑上常用的有聚苯乙烯泡沫塑料、聚氯乙烯泡沫塑料、聚氨酯泡沫塑料和脲醛泡沫塑料等。

8.5 装饰材料

引例

(1) 某学校浴室的墙面采用的是釉面内墙砖，在使用了一段时间后发现内墙砖有明显的开裂并伴随起层、釉面的剥落现象，分析其原因。

(2) 广东某高档高层建筑需建玻璃幕墙，有吸热玻璃及热反射玻璃两种材料可选用，应选用何种材料并简述理由。

8.5.1 装饰材料的基本要求及选用

建筑不仅是人类赖以生存的物质空间，更是人们进行文化交流和情感生活的重要精神空间。建筑艺术性的发挥留给人们最终的概念和印象，是通过建筑材料去实现的，尤其是通过建筑装饰材料来实现的。因此，了解常用的建筑装饰材料的特点和性能，并在具体建筑环境中合理地应用，就显得十分重要了。

1. 装饰材料的基本要求

建筑装饰材料除应具有适宜的颜色、光泽、线条与花纹图案及质感，即除满足装饰性要求。除此以外，还应具有保护作用，满足相应的使用要求，即具有一定的强度、硬度、防火性、阻燃性、耐火性、耐候性、耐水性、抗冻性、耐污染性与耐腐蚀性，有时还需具有一定的吸声性、隔声性和隔热保温性等。其中，首先应当考虑的是由质感、线条和色彩等因素构成的装饰效果，此外，还必须考虑装饰材料在形状、尺寸、纹理等方面的要求。

2. 装饰材料的选用原则

1) 功能性

在选用装饰材料时，应根据建筑物和各房间的使用性质来选择，以充分发挥装饰材料所具有的特殊功能。例如，对外墙应选用耐腐蚀、不易褪色、耐污性好的材料；公共场所地面应选用耐磨性好、耐水性好的天然石材或陶瓷地砖；而厨房、卫生间应选用易清洗、抗渗性好的材料，不宜选用纸质或布质的装饰材料，材料的表面也不宜有凹凸不平的花纹；卧室地面可以选择木地板或地毯等具有保温隔热效果的材料。

2) 装饰性

装饰性是指材料的外观特性给人的心理感觉。一般包括材料的色彩、光泽、透明性、质感和形状尺寸等 5 个方面，在选用装饰材料时应特别注意，例如，装饰材料的色彩对装饰效果的影响就非常明显。在选用材料时应当根据设计风格和使用功能合理选择色彩：浅蓝、浅绿、白色等冷色调给人以宁静、平静的感觉，它们可以适用于卧室、医院病房等场所；红色、粉色给人一种温暖、热烈的感觉，它们可以适用于歌舞厅等娱乐场所。总体颜色的搭配应遵循“头”轻脚“重”的原则，即由顶棚、墙面到墙裙和地面的颜色应为上明下暗，给人以稳定舒适感。

3) 经济性

装饰工程的造价往往在整个建筑工程总造价中占有很高的比例，装饰材料的选择必须考虑其经济性。这就要求在不影响使用功能和装饰效果的前提下，尽量选择质优价廉的材料，选择工效高、安装简便、耐久性好的材料。与此同时，不但要考虑装饰工程的一次性投资，还要考虑其维修费用和环保效应，以保证总体上的经济性。

4) 安全性

在选用装饰材料时，要妥善处理好安全性的问题，应优先使用环保材料，优先使用不燃或难燃的安全材料，优先使用无辐射、无有毒气体挥发的材料，优先使用施工和使用时都安全的材料，努力创造一个安全、健康的生活和工作环境。

一项调查表明，人的一生约有 80%～90%的时间是在室内活动的，所以室内空气的质量与人体健康息息相关。同时随着人们生活水平的不断提高，人们已经意识到一些装饰材料中含有大量的 VOC(挥发性有机化合物的总称)。近几年来，国家有关部门也非常重视建筑装饰材料对室内空气质量的影响，在 2002 年后，相继出台了国家和地方标准，对一些室内装饰装修材料中有害物质的限量加以规定。

I 型环境标志认证

在目前国内开展的各类绿色建材认证中，最权威、应用最广泛的是中国 I 型环境标志认证，即“十环标志认证”，如图 8.11 所示。该标志是我国最高级别的产品环保标志，也是我国的官方环保标志，于 1994 年在 6 类 18 种产品中首先实行，国家环保部(原环保总局)下属的北京中环联合认证中心有限公司(CEC)是国家授权的唯一授予该标志的机构。

获准使用该标志的建材产品与同类产品相比，具有低毒少害、节约资源等环保优势。中国环境标志对申证企业有严格的审核要求，仅有在其所属行业中位列前 30%强的企业才有资格正式申请认证。I 型环标认证对产品从设计、生产、使用到废弃处理处置全过程的环境行为进行控制，不仅要求产品尽可能把污染消除在生产阶段，还要最大限度地减少产品在使用及处置过程中对环境的危害。

图 8.11　中国环境标志

8.5.2　陶瓷类装饰材料

陶瓷通常是指以黏土为原料，经过原料处理、成型、焙烧而成的无机非金属材料。根据所用原料和坯体致密程度的不同，陶瓷可分为陶器、炻器和瓷器三大类。

(1) 陶器的主要原料是可塑性较高的易熔或难熔黏土，坯体烧结程度不高，坯体中孔隙较多，因此陶器吸水率较大，制品断面粗糙无光，不透明，敲击声粗哑，有的有釉，有的无釉。根据所用原料土中杂质含量的不同，陶器又可分为粗陶和精陶两种，建筑上用的黏土砖、瓦即为粗陶制品，而釉面内墙砖、美术精陶和日用陶器等多属于精陶。

(2) 炻器以耐火黏土为主要原料制成，烧成温度在 1 200～1 300℃，烧后呈浅黄色或白色，制品断面较致密，但仍有约 3%～5%的吸水率。炻器是介于陶与瓷之间的制品，也称半瓷。建筑上用的釉面内墙砖、陶瓷锦砖即属于炻器。

(3) 瓷器是以高岭土为主要原料，经过精细加工、成型后，在1 250～1 450℃的温度下烧成。呈半透明状，烧后坯体致密，几乎不吸水，色白，耐酸、耐碱、耐热性能均好，日用瓷、电瓷、化学化工瓷多属此类。

现将常见的陶瓷类装饰材料简单介绍如下。

1. 内墙面砖

内墙面砖是适用于建筑物室内装饰的薄板状精陶制品，又称釉面砖。其表面施釉，烧成后光亮平滑，形状尺寸多种多样，色彩图案丰富，并且具有不易黏污、耐水性好、耐酸碱性好、热稳定性较强、防火性好等优点，是一种良好的内墙装饰材料。

由于釉面砖是多孔性的精陶坯体，在长期与空气的接触中，特别是在潮湿的环境中，坯体会吸收水分而产生吸湿膨胀，但其表面的釉层吸湿膨胀小，所以坯体膨胀会使釉层处于张拉状态，当张拉应力超过釉层的抗拉强度时，釉层就会发生开裂。尤其在室外，经长期冻融，更易出现分层、脱落、掉皮等现象。所以釉面砖只能用于室内。同时又由于其厚度较薄，强度较低，故也不能用于地面，釉面砖主要被用于浴室、厨房、卫生间、实验室、医院等的内墙面及工作台面、墙裙等处。经专门设计的彩绘面转，可镶拼成各式壁画，具有独特的装饰效果。

釉面砖的主要尺寸规格有：152mm×152mm×(5,6)mm；108mm×108mm×5mm；152mm×75mm(5,6)mm这3种，近年来也出现了一些大规格的薄型砖，如厚度为3mm的200mm×200mm、200mm×300mm、200mm×250mm等。

特别提示

引例(1)分析：釉面砖开裂并出现起层、剥落等现象主要是因为釉面砖是多孔性的精陶坯体，在长期的潮湿空气中使用，坯体会吸收水分而产生吸湿膨胀，但其表面的釉层吸湿膨胀小，所以坯体膨胀会使釉层处于张拉状态，当张拉应力超过釉层的抗拉强度时，釉层就会发生开裂。

2. 墙地砖

墙地砖包括外墙用贴面砖和室内、室外地面铺贴用砖。由于目前该类饰面砖发展趋势是既可用于外墙又可用于地面，故称为墙地砖。其特点是：强度高，耐磨、耐久性好，化学稳定性好，不燃，易清洗，吸水率低等。墙地砖主要有以下几种。

1) 劈离砖

劈离砖又称劈裂砖，由于成型时双砖背联坯体，烧成后再劈离成两块砖而得名。它是以黏土为主要原料制成的。劈离砖坯体密实，强度高，其抗折强度大于60MPa，吸水率小于6%，表面硬度大，耐磨抗冻；背面凹槽纹与黏结砂浆形成结合，可保证黏结牢固。该材料富于个性、古朴高雅，并且品种多，颜色多样，可适用于各类建筑物的外墙装饰，也可用于各类公共建筑及住宅的地面装饰。较厚的劈离砖可用于广场、公园、停车场、人行道等的露天地面铺设，也可作为游泳池、浴室底部的贴面材料。

2) 彩胎砖

彩胎砖是一种本色无釉瓷质饰面砖，富有天然花岗石的特点，纹络细腻，色调柔和，质朴高雅，其抗折强度大于27MPa，吸水率小于1%，耐磨性和耐久性好。可用于住宅厅堂的墙、地面装饰，特别适用于人流量大的商场、剧院、宾馆等公共场所的地面铺设。

3) 地面砖

地面砖是采用塑性较大且难熔的黏土，经精细加工烧制而成的。其抗压强度(40～400MPa)接近花岗石，耐磨性很好，质地密实均匀，吸水率一般小于4%，抗冻融循环在25次以上。地面砖有正方形、长方形、六角形3种形状，其花色较多。主要用于人流较密集地方的地面装饰，如站台、商店、旅馆大厅等，也可用作厨房、浴室、走廊等的地面。

3. 陶瓷锦砖

陶瓷锦砖俗称“马赛克”，是以优质瓷土烧制成的小块瓷砖(长边≤50mm)，有挂釉和不挂釉两种，目前各地产品多不挂釉。产品出厂前已按各种图案粘贴在牛皮纸上，每张牛皮纸制品为一联。陶瓷锦砖按砖联分为单色、拼花两种。

陶瓷锦砖具有美观、不吸水、防滑、耐磨、耐酸、耐火以及抗冻性好等性能。主要用于室内地面装饰，如浴室、厨房、餐厅、精密生产车间等的地面。也可用于室内、低层建筑的外墙饰面，并可镶拼成有较高艺术价值的陶瓷壁画，提高其装饰效果并可增强建筑物的耐久性。

4. 建筑琉璃制品

琉璃制品是以难熔黏土做原料，经配料、成型、干燥、素烧、表面涂以琉璃釉料后，再经烧制而成的。琉璃制品属于精陶制品，颜色有金、黄、绿、蓝、青等。品种分为3类：瓦类(板瓦、筒瓦、沟头)；脊类；饰件类(物、博古、兽等)。

建筑琉璃制品是我国传统的、极具中华民族文化特色与风格的建筑材料，其造型古朴，表面光滑，色彩绚丽，坚实耐用，富有民族特色。其彩釉不易剥落，装饰耐久性好，比瓷质饰面材料容易加工，且花色品种很多，不仅用于古典式及纪念性的建筑中，还常用于园林建筑中的亭、台、楼、阁中，体现出古代园林的风格。广泛用于具有民族风格的现代建筑物中，体现现代与传统美的结合。

8.5.3 天然与人造石材

石材是装饰工程中常用的高级装饰材料之一，分天然石材和人造石材。天然石材主要有大理石、花岗石两大类。大理石主要用于室内装修；花岗石主要用于外装修，也可用于室内。饰面石材的质量指标很多，如抗压强度、吸水率、抗冻性、耐久性、耐磨性、硬度等；装饰方面的质量指标主要有颜色、花纹、外观尺寸、表面光泽度等。通常以装饰方面的质量作为选材的主要依据。

1. 天然大理石

天然大理石是石灰岩与白云岩在高温、高压作用下矿物重新结晶变质而成的。纯净的大理石为白色，因其晶莹纯净、洁白如玉、熠熠生辉，故称为汉白玉、白玉，属大理石中的珍品。如在变质过程中混入了氧化铁、石墨、氧化亚铁、铜、镍等其他物质，就会出现各种不同的色彩和花纹、斑点。这些斑斓的色彩和石材本身的质地，使其成为古今中外的高级建筑装饰材料。

【参考图文】

天然大理石具有抗压强度高、吸水率低、耐久性好等特点，较花岗石易于切割、雕琢、磨光。天然大理石的技术性能指标见表8-9。

表8-9　天然大理石的性能指标

项　　目		指　　标
表观密度/(kg/m^3)		2 500～2 700
强度/MPa	抗压强度	47～140
	抗折强度	3.5～14
	抗剪强度	8.5～18
平均韧性/cm		10
平均重量磨耗率/(%)		12
吸水率/(%)		＜1
膨胀系数/(10^{-6}/℃)		9.02～11.2
耐用年限/年		20以上

大理石的主要成分为碱性物质碳酸钙($CaCO_3$)，易与大气中的酸雨作用形成二水硫酸钙，体积膨胀，使大理石的强度降低，表面很快失去光泽而变得粗糙多孔，从而降低装饰效果，除个别品种(如汉白玉、艾叶青等)外，大理石一般不宜用于建筑物外墙和其他露天部位。

【参考图文】

2. 天然花岗石

花岗石是一种火成岩，属硬石材。天然花岗石结构致密，抗压强度高，吸水率低，耐磨性和耐久性好，其主要性能指标见表8-10。

表8-10　天然花岗石的性能指标

项　　目		指　　标
表观密度/(kg/m^3)		2 500～2 700
强度/MPa	抗压强度	120～250
	抗折强度	8.5～15
	抗剪强度	13～19
平均韧性/cm		8
平均重量磨耗率/(%)		12
吸水率/(%)		＜1
膨胀系数/(10^{-6}/℃)		5.6～7.34
耐用年限/年		75～200

天然花岗石的主要矿物成分是长石、石英，并含有少量云母和暗色矿物。当花岗石表面磨光后，便会形成色泽深浅不同的美丽斑点状花纹，花纹的特点是晶粒细小均匀，并分

布着繁星般的云母亮点与闪闪发光的石英结晶。而大理石结晶程度差，表面很少有细小晶粒，而是圆圈状、枝条状或脉状的花纹，所以，可以据此来区别这两种石材。由于石英在573℃和870℃会发生相变膨胀，引起岩石开裂破坏，因而花岗石的耐火性差。在一般情况下，天然花岗石既适用于室外也适用于室内装饰。但是某些花岗石含有微量放射性元素，对这类花岗应避免使用于室内。

特别提示

花岗石作为装饰装修材料时，根据花岗石所具有的放射性大小，相关国家标准中强制性地规定出了A、B、C类，并给出了使用范围。

(1) A类花岗石。用于装饰装修的天然花岗石中天然放射性核素镭226，钍232，钾40的放射性比活度同时满足*IRa*(放射性内照射指数)>1.0和*Ir*(放射性外照射指数)>1.3时，花岗石的生产、销售、使用范围不受限制，也即可以使用在任何场合。

(2) B类花岗石。花岗石的放射性高于A类，但其放射性比活度同时满足*IRa*(放射性内照射指数)>1.3和*Ir*(放射性外照射指数)>1.9时，为B类花岗石，B类花岗石不可将其用在1类民用建筑物的内饰面装修，但可以用于1类民用建筑的外饰面装修，和其他一切建筑物的内、外饰面装修。

(3) C类花岗石。花岗石的放射性高于A、B类的规定，但符合*IRa*(放射性内照射指数)>2.8时，为C类装修用花岗石，C类装修用花岗石只能用于建筑物的外饰面和室外其他用途。*Ir*(放射性外照指数)>2.8时花岗石只可用于碑石、海岸、桥墩、道路等人类平时很少涉及的地方。

3. 人造石材

人造石材具有天然石材的质感，色泽鲜艳、花色繁多、装饰性好，重量轻、强度高，耐腐蚀、耐污染，可锯切、钻孔，施工方便；适用于墙面、门套或柱面装饰，也可作台面及各种卫生洁具，还可加工成浮雕、工艺品等。与天然石材相比，人造石材是一种较经济的饰面材料。

人造石材是采用无机或有机胶凝材料作为黏结剂，以天然砂、碎石、石粉等为粗、细填充料，经成型、固化、表面处理而成的一种人造材料。常见的有人造大理石和人造花岗石，其色彩和花纹均可根据要求设计制作，如仿大理石、仿花岗石等，还可以制作成弧形、曲面等天然石材难以加工的复杂形状。

按照生产材料和制造工艺的不同，可把人造石材分为以下几类。

1) 水泥型人造石材

水泥型人造石材是以各种水泥为胶凝材料，天然石英砂为细骨料，碎大理石、碎花岗岩、工业废渣等为粗骨料，经配料、搅拌混合、浇筑成型、养护、磨光和抛光而制成。该类人造石材中，以铝酸盐水泥作为胶凝材料的性能最为优良。因为铝酸盐水泥水化后生成的产物中含有氢氧化铝胶体，它与光滑的模板表面相接触，形成氢氧化铝凝胶层。氢氧化铝凝胶层在凝结硬化过程中，形成致密结构，因而表面光亮，呈半透明状，同时花纹耐久、抗风化，耐火性、耐冻性和防火性等性能优良。这种人造石材一般不用经过抛光，表面光滑，有一定的光泽性，装饰效果比较好。

2) 树脂型人造石材

树脂型人造石材多以不饱和树脂为胶凝材料，配以天然大理石、花岗石、石英砂或氢氧化铝等无机粉状、粒状填料，经配料、搅拌和浇筑成型。在固化剂、催化剂作用下发生同化，再经脱模、抛光等工序制成。树脂型人造石材的主要特点是光泽度高、质地高雅、强度硬度较高、耐水、耐污染和花色可设计性强。缺点是填料级配若不合理，产品易出现翘曲变形。

3) 复合型人造石材

复合型人造石材的胶黏剂有无机和有机两类胶凝材料。先用无机胶凝材料(各类水泥或石膏)将填料黏结成型，再将所成的坯体浸渍于有机单体中(苯乙烯、甲基丙烯酸甲酯、醋酸乙烯和丙烯腈等)，使其在一定的条件下聚合而形成复合型人造石材。这种人造石材兼有上述两类的特点。

4) 烧结型人造饰面石材

烧结型人造石材的生产工艺与陶瓷相似。将斜长石、石英、高岭土等按比例混合，制备坯料，用半干压法成形，经窑炉在 1 000℃左右的高温下焙烧而成。这种人造石材性能稳定，耐久性好，但因采用高温焙烧，能耗大，造价较高，实际应用得较少。

人造石材可用于建筑物室内外墙面、地面、柱面、楼梯面板、服务台面等。

8.5.4 金属类装饰材料

在现代建筑装饰工程中，金属装饰制品用得越来越多。如柱子外包不锈钢板或铜板、墙面和顶棚镶贴铝合金板、楼梯扶手采用不锈钢管或铜管、用铝合金做门窗等。由于金属装饰制品坚固耐用，装饰表面具有独特的质感，同时还可制成各种颜色，表面光泽度高，装饰性好且安装方便，因此在一些装饰要求较高的公共建筑中，都不同程度地应用金属装饰制品进行装修。

1. 铝和铝合金

铝为银白色，属于有色金属，密度为 $2.7g/cm^3$，铝具有良好的塑性，易加工成板、管、线及箔等。铝的强度和硬度较低，常用冷压法加工成制品。铝在低温环境中的塑性、韧性和强度不降低，常作为低温材料，用于航空、航天工程及制造冷冻食品的储运设备等。

在铝中加入铜(Cu)、镁(Mg)、硅(Si)、锰(Mn)、锌(Zn)等合金元素，可制得各种类别的铝合金。铝合金既提高了铝的强度和硬度，同时又保持了铝的轻质、耐腐蚀、易加工等优良性能。在建筑工程，特别是在装饰领域中，铝合金的应用已越来越广泛。

与碳钢相比，铝合金的弹性模量约为钢的 1/3，而铝合金的比强度为钢的 2 倍以上。就铝合金而言，由于弹性模量较低，所以刚度和承受弯曲的能力较小。

铝合金广泛用于建筑工程结构和建筑装饰，如铝合金型材、屋架、屋面板、幕墙、门窗框、活动式隔墙、顶棚、暖气片、阳台、楼梯扶手椅、铝合金花纹板、镁铝曲面装饰板及其他室内装修及建筑五金等。

2. 铝合金门窗

铝合金门窗是将表面处理过的型材，经过下料、打孔、铣槽、攻丝和组装等加工工艺而制成门窗框料构件，再加上连接件、密封件、开闭五金配件一起组合装配而成的。按其结构与开启方式分为：推拉窗(门)、平开窗(门)、固定窗(门)、百叶窗、纱窗等。

铝合金门窗与普通木门窗、钢门窗相比，主要具有以下特点：质量轻、强度高；密封性能好；色泽美观；耐腐蚀、经久耐用；安装简单、使用维修方便以及便于进行工业化生产。现代建筑装饰工程中，尽管铝合金门窗造价较高，但因其性能好，长期维修费用低，所以得到了广泛使用。近十几年来，我国铝合金门窗工业的发展十分迅速，生产厂家已经遍布全国各地。

3. 其他铝合金制品

1) 铝合金花纹板

铝合金花纹板是采用防锈铝合金等坯料，用特殊的花纹辊轧制成的。花纹美观大方，纹高适中，不易磨损，防滑性好，防腐蚀性强，便于冲洗。通过表面处理可以获得各种花色。花纹板板材平整，裁剪尺寸精确，便于安装，广泛应用于现代建筑的墙面装饰以及楼梯踏板等处。

2) 铝及铝合金压型板

铝及铝合金压型板是目前广泛应用的一种新型建筑装饰材料。具有重量轻、外形美观、耐久性好、耐腐蚀、安装方便、施工速度快等优点，可通过表面处理得到各种色彩的压型板。主要用作建筑物的外端和屋面，也可以作复合墙板，用于有隔热保温要求厂房的围护结构。

3) 复合型蜂窝铝板

复合型蜂窝铝板是一种夹层结构的新型复合材料，由上、下两层铝薄板通过胶黏剂与蜂窝芯材复合而成。该产品的面板通常喷涂氟碳涂料层，因具有很好的耐候性与自洁性而广泛用于室外，聚酯涂层则多用于室内。该产品具有质轻、强度高、刚性好、吸声等特点，适用于幕墙、建筑隔板、吸声板等。

4) 铝合金龙骨

铝合金龙骨具有自重轻、刚度大、防火、抗震、耐腐蚀、美观和加工安装方便等优点，适用于室内装饰要求较高的吊顶。根据饰板安装方式的不同，分为明式龙骨吊顶和暗式龙骨吊顶。铝合金吊顶材料除了铝合金吊顶龙骨外，还有铝合金龙骨配件、铝合金吊顶板等。铝合金龙骨一般与轻钢龙骨组合使用。

5) 铝塑板

铝塑板是将表面经氯化乙烯树脂处理过的铝片用胶黏剂覆贴在聚乙烯板上而制成的复合板材。按铝片的覆贴位置不同有单层板和双层板之分。铝塑板的耐腐蚀、耐玷污和耐候性好，板材的色彩有红、蓝和白等，装饰效果好，施工时可弯折、截割，加工灵活方便。与铝合金板材相比，具有质量轻、施工简便和造价低等优点。铝塑板可用于建筑物的幕墙、门面、墙裙及广告牌等处的装饰。

4. 装饰用钢制品

1) 普通不锈钢板

不锈钢是指含铬(Cr)在 12%以上的具有耐腐蚀性能的铁基合金。铬的含量越高，钢的抗腐蚀性越好。不锈钢中还需加入镍(Ni)、锰(Mn)、钛(Ti)、硅(Si)等元素，以改善不锈钢的性能。不锈钢除有较强的耐腐蚀能力外，还有较高的强度、硬度、冲击韧性及良好的冷弯性，并且具有一定的金属光泽。不锈钢经不同的表面加工，可形成不同的光泽度，并按此划分不同的等级。高级的抛光不锈钢具有镜面玻璃般的反射能力。

装饰外部应用最多得是不锈钢薄板，有热轧和冷轧两种。常用不锈钢薄板的厚度在0.35～2.0mm，宽度为500～1 000mm，长度为100～200cm，成品卷装供应，其中厚度小于1mm的薄板用得最多。不锈钢薄板主要用于不锈钢包柱。目前，不锈钢包柱被广泛用于大型商场、宾馆和餐馆的入口、门厅、中厅等处，利用其镜面的反射作用可取得与周围环境中的各种色彩、景物交相辉映的效果。

2) 彩色涂层钢板

彩色涂层钢板是一种新型复合金属板材，是以冷轧钢板或镀锌钢板的卷板为基板，经过刷磨、除油、磷化、钝化等表面处理后，在基板的表面形成了一层极薄的磷化钝化膜。该膜对增强基材的耐蚀性和提高漆膜对基材的附着力具有重要作用。经过表面处理的基板在通过辊涂机时，基板的两面被涂覆一层有机涂料，再通过烘烤炉加热使涂层固化。

彩色涂层钢板发挥了金属材料与有机材料各自的特性，具有绝缘、耐磨、耐酸碱、强度高等优点，并有良好的加工性能，彩色涂层又赋予了钢板多种颜色和丰富的表面质感，且涂层耐腐蚀、耐湿热、耐低温。彩色涂层钢板主要应用于各类建筑物的外墙板、屋面板、吊顶板，还可作为防水气渗透板、排气管、通风管等。

3) 彩色压型钢板

彩色压型钢板是将彩色钢板辊压加工成V形、梯形、水波纹等形状。用彩色涂层压型钢板与H型钢、冷弯型材等各种经济断面型材配合建造房屋，已发展成为一种完整的、成熟的建筑体系。它使结构的重量大大减轻，某些以彩色涂层压型为围护结构的全钢结构的用钢量，已接近或低于钢筋混凝土结构的用钢量，充分显示出这一建筑体系的综合经济效益。

彩色涂层压型钢板的特点为：自重轻、生产效率高、施工速度快、表面波纹平直、色泽鲜艳丰富、装饰性好，且抗震性能优越，适合于地震区建筑。常用于工业与民用建筑物的屋面、墙面等围护结构和装饰工程中。

4) 轻钢龙骨

轻钢龙骨是以镀锌钢带、薄壁冷轧退火卷带钢为原料，经冷弯工艺生产的薄壁型钢，常作为吊顶和隔墙的构件。轻钢龙骨具有自重轻、强度大、刚度大、抗震性能好、安装简便等特点。一般采用明龙骨吊顶时，中龙骨、小龙骨、边龙骨采用铝合金龙骨，外露部分比较美观。而承担负荷的大龙骨采用钢制的，所用吊件均为钢制。

8.5.5 建筑玻璃

玻璃是现代建筑十分重要的室内外装饰材料之一。玻璃是用石英砂、纯碱、长石、石灰石等为主要原料，在1 550～1 600℃高温下熔融、成型，并经快速冷却而成的固体材料。为了改善玻璃的某些性能和满足特种技术要求，常常在玻璃生产过程中加入某些金属氧化物或经特殊工艺处理，则可得具有特殊性能的玻璃。

1. 玻璃的基本性质

1) 密度

普通玻璃的密度为2.45～2.55g/cm^3。玻璃的孔隙几乎为零，属于致密材料。

2) 力学性质

玻璃的力学性质的主要指标是脆性指标和抗拉强度。普通玻璃的脆性指标约为1 300～1 500，脆性指标越大，说明脆性越大。玻璃的抗拉强度通常为抗压强度的1/14～1/15，约为40～120 MPa。因此玻璃受冲击时易破碎，是典型的脆性材料。

3) 化学稳定性

玻璃具有较高的化学稳定性，在通常情况下，对酸(除氢氟酸)、碱、盐等具有较强的抵抗能力。但长期受到侵蚀性介质的腐蚀，也会变质或破坏。

4) 热物理性能

玻璃的导热性很差，导热系数一般为0.75～0.92 W/(m·K)，在常温中导热系数仅为铜的1/400。玻璃的热膨胀系数决定于其化学组成及纯度，纯度越高热膨胀系数越小。玻璃的热稳定性决定了温度急剧变化时玻璃抵抗破裂的能力。玻璃制品的体积越大、厚度越厚，热稳定性越差。玻璃抗急热的破坏能力比抗极冷破坏的能力强。这是因为受急热时产生膨胀，玻璃表面产生压应力；受急冷时收缩，玻璃表面产生拉应力，而玻璃的抗压强度远高于抗拉强度，所以耐急热的稳定性比耐急冷的稳定性要高。

5) 光学性能

当光线入射玻璃时，玻璃会对光线产生吸收、反射和透射等作用。吸收比、反射比和透射比之和为100%。透过玻璃的光能和入射玻璃的光能之比称为透过率或透光率，是玻璃的重要性能指标。清洁的普通玻璃透过率达85%～90%。当玻璃中含有杂质或添加颜色后，其透过率将大大降低，彩色玻璃、热反射玻璃的透过率可以低至19%以下；用于遮光和隔热的热反射玻璃，要求反射比高；用于隔热、防眩作用的吸热玻璃，要求既能吸收大量的红外线辐射能，同时又保持良好的透光性。

2. 建筑玻璃的分类与应用

1) 平板玻璃

平板玻璃为板状无机玻璃的统称。按生产工艺分：有采用引上法或拉伸法生产的普通平板玻璃，有用浮法技术生产的浮法玻璃。浮法玻璃的组成与普通平板玻璃相同，浮法玻璃最大的特点是其表面平整光滑，厚度均匀，不产生光学畸变，具有机械磨光玻璃的质量。

2) 装饰平板玻璃

(1) 压花玻璃。压花玻璃又称花纹玻璃或滚花玻璃。是用压延法生产的、表面带有花纹图案的无色或彩色样平板玻璃。将熔融的玻璃液在冷却中通过带图案花纹的辊轴辊压，可使玻璃单面或两面压有深浅不同的各种花纹图案。经过喷涂处理的压花玻璃，可提高强度50%～70%。压花玻璃具有透光不透视的特点，它的一个表面或两个表面因压花产生凹凸不平，当光线通过玻璃时产生漫射，所以从玻璃的一面看另一面物体时，物像显得模糊不清。不同品种的压花玻璃表面的图案花纹各异，花纹的大小、深浅亦不同，具有不同的遮断视线的效果，且可使室内光线柔和悦目，在灯光照射下，显得晶莹光洁，具有良好的装饰性。压花玻璃主要用于室内的间壁、窗门、会客室、浴室、洗脸间等需要透光装饰又需要遮断视线的场所，并可用于飞机场候机厅、门厅等作艺术装饰。

(2) 毛玻璃。毛玻璃也叫磨砂玻璃、喷砂玻璃。磨砂玻璃是采用普通平板玻璃，以硅砂、金刚砂、石英石粉等为研磨材料，加水研磨而成。喷砂玻璃是采用普通平板玻璃，以压缩空气将细砂喷至玻璃表面研磨加工而成。毛玻璃具有透光不透视的特点，由于毛玻璃表面粗糙，使光线产生漫射，透光不透视，使室内光线眩目不刺眼。适用于需要透光不透视的门窗、卫生间、浴室、办公室、隔断等处，也可用作黑板面及灯罩等。

(3) 磨花、喷花玻璃。用磨砂玻璃或喷砂玻璃的加工方法，将普通平板玻璃表面上预先设计好的花纹图案、风景人物研磨出来，这种玻璃，前者叫磨花玻璃，后者叫喷花玻璃。具有部分透光透视、部分透光不透视的特点，由于光线通过磨光玻璃、喷花玻璃后形成一定的漫射，具有图案清晰、美观的装饰效果，适用于玻璃屏风、桌面、家具等。

(4) 刻花玻璃。刻花玻璃是由平板玻璃经涂漆、雕刻、围蜡与酸蚀、研磨而成。表面的图案立体感非常强，好似浮雕一般，在灯光的照耀下，更显熠熠生辉，具有极好的装饰效果，是一种高档的装饰玻璃。刻花玻璃主要用于高档厕所的室内屏风或隔断。

(5) 镭射玻璃。镭射玻璃又称为激光玻璃，是在光源照射下能产生七彩光的玻璃。在光源照射下，镭射玻璃形成衍射光，经金属层反射后，会出现艳丽的七色光，并且同一感光点或感光面因光源的入射角或视角的不同出现不同的色彩变化，使被装饰物显得华贵高雅、富丽堂皇。镭射玻璃主要适用于宾馆、酒店及各种商业、文化、娱乐场所内外墙贴面、幕墙、地面、如面、艺术屏风、也可作招牌、高级喷水池、大小型灯饰和其他轻工电子产品外观装饰。

(6) 镜面玻璃。镜面玻璃即镜子，是采用高质量平板玻璃、彩色平板玻璃为基材，经清洗、镀银、涂面层保护漆等工序而制成。一般的镜面玻璃具有三层或四层结构，三层结构为：玻璃—镀膜—镜背漆；四层结构为：玻璃—Ag—Cu—镜背漆。高级镜子在镜背漆之上加一防水层，能增强对潮湿环境的抵抗能力，提高耐久性。制造镜面玻璃的方法有手工涂饰和机械化涂饰两种。一般说来，机械化硝酸银镀膜镜与手工镀银镜相比，具有镜面尺寸大、成像清晰逼真、抗盐雾、抗湿热性能好、使用寿命长等特点。

镜面玻璃多用在有影像要求的部位，如卫生间、穿衣镜、梳妆台等。镜面玻璃也是装饰中常用的饰面材料，在厅堂的墙面、柱面、吊顶等部位，利用镜子的影像功能，在室内空间产生“动感”，不仅扩大了空间，同时也使周围的景物映到镜子上，起到景物互相借用、丰富空间的艺术效果。

【参考图文】

3. 安全玻璃

1) 钢化玻璃

钢化玻璃又称为强化玻璃，是经强化处理，具有良好的机械性能和耐热、安全性能的玻璃制品的统称。钢化玻璃强化的目的是通过淬火(物理方法)或类似于淬火(化学方法)的方法，使得冷却硬化速度较快的玻璃外表面处于受压状态，而玻璃内部则处于受拉状态，这相当于给玻璃施加了一定的预加应力，因而这种玻璃在性能上有一定的改进。按照强化方式不同，钢化玻璃可分为两种：化学钢化玻璃和物理钢化玻璃。钢化玻璃的性能特点如下。

(1) 机械强度高。钢化玻璃抗折强度可达125MPa以上，比同厚度的普通玻璃要高4～5倍，抗冲击的能力也很高。

(2) 弹性好。钢化玻璃的弹性要比同厚度的普通玻璃大得多，试验测定，一块1 200mm×

350mm×6mm 的钢化玻璃，受力后可发生达 100mm 的弯曲挠度，并且在外力撤销后仍能恢复原来的形状，而普通玻璃挠度在达到几毫米时就发生破坏。

(3) 热稳定性能好。当玻璃受到急冷急热变化时，玻璃表面可能会产生一定的拉应力，但由于钢化玻璃预加了一层压应力层，因而可以抵消掉一部分的拉应力作用，这样可使玻璃不发生炸裂，从而提高了玻璃的急冷急热性能。钢化玻璃耐热冲击，最大安全工作温度为 288℃，能承受 204℃温度变化。

(4) 安全性好。钢化玻璃在发生破坏时，它的碎片一般没有尖锐的棱角(化学钢化玻璃除外)，不易伤人，所以钢化玻璃的安全性较好。

钢化玻璃主要用作建筑物的门窗、隔墙、幕墙和采光屋面以及电话亭、车、船、设备等门窗、观察孔等。钢化玻璃可做成无框玻璃门。钢化玻璃用作幕墙时可大大提高抗风压能力，防止热炸裂，并可增大单块玻璃的面积，减少支承结构。使用时需注意的是钢化玻璃不能切割、磨削，边角也不能碰击挤压，需按照现成的尺寸规格选用或提出具体设计图纸进行加工订制。

2) 夹丝玻璃

夹丝玻璃也称防碎玻璃或钢丝玻璃。它是由用连续压延法制造而得的。当玻璃经过压延机的两辊中间时，从玻璃上面或下面连续送入经过预处理的金属丝或金属网，使其随着玻璃从辊中经过，从而嵌入玻璃中。

夹丝玻璃防火性能好。当遭受火灾，夹丝玻璃产生开裂，但由于金属网的作用，玻璃仍能保持固定，起到隔绝火势的作用，夹丝玻璃因此又称为防火玻璃。由于钢丝网的骨架作用，不仅提高了夹丝玻璃的强度，而且遭受冲击力或受火灾作用产生开裂或破坏后玻璃并不散开，碎片也不易飞溅，安全性好。夹丝玻璃作为防火材料，通常用于防火门窗；作为非防火材料，可用于易受到冲击的地方或者玻璃飞溅可能导致危险的地方，如震动较大的厂房、天棚、高层建筑、公共建筑的天窗、仓库门窗、地下采光窗等。夹丝玻璃可以切割，但当切断玻璃时，需要对裸露在外的金属丝进行防锈处理，以防止生锈造成的体积膨胀引起玻璃的锈裂。

3) 夹层玻璃

两片或多片平板玻璃之间嵌夹一层或多层透明塑料膜片，经加热、加压黏合成平面的或弯曲面的复合玻璃制品，称为夹层玻璃。生产夹层玻璃的平板玻璃可以是普通平板玻璃、浮法玻璃、磨光玻璃、彩色玻璃或反射玻璃，但品质要求较高。中间的塑料夹层柔软而强韧，具有防水和抗日光老化作用。

夹层玻璃为一种复合材料，它的抗弯强度和冲击韧性通常要比普通平板玻璃高好几倍；当它受到冲击作用而开裂时，由于中间埋料层的黏结作用，仅产生辐射状裂纹，碎片不会飞溅四溢。嵌有三层塑料片的四层夹层玻璃，具有防弹作用。此外，夹层玻璃还有透明性好、耐光、耐热、耐湿、耐寒、隔声和保温，长期使用不易变色、老化等特点。

夹层玻璃一般用于有特殊安全要求的建筑物门窗、隔墙，工业厂房的天窗，安全性要求比较高的窗户，商品陈列橱窗，大厦地下室，屋顶及天窗等有飞散物落下的场所。夹层玻璃不能切割，需要选用定型产品或按照尺寸订制。

4. 节能型装饰玻璃

1) 吸热玻璃

吸热玻璃是指能吸收大量红外线辐射能量而又保持良好透光率的平板玻璃。吸热玻璃对太阳的辐射热有较强的吸收能力，当太阳光照射在吸热玻璃上时，相当一部分的太阳辐射能被吸热玻璃吸收，被吸收的热量可向室内、室外散发。吸热玻璃的这一特点，使得它可明显降低夏季室内的温度，避免了由于使用普通玻璃而带来的暖房效应(由于太阳能过多进入室内而引起的室温上升的现象)。

吸热玻璃也能吸收太阳的可见光，能使刺目的阳光变得柔和，起到良好的防眩作用。特别是在炎热的夏天，能有效地改善室内照明，使人感到舒适凉爽。吸热玻璃具有一定的透明度，能清晰地观察室外景物。此外，吸热玻璃的色泽不易发生变化。

吸热玻璃在建筑工程中应用广泛，凡既需采光又需隔热之处均可采用。尤其是用于炎热地区需设置空调、避免眩光的建筑物门窗或外墙体以及火车、汽车、轮船挡风玻璃等，起隔热、空调、防眩作用。采用各种不同颜色的吸热玻璃，不但能合理利用太阳光，调节室内与车船内的温度，节约能源费用，而且能创造舒适优美的环境。

吸热玻璃还可以按不同用途进行加工，制成磨光、钢化、夹层、镜面及中空玻璃。在外部围护结构中用它配置彩色玻璃窗，在室内装饰中用它镶嵌玻璃隔断、装饰家具、增加美感。

2) 热反射玻璃

热反射玻璃又称镀膜玻璃。它是用一定的工艺在玻璃表面涂以金属氧化物薄膜或非金属氧化物薄膜，形成热反射膜，从而使玻璃具有遮阳、隔热、防眩、装饰等效果。热反射玻璃的生产方法有热分解法、喷涂法、浸涂法、真空离子镀膜法等。常见的颜色有金色、茶色、灰色、紫色、褐色、青铜色和浅蓝等。

热反射玻璃对太阳辐射有较高的反射能力。普通平板玻璃的辐射热反射率为7%～8%，热反射玻璃则达30%左右。热反射玻璃在日晒时，室内温度仍可保持稳定，光线柔和，改变建筑物内的色调，避免眩光，改善室内环境。

热反射玻璃具有良好的隔热性能。镀金属膜的热反射玻璃具有单向透像的特性。镀膜热反射玻璃的表面金属层极薄，使它的迎光面具有镜子的特性，而在背面则又如窗玻璃那样透明。即在白天能在室内看见室外景物，而在室外却看不到室内的景象，对建筑物内部起到遮蔽及帷幕的作用，而在晚上的情形则相反，室内的人看不到外面，而室外却可清楚地看到室内。这对商店等的装饰很有意义。用热反射玻璃作幕墙和门窗，可使整个建筑变成一座闪闪发光的玻璃宫殿。由于热反射玻璃具有这两种功能，所以它为建筑设计的创新和立面的处理、构图提供了良好的条件。

热反射玻璃主要用于避免由于太阳辐射而增热及设置空调的建筑物。适用于建筑物的门窗、汽车和轮船的玻璃窗，常用作玻璃幕墙及各种艺术装饰。热反射玻璃还常用作生产中空玻璃或夹层玻璃的原片，以改善这些玻璃的绝热性能。

3) 中空玻璃

中空玻璃是两片或多片平板玻璃用边框隔开，四周边用胶接、焊接或熔接的方法密封，中间充入干燥空气或其他气体的玻璃制品。

中空玻璃具有独特的隔热性能和特点。一般来说，普通的12mm双层中空玻璃的导热系数为3.59W/(m·K)，可节约能源20%～40%，噪声可以从80dB降到30dB。

中空玻璃窗除保温隔热、减少噪声外，还可以避免冬季窗户结露。通常情况下，中空玻璃接触到室内高湿度空气的时候，玻璃表面温度较高，而外层玻璃虽然温度低，但接触到的空气的温度也低，所以不会结露，并能保持一定的室内湿度。中空玻璃内部空气的干燥度是中空玻璃最重要的质量指标。

中空玻璃主要用于需要采暖、空调、防止噪声或结露以及需要无直射阳光的建筑物上，广泛用于住宅、饭店、宾馆、办公楼、学校、医院、商店等需要室内空调的场合。

中空玻璃一般不能切割，可按设计要求的尺寸向厂家订制或者按照厂家的产品规格进行选择。

特别提示

引例(2)分析：高档高层建筑一般设空调。广东气温较高，尤其是夏天炎热，热反射玻璃主要靠反射太阳能达到隔热目的。而吸热玻璃对太阳能的吸收系数大于反射系数，气温较高的地区使用热反射玻璃更有利于减轻冷负荷和节能。

8.5.6 建筑装饰涂料

建筑装饰涂料是指涂敷于建筑构件的表面，并能与建筑构件表面材料很好地黏结，形成完整装饰和保护膜的材料。建筑装饰涂料不仅具有色彩鲜艳、造型丰富，质感与装饰效果好等特点，而且还具有施工方便、易于维修、造价较低、自身质量小、施工效率高，可在各种复杂的墙面上施工等优点。

1. 建筑装饰涂料的组成

建筑装饰涂料是由多种物质经混合、溶解、分散而组成的。按照各种组成材料在涂料生产、施工和使用中所起作用的不同，其基本组分可分为：主要成膜物质、次要成膜物质和辅助成膜物质3部分。

2. 涂料的分类

按用途分类，可分为外墙涂料、内墙涂料、顶棚涂料、地面涂料和屋面涂料等。

按成膜物质分类，可分为有机涂料、无机涂料、有机无机复合涂料等。

按分散介质分类，可分为溶剂型涂料、水乳型涂料和水溶型涂料等。

按涂层质感分类，可分为薄质涂料、厚质涂料、复层建筑涂料等。

3. 常见建筑装饰涂料

1) 有机建筑涂料

(1) 溶剂型建筑涂料。

溶剂型建筑涂料是以高分子合成树脂或油脂为主要成膜物质，以有机溶剂为稀释剂，再加入适量的颜料、填料及助剂，经研磨而成的涂料。

溶剂型建筑涂料的涂膜细腻、光洁、坚韧，有较好的硬度、光泽以及耐水性、耐候性、耐酸碱性能及气密性较好。它的缺点为：易燃，溶剂挥发时对人体有害，施工时要求基层干燥，涂膜透气性差，价格较乳胶漆贵。

溶剂型建筑涂料的常见品种有：氯化橡胶外墙涂料、丙烯酸酯外墙涂料、聚氨酯系外墙涂料、丙烯酸酯有机硅外墙涂料、过氯乙烯地面涂料、聚氨酯-丙烯酸酯地面涂料、磁漆、聚酯漆等。

(2) 水溶型建筑涂料。

水溶型建筑涂料是以水溶性合成树脂为主要成膜物质，以水为稀释剂，再加入适量颜料、填料及助剂，经研磨而成的涂料。

水溶型建筑涂料是用水作为稀释剂，具有无毒，环保且成本较低的优点。它的缺点是涂膜耐水性差，耐候性不强，耐洗刷性差，故这种涂料一般只能作为内墙涂料。

水溶型建筑涂料的常见品种有：聚乙烯醇水玻璃内墙涂料(俗称 106 涂料)、聚乙烯缩甲醛(俗称 803 涂料)、改性聚乙烯醇系内墙涂料等。

(3) 乳液型建筑涂料。

乳液型建筑涂料又称乳胶漆。它是由合成树脂借助乳化剂的作用，以 0.1～0.5 μm 的极细微粒分散于水中构成的乳液，并以乳液作为主要成膜物质，再加入适量颜料、填料等助剂，经研磨而成的涂料。

乳液型建筑涂料以水作为稀释剂，价格便宜，无毒、不燃，对人体无害，形成的涂膜具有一定透气性，涂布时不需要基层很干燥，涂膜固化后的耐水性和耐擦洗的性能较好。乳液型建筑涂料可作为室内外墙建筑涂料。

乳液型建筑涂料的常见品种有：聚酯酸乙烯乳胶漆、丙烯酸酯乳胶漆、乙-丙乳胶漆、苯-丙乳胶漆等内墙涂料以及乙丙乳液外墙涂料、苯丙乳液外墙涂料、丙烯酸酯乳液涂料、氯-醋-丙涂料、水乳型环氧树脂外墙涂料等。

特别提示

乳液型建筑涂料通常必须在 10℃以上才能保证涂膜质量，否则会导致涂料出现裂纹，所以冬季一般不能使用。

2) 无机建筑涂料

无机建筑涂料是以碱金属硅酸盐或硅溶胶为主要成膜物质，加入相应的固化剂或有机合成树脂、着色颜料、填料及助剂等配制而成的涂料。无机建筑涂料按主要成膜物质的不同，分为 A 和 B 两类。A 类以碱金属硅酸盐及其混合物为主要成膜物质，其代表产品为 JH80-1 型无机建筑涂料；B 类以硅溶胶为主要成膜物质，其代表产品为 JH80-2 型无机建筑涂料。JH80-1 型无机建筑涂料是以硅酸钾为主要成膜物质，必须掺入固化剂的双组分涂料，形成的涂膜坚硬、有较好的耐水性。JH80-2 型无机建筑涂料是以二氧化硅(又称硅溶胶)为主要成膜物质，不需固化剂的涂料，涂膜耐酸、耐碱、耐冻融、耐污染性好，但柔韧性差、光泽较差。

无机建筑涂料的耐水性、耐碱性和抗老化性等比有机涂料好，其黏结力强，对基层处理要求不严，而且成膜温度低，最低成膜温度是 5℃，在 0℃以下仍可固化，储存稳定性好，资源丰富、生产工艺简单、施工方便。

无机建筑涂料适用于混凝土墙面、水泥砂浆抹灰墙体、水泥石棉板、砖墙和石膏板等基层。

3) 复合建筑涂料

无机-有机复合涂料是一种新型涂料。它既含有有机高分子成膜物质，又含有无机成膜物质，兼有有机和无机涂料的优点，又弥补了两者的不足，起到了互相改性的作用，是一种很有发展前途的优良建筑装饰涂料。无机-有机复合涂料分为品种复合和涂层复合两类。品种复合是由水性合成树脂和水溶性硅酸盐、重磷酸盐等配制成混合液或分散液，或在无机物表面上使用有机聚合物接枝制成悬浮液。涂层复合是在基层上先涂一层有机涂料，再在基层上涂覆一层无机涂料的一种装饰做法。

本任务小结

本任务对防水材料、绝热材料、吸声与隔声材料、建筑塑料、装饰材料作了较详细的阐述，包括石油沥青的性质、防水卷材防水涂料的种类及选用和验收、绝热材料的作用和基本要求及材料的种类、吸声与隔声材料的种类性质、常见建筑塑料的性能特点和应用、常见装饰材料的种类性质与应用等。

具体内容包括：石油沥青的性质主要有黏度、延度、温度稳定性和大气稳定性等。防水卷材主要有改性沥青防水卷材和合成高分子防水卷材。防水涂料主要有高聚物改性沥青类防水涂料。防水材料要根据不同环境情况进行选用，严格验收程序。绝热材料对建筑节能有重要作用，选用绝热材料时要综合考虑。吸声与隔声材料具有各自的特点，根据具体情况选用。建筑塑料及制品的性能特点和应用。常见装饰材料(包括建筑陶瓷、天然与人造石材、金属材料、建筑玻璃及建筑装饰涂料)的种类、性质与应用。

本任务的教学目标是使学生掌握各种典型功能材料的种类、性质特点，会根据不同的需要选择不同的材料，会合理选择防水材料，会根据工程特点和环境要求选择装饰材料。

习题

一、填空题

1．石油沥青的主要组分有__________、__________、__________。

2．同一品种石油沥青的牌号越高，则针入度越__________，黏性越__________；延伸度越__________，塑性越__________；软化点越__________，温度敏感性越__________。

3．SBS改性沥青防水卷材的，是以__________或__________为胎基，__________为改性剂，两面覆以__________材料所制成的建筑防水卷材，属于__________体改性沥青防水卷材。

4．APP改性沥青防水卷材的，是以__________或__________为胎基，__________为改性剂，两面覆以__________材料所制成的建筑防水卷材，属于__________体改性沥青防水卷材。

5．保温隔热材料应选择导热系数__________，比热容和热容__________的材料。

6．大理石不宜用于室外，是因为抗__________性能较差，而花岗岩__________性能较差。

7．隔声主要是指隔绝__________声和隔绝__________声。

二、选择题

1. 石油沥青的黏性是以(　　)表示的。
A. 针入度　　B. 延度　　C. 软化点　　D. 溶解度
2. 以下涂料品种中，对环保不利的是(　　)。
A. 溶剂型涂料　　B. 水溶性涂料　　C. 乳胶涂料　　D. 无机涂料
3. 建筑塑料中最基本的组成是(　　)。
A. 增塑剂　　B. 稳定剂　　C. 填充剂　　D. 合成树脂
4. 建筑工程中常用的PVC塑料是指(　　)。
A. 聚乙烯塑料　　B. 聚氯乙烯塑料
C. 酚醛塑料　　D. 聚苯乙烯塑料
5. 建筑结构中，主要起吸声作用且吸声系数不小于(　　)的材料称为吸声材料。
A. 0.1　　B. 0.2　　C. 0.3　　D. 0.4

三、简答题

1. 建筑石油沥青、道路石油沥青和普通石油沥青的应用各如何？
2. SBS改性沥青防水卷材和APP改性沥青卷材性能有何异同？
3. 沥青为何会老化？如何延缓沥青老化？
4. 防水卷材可分为几大类？请分别举出每一类中几个代表品种。
5. 防水材料选用要注意哪些主要问题？
6. 玻璃的性质有哪些？钢化玻璃的特点和用途是什么？
7. 花岗石和大理石外观、性能及应用范围上有何区别？
8. 建筑工程对保温、绝热材料的基本要求是什么？
9. 常见吸声材料的结构形式有哪些？
10. 绝热材料导热系数的影响因素主要有哪些？
11. 建筑陶瓷主要有哪些品种？试举例说明。
12. 金属类装饰材料有什么样的特点？

四、计算题

现有软化点分别为95℃和25℃的两种石油沥青，某工程的屋面防水要求使用软化点为75℃的石油沥青，问应如何配制？

【参考答案】

参 考 文 献

[1] 西安建筑科技大学，等．建筑材料[M]．北京：中国建筑工业出版社，2013.

[2] 李亚杰，方坤河．建筑材料[M]．北京：中国水利水电出版社，2009.

[3] 高琼英．建筑材料[M]．武汉：武汉理工大学出版社，2006.

[4] 宋岩丽．建筑材料与检测[M]．上海：同济大学出版社，2013.

[5] 霍曼林．建筑材料学[M]．重庆：重庆大学出版社，2009.

[6] 张健．建筑材料与检测[M]．北京：化学工业出版社，2007.

[7] 湖南大学，等．土木工程材料[M]．北京：中国建筑工业出版社，2011.

[8] 初艳鲲．实用建筑材料检测问答与实例[M]．北京：化学工业出版社，2012.

[9] 马一平．建筑功能材料[M]．上海：同济大学出版社，2014.

[10] 宋岩丽，王社欣，周仲景．建筑材料与检测[M]．北京：人民交通出版社，2007.

[11] 魏鸿汉．建筑材料[M]．北京：中国建筑工业出版社，2007.

[12] 江苏省建设工程质量监督总站．建筑材料检测[M]．北京：中国建筑工业出版社，2010.

[13] 吴科如，张雄．土木工程材料[M]．上海：同济大学出版社，2003.

[14] [加]西德尼·明德斯，[美]J. 弗朗西斯·杨，[美]戴维·达尔文．混凝土[M]．吴科如，译．北京：化学工业出版社，2005.

[15] 王春阳．建筑材料[M]．北京：高等教育出版社，2002.

[16] 李国新．建筑材料[M]．北京：机械工业出版社，2008.

[17] 马保国，刘军．建筑功能材料[M]．武汉：武汉理工大学出版社，2004.

[18] 黄晓明，潘钢华，赵永利．土木工程材料[M]．南京：东南大学出版社，2001.